JN028327

無機化学の基礎

田中勝久 著

東京化学同人

表紙デザイン：山田好浩

ま え が き

　本書は大学の学部 1，2 年生向けにまとめた無機化学の教科書である．無機化学は無機物質を研究の対象とする化学の一分野である．化学は 16 世紀の錬金術に端を発するとされるが，学問体系が整理され始めてからしばらくは，化学で扱われた物質はもっぱら無機物質であった．20 世紀に入ると量子力学の進展にともない，無機化学も精密科学としてより定量化されるとともに，新しい無機化合物が次々と発見され，対象となる物質群の種類は増加し，多様化している．また，無機物質は，情報，通信，エネルギー，環境，医療など，私たちの日常生活と深く関わる領域に対しても有効に寄与しており，実用的な材料，デバイス，システムの基幹として重要な役割を担っている．一方で，宇宙や地球を構成する物質の多くは無機物質であり，特に宇宙では活発な星の活動にともない元素の変換が絶えず起こっている．

　無機化学は現代においてはさまざまな学問領域と連携しながら進歩し続けている．無機化学の基礎的な事項について，本書では比較的オーソドックスな視点で章立てを考え，内容を記述した．1 章で，上記でも述べた無機化学が扱う事象に関して概論を展開したあと，2 章以降では，無機化学における重要な事項，すなわち，原子の構造と性質，化学結合，分子の構造，結晶の構造と性質，酸と塩基，酸化と還元，元素と単体ならびに化合物の各論，錯体の構造と性質について述べた．いずれの章でも無機化学の基礎として重要な事項を中心に，やや専門的な内容にもふれている．発展的な内容や，無機化学に関わるエピソードはコラムとしても紹介した．また，各章に掲載した例題と練習問題は知識の確認ならびに応用力を養うために役立てていただきたい．

　本書が特に無機化学の初学者にとって有用な教科書となれば幸いである．本書をまとめるにあたり，東京化学同人編集部の山田豊氏にはさまざまな観点からコメントをいただくなど，大変お世話になった．心より感謝申し上げる．

　2022 年 9 月

田 中 勝 久

目　　次

7章 錯体の化学 ……………………………………………………… 166

1 無機化学の世界

無機化学は化学の範ちゅうにおける一つの重要な学問分野であり，すべての元素の単体および化合物の合成と反応，構造，物性と機能に関わる事項を対象とする．この章では，2章から始まる無機化学の具体的な内容への導入として，無機化学とはいかなる学問分野であるかを概説する．

1・1 無機化学とは

化学は数学，物理学，生物学，地学，天文学などと並んで科学の一領域を形成する学問体系である．とりわけ16世紀の錬金術がその後の化学の成り立ちに大きく寄与したとされるが，今から3000年〜20,000年も前から人類が使用したとされる土器，青銅器，鉄器，ガラス*などの道具の製造には，当時はもちろん意識されなかったことではあるが，多くの化学現象が含まれている．

現代の化学は，特に基礎的な視点に立った場合，物理化学，有機化学，無機化学，分析化学といった分野に大別される．有機化学が有機化合物，すなわち，元素として炭素と水素を中心に酸素や窒素を含み，それらが主として共有結合で結びついた化合物を扱うのに対し，無機化学は有機化合物以外の物質（これを**無機物質**という）を対象とする．ただし，炭素の単体であるダイヤモンド，グラファイト，フラーレン，カーボンナノチューブ，グラフェンはすべて無機物質としてとらえることができ，また，炭素を含み，水素，酸素，窒素からなる化合物であっても，CO（一酸化炭素），CO_2（二酸化炭素），H_2CO_3（炭酸），HCN（シアン化水素）などは無機化合物として扱われる．そもそも有機化学は生物のような有機体に関係する化合物を扱う領域として出発したものであり，それ以外の物質群を無機物質と位置づけて無機化学の分野が出現した．これは19世紀初頭のことである．

1・2 無機化学は元素の科学

無機化学は，いい換えれば元素の科学である．有機化合物で中心的な役割を担う炭素を含め，無機化学ではすべての元素を対象とする．すなわち，無機化学において強調すべき重要な特徴は，この学問領域が周期表を埋める100を超える元素の個性を理解し，また，無数の存在が考えられる同種ならびに異種元素の原子間の化学結合を考え，金属結合，イオン結合，共有結合，配位結合など多様な結合様式にもとづいて形成される膨大な種類の単体と化合物の反応と合成，構

無機化学
(inorganic chemistry)

* 最古の土器は20,000年前には存在した．また，紀元前3500年ごろから青銅器時代が，紀元前1500年ごろから鉄器時代が始まったとされる．ガラスの使用は紀元前4000年に遡ることができる．

無機物質
(inorganic substance)

造，物性と機能を明らかにすることを目指している点である．今日では周期表の構成と元素の配列は，量子力学によって導かれる概念である原子軌道と電子配置にもとづいてきわめて合理的に整理されているが，もともとは多くの化学者が，異なる元素同士でも似た性質をもつ組合わせがあったり，逆に性質が似ていない元素が存在するという事実に対して，普遍的な解釈が可能かどうかに頭を悩ませたことに端を発する．周期表の概念が確立するうえでは，マイヤーとメンデレーエフの功績が多大である．マイヤーは1864年に，その当時までに知られていた49種類の元素を原子容[*1]の大きさにもとづいて並べ，元素の配列に周期性が現れることを見いだした．一方，メンデレーエフは1869年に，その時点で見いだされていた63種類の元素を原子量の小さい順に並べると，元素の配列を整理できることを示した．その後1871年に，マイヤーのアイデアを参照して，図1・1に示すような周期表[*2]を作成した．図中の元素記号[*3]の横に記された数値は原子量である．また，表の各行は“周期”，各列は“族”とよばれる．

　メンデレーエフの周期表と現在の周期表との違いの一つは元素がⅠ族からⅧ族に分類されている点であるが，たとえばⅠ族には今でいうところの1族（H, Li, Na, K, Rb, Cs）ならびに11族（Cu, Ag, Au）の元素が含まれており，同様にⅡ族＝2族＋12族，Ⅲ族＝3族＋13族，Ⅳ族＝4族＋14族，Ⅴ族＝5族＋15族，Ⅵ族＝6族＋16族，Ⅶ族＝7族＋17族の対応が見られる[*4]．また，メンデレーエフの周期表には1894年以降に発見された一連の貴ガスが含まれていない．一方で，メンデレーエフの周期表では，第4周期はKから始まり，TiからCuまでの遷移元素を含んでいる．この点は現在の周期表とまったく同じである．メンデレーエフの洞察力のすごさは，当時は未知であったいくつかの元素が入るべき位置を予想し，新元素の原子量の値まで見積もった点にある．図1・1の，●，■，

マイヤー（1830 ～ 1895）
ドイツの化学者

＊1　単体の原子1モルが占める体積のこと．

メンデレーエフ（1834 ～ 1907）
ロシアの化学者

＊2　第二周期表とよばれる．

＊3　図1・1には現在は使われていない元素記号も見られる．たとえば，Jはヨウ素（I）である．また，Diはジジミウムの元素記号であり，この元素は1885年にプラセオジム（Pr）とネオジム（Nd）の混合物であることが明らかにされ，周期表から除かれた．

＊4　Ⅰ族やⅡ族といった呼称は半導体工学の分野などにその名残がある（1・3節）．

	Ⅰ 族	Ⅱ 族	Ⅲ 族	Ⅳ 族	Ⅴ 族	Ⅵ 族	Ⅶ 族	Ⅷ 族	
1	H=1								
2	Li=7	Be=9.4	B=11	C=12	N=14	O=16	F=19		
3	Na=23	Mg=24	Al=27.3	Si=28	P=31	S=32	Cl=35.5		
4	K=39	Ca=40	●=44	Ti=48	V=51	Cr=52	Mn=55	Fe=56, Co=59,	Ni=59, Cu=63
5	(Cu=63)	Zn=65	■=68	▲=72	As=75	Se=78	Br=80		
6	Rb=85	Sr=87	?Yt=88	Zr=90	Nb=94	Mo=96	○=100	Ru=104, Rh=104,	Pd=106, Ag=108
7	(Ag=108)	Cd=112	In=113	Sn=118	Sb=122	Te=125	J=127		
8	Cs=133	Ba=137	?Di=138	?Ce=140	－	－	－	－ － － －	
9	(－)	－	－	－	－	－	－		
10	－	－	?Er=178	?La=180	Ta=182	W=184	－	Os=195, Ir=197	Pt=198, Au=199
11	(Au=199)	Hg=200	Tl=204	Pb=207	Bi=208				
12	－	－		Th=231		U=240	－	－ － － －	

図1・1　**メンデレーエフの周期表（第二周期表）**　数値は原子量．●，■，▲，○は当時は未知の元素で，それぞれ，エカホウ素，エカアルミニウム，エカケイ素，エカマンガンと名づけられた．現在の名称は，それぞれ，スカンジウム，ガリウム，ゲルマニウム，テクネチウムである

▲，○の記号で示した箇所がそれに当たり，メンデレーエフはこれら未知の元素に対して，エカホウ素（●），エカアルミニウム（■），エカケイ素（▲），エカマンガン（○）という仮称を与えた．これらの元素はその後実際に発見され，それぞれ，スカンジウム（Sc），ガリウム（Ga），ゲルマニウム（Ge），テクネチウム（Tc）と名づけられた．原子量は，Sc が 44.96，Ga が 69.72，Ge が 72.63，Tc が 99 であって，予想された値ときわめてよく一致している．

　現在，一般的に用いられている周期表は 2・4・2 節の図 2・11 および裏表紙に示したものになる．メンデレーエフの周期表には含まれていない貴ガスは 18 族として周期表の右端の列を成している[*1]．いい換えると各周期の終わりに位置している．また，やはりメンデレーエフの周期表には完全な形では含まれていなかったランタノイドとアクチノイドは，それぞれ第 6 周期と第 7 周期の 3 族として収まっている．いずれもこの一つのマス目に 15 個の元素が合理的な理由で存在している．現代の周期表では，元素は原子容でも原子量でもなく，原子番号，すなわち電子の数の順番に並べられていて，同じ族に含まれる異なる元素は互いに類似の電子配置をもつ．たとえばすべての貴ガスの電子配置は閉殻である．周期表を眺めると，元素の性質の多様性に気づくであろう．例をあげると，原子が電子を放出しやすい（陽イオンになりやすい）元素もあれば，電子を受取りやすい（陰イオンになりやすい）元素もある．貴ガスのようにそもそも電子の授受が生じにくい元素もある．このような元素に依存する原子の特徴は，その元素が周期表のどの位置にあるかと大いに関係している．さらに，電子の授受に関わる元素の特徴は，原子同士の化学結合の様式に影響を及ぼし，結果として多様な構造や性質をもつ分子や結晶が存在することになる．

＊1　最初に発見された貴ガスである Ar は原子量が 39.95 であり，原子量の順であれば K(39.10) と Ca(40.08) の間であるが，原子価に着目すると S が−2，Cl が−1，K が＋1，Ca が＋2 であるから，化合物をつくらないため原子価が 0 と考えらえた Ar は Cl と K の間に置かれて，のちの周期表では最も右端を占めるようになった．

1・3　無機化学の発展——量子力学の誕生とその後

　上で述べたように 19 世紀の初めに有機化学の概念が提唱されるまでは化学の対象はもっぱら無機物質であった．すなわち，化学＝無機化学という時代であった．19 世紀後半から 20 世紀初頭にかけては，新たな元素が自然界から見いだされるとともに，放射線，放射能，同位体，原子核反応による元素変換など，元素に関わる重要な発見が相次いだ．同時に，原子の構造や原子核の構造の理解が進んだ．原子の構造に関して，原子核の大きさに対する実験的証拠を与えたラザフォードの散乱実験が行われたのは 1911 年である．彼は薄い金箔に放射線の一種である α 線[*2]を照射し，入射する α 線が向きを変えて散乱される様子を調べた．その結果，原子核は原子の中心のきわめて狭い空間を占めていることが明らかとなった．ただ，原子核のまわりに存在する電子の挙動については未知のままであった．その後，元素のなかでは最も単純な構造をもつ水素原子に対して，ボーアが電子のもちうるエネルギーや運動量を考慮したモデルを考案した．そこでは，電子は一定のエネルギーをもつ軌道に存在して原子核のまわりを円運動しており，電子のエネルギーや角運動量は連続的な値をとることができず離散的で

ラザフォード（1871 ～ 1937）
ニュージーランド生まれのイギリスの物理学者

＊2　質量数が 4 のヘリウムの原子核の高速の流れ．

ボーア（1885 ～ 1962）
デンマークの理論物理学者

プランク（1858 ～ 1947）
ドイツの理論物理学者

ハイゼンベルク（1901 ～ 1976）
ドイツの理論物理学者

シュレーディンガー
（1887 ～ 1961）
オーストリアの理論物理学者

あるとの仮定が設けられた．このモデルは，当時観測されていた水素原子の発光スペクトルの波長が満たす経験則を説明できるものであった．ボーアの原子模型に先んじて提唱されたプランクの量子仮説に始まる "量子力学" は多くの天才的な物理学者の理論的な研究により進展し，一つの体系として行列力学（ハイゼンベルク）と波動力学（シュレーディンガー）が確立された．特に後者は原子における電子の挙動に定量的な解釈を与えることに成功を収めた．同時に，化学結合や分子の電子状態ならびに結晶の電子構造の解釈に適用され，分子の構造や反応性を定量的に扱う量子化学，結晶の物性を定量的に理解する固体物理学の発展を促した．

　無機化学においては，自然界に存在する元素の発見が一段落したあと，周期表にはない元素を人工的につくる試み，新しい単体の相や化合物の発見や合成，分子や結晶の構造の解明，それらの電子構造や物性の量子化学ならびに固体物理学にもとづく解釈などが進められた．20 世紀から 21 世紀の無機化学の発展については，ノーベル賞の対象となった特定の元素，広い意味での無機物質あるいは無機物質群を抜き出してみるのが有効かもしれない．これを表 1・1 として示した．

表 1・1　特定の無機物質や物質群が対象となった，あるいはそれらに関連する研究に授与されたノーベル賞

年	化学賞		物理学賞	
	受賞者	業績に関わる元素，無機物質	受賞者	業績に関わる元素，無機物質
1904	W. ラムゼー	貴ガス元素	レイリー卿（J. W. ストラット）	アルゴン
1906	H. モアサン	フッ素		
1911	M. キュリー	ラジウム，ポロニウム		
1912	F. A. V. グリニャール	グリニャール試薬		
1913	A. ウェルナー	錯体		
1915	R. M. ヴィルシュテッター	クロロフィル		
1918	F. ハーバー	アンモニア		
1920			C. E. ギョーム	インバー合金
1930	H. フィッシャー	ヘミン，クロロフィル		
1934	H. C. ユーリー	重水素		
1935	ジュリオ＝キュリー夫妻	人工放射性元素		
1951	E. M. マクミラン，G. T. シーボーグ	超ウラン元素		
1973	E. O. フィッシャー，G. ウィルキンソン	メタロセン		
1976	W. N. リプスコム Jr.	ボラン		
1987	D. J. クラム，J-M. レーン，C. J. ペダーセン	クラウン化合物	J. G. ベドノルツ，K. A. ミュラー	$(La, Ba)_2CuO_4$
1996	R. F. カール Jr.，H. W. クロトー，R. E. スモーリー	フラーレン		
2000			Z. アルフェロフ，H. クレーマー	GaAs
2010			A. ガイム，K. ノボセロフ	グラフェン
2011	D. シュヒトマン	準結晶		
2014			赤﨑勇，天野浩，中村修二	GaN

化学賞には，ウェルナーが見いだした錯体をはじめ，クロロフィル，メタロセン，ボラン，クラウン化合物，フラーレン，準結晶など特異な構造をもつ分子や相が並んでいる．物理学賞では，熱膨張率がきわめて小さいインバー合金[*1]，いわゆる高温超伝導体のはしりとなった $(La, Ba)_2CuO_4$，特異な電子構造と電気伝導性をもつグラフェン，発光ダイオードや高電子移動度トランジスターなど実用に寄与した $GaAs$ や GaN[*2] といった無機物質が見られる．

ウェルナー（1866 - 1919）
スイスの化学者

＊1　Fe-Ni 系の合金で，63 wt%の Fe と 36 wt%の Ni からなり，残りの成分は Mn や C などである．6・11・9 節も参照．

＊2　実用化されている GaAs（ヒ化ガリウム）や GaN（窒化ガリウム）などの 13 族元素と 15 族元素からなる化合物半導体はⅢ-Ⅴ族半導体とよばれることもある．半導体については 4・7・2 節を参照．

1・4 無機化学の分野

　無機化学は，他の学問分野である物理学，生物学，地学，また，同じ化学における異なる分野である物理化学，有機化学，分析化学などの進展にも触発されながら，元素と無機物質に関わる科学と工学を切り開き続けており，現在ではその一領域あるいは周辺領域として表 1・2 に示すような分野が成立し，活発な研究が進められている．それぞれの学問領域の内容は以下のとおりである．

表 1・2　**無機化学の対象と関連する学問領域**

無機化学の領域	研究の内容	関連する他の学問領域
固体化学	固体の合成，構造解析，物性の解明	固体物理学，電子工学，材料工学
錯体化学	錯体の合成，構造解析，性質の解明	触媒化学，光化学，医学
有機金属化学	有機金属化合物の合成，構造解析，性質の解明	有機化学，触媒化学
生物無機化学	生体における金属元素や無機物質の機能の解明	生化学，分子生物学，医学
核化学	原子核反応の解析，人工元素の合成と性質の解明	核物理学
放射化学	放射性同位元素を用いた化学反応機構の解明，元素分析	分析化学，医学
宇宙化学	宇宙空間の元素の分析，星や星間物質の組成および構造の解析	宇宙物理学
地球化学	地球を構成する元素や物質の解析	地質学，鉱物学

　固体化学　多くの固体は結晶である．特に無機物質の結晶が液体や気体と大きく異なるのは，原子，イオン，分子の空間的配列が規則的であり，また，原子，イオン，分子を互いに結びつけている化学結合や分子間力もさまざまであるという点で，そのために多様な結晶構造や電子状態が存在し，それにもとづき，液体や気体にはない多くの興味深い性質が観察される．固体には結晶とは異なる構造をもつアモルファス固体や前出の準結晶とよばれる物質群もある．固体の合成，構造，物性に関わる学問領域が"固体化学"である．固体化学は固体物理学に基礎をおき[*3]，材料やデバイスへの応用が考えられることから，材料工学や電子工学などともつながっている．

　錯体化学　無機化合物として合金や酸化物のように原子やイオンが金属結合やイオン結合で結びついた結晶のほかに，錯体とよばれる独特の構造をもつ一連の化合物群が存在する．このような化合物の合成や反応，構造，性質を扱う分野は"錯体化学"とよばれ，固体化学と並んで現代の無機化学のおもな領域を担っている．7 章でも述べているが，錯体は中心に金属原子あるいはイオンが存在し，

固体化学
（solid state chemistry）

＊3　固体化学と固体物理学の大きな相違点は化学と物理学の違いが反映されたものであり，前者は多様性を指向し，後者は普遍性を求める学問体系であるといえる．

錯体化学
（complex chemistry）

それを取囲むように配位子とよばれる分子やイオンが一定の構造を形成しながら結合している．錯体はユニークな構造，電子状態，反応性のため基礎的に興味がもたれているばかりではなく，抗がん剤など医療への応用や，発光など光に対する特徴的な応答性のため有機EL[*1]デバイスとして使えるなど，実用的な展開も図られている．錯体が規則的に配列して固相を形成した金属有機構造体も非常に活発な研究対象となっている．

有機金属化学　錯体とも関連する物質群に有機金属化合物[*2]がある．これは有機化合物を中心とする分子が炭素原子を介して金属原子と結合した物質である．錯体と同様，その独特の構造や電子状態が注目されており，とりわけ有機反応の触媒として有効であることが示されている．表1・1のグリニャール試薬やメタロセンは有機金属化合物の一種である．この種の化合物の構造や反応性を扱う分野は"有機金属化学"とよばれ，まさに無機化学と有機化学の融合領域となっている．

生物無機化学　炭素，水素，酸素，窒素のような有機化合物に含まれる元素のみならず，金属元素，非金属元素を問わず動物や植物の生命活動に必須な元素が知られている．これらの元素は，H, C, N, O, Na, Mg, P, S, Cl, K, Caのような主要元素と，Cr, Mn, Fe, Co, Cu, Zn, Se, Mo, Iのような微量元素に分けられる[*3]．生体における金属元素の機能や無機物質の役割を明らかにする学問領域は"生物無機化学"とよばれ，無機化学の一翼を担う分野を形成している[*4]．

核化学・放射化学　周期表の下方には天然には存在しない人工的につくられた元素が多く並んでいる．そのなかには2016年に正式に名称が与えられたニホニウム（Nh, 113番元素）も含まれる[*5]．これら人工的な元素の多くは寿命が短く，放射線を出して速やかに崩壊するため，同位体の種類や性質には不明な点が多い．人工的に元素をつくり出したり，その性質を調べたりする分野，あるいはこの種の原子番号の大きい元素を含め放射性同位元素の化学反応や性質を明らかにする分野は，それぞれ"核化学"，"放射化学"とよばれる[*6]．

宇宙化学・地球化学　宇宙空間の元素の分析，星や星間物質の組成と構造の解析などを対象とする"宇宙化学"や，地球を構成する元素や物質の解析を行う"地球化学"といった分野も無機化学の一領域と位置づけられる．これらは宇宙物理学，地質学，鉱物学とも深い関わりのある学問体系である．地球を構成する物質はほとんどが無機物質であることは言うまでもない．また，宇宙にはさまざまな元素や無機物質が分布し，星や銀河を形成している[*7]．

このように，無機化学は他の学問領域との密接な関係をつくり上げ，そのような領域を拡張する形で常に新たな展開を見せている．2章以降では，無機化学とは何かを理解するうえで必要かつ重要な概念を章ごとに取上げ，解説していこう．

2 原子の構造と性質

　無機化学の対象となるすべての元素の原子の性質を決めるのは，原子における1個あるいは複数の電子の状態であり，それらは原子軌道の概念を用いて解釈することができる．原子の電子状態にもとづいて異なる元素を順序よく規則的に並べたものが周期表である．周期表は周期と族からなり，同じ周期あるいは同じ族にある元素の電子状態には規則的な特徴が見られる．

2・1　原子を構成する粒子

　無機物質，有機物質にかかわらず，あらゆる物質を構成し，その構造や性質を決めている最小単位は**原子**である（図2・1）．原子はさらに，その中心の非常に小さな領域を占める**原子核**と，そのまわりに存在する**電子**とからなる．後述するように原子のおおよその大きさは100 pm（1 pm $= 10^{-12}$ m）ほどであるが，原子核の大きさは1 fm（$= 10^{-15}$ m）程度であるので，原子のおおよそ10万分の1の大きさに相当する．

　原子核は**陽子**と**中性子**から構成される．これらはあわせて"核子"とよばれる．現代の素粒子物理学では，核子は内部構造をもち，**クォーク**とよばれるさらに小さい粒子からできていることが明らかにされている[*]．たとえば陽子は二つのアップクォークと一つのダウンクォークからなり，中性子は二つのダウンクォークと一つのアップクォークからなる．

　陽子と電子はともに同じ大きさの電荷をもつが，その符号が異なり，陽子の電荷は$+e$，電子の電荷は$-e$である．eは**電気素量**とよばれる物理定数であり，

原子（atom）

原子核（atomic nucleus）
電子（electron）

陽子（proton）
中性子（neutron）
クォーク（quark）
[*]　理論と実験の両面からクォークには少なくとも6種類が存在することが知られている．初めてこの結論を導いたのが，2008年にノーベル物理学賞の対象となった小林誠と益川敏英が提唱した理論（小林-益川理論）である．

電気素量
（elementary charge）

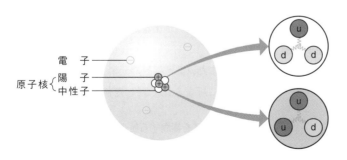

図2・1　**原子の構造**　原子は中心にある原子核とそのまわりに存在する電子からなる．原子核は陽子と中性子で構成され，さらに陽子と中性子はアップクォーク(u)とダウンクォーク(d)からなる．電子は雲のように広がっている（図2・4参照）

原子番号（atomic number）
元素（element）

質量数（mass number）

同位体（isotope）

元素記号
（symbol of elements）

1.602176634 × 10^{-19} C（クーロン）と正確に決められている．一方，中性子は電荷をもたない．電気的に中性の原子において陽子と電子の数は等しく，陽子の数は**原子番号**を表す．また，同じ原子番号の原子の種類を**元素**という．したがって，陽子の数によって元素の種類が決められる．電気的に中性の原子では電子の数も原子番号に等しい．また，核子である陽子と中性子の数の和は**質量数**とよばれる．同じ元素の原子であっても中性子の数が違えば質量数が異なる．このように原子番号が同じで質量数の異なる原子を互いに**同位体**であるという．図2・2に示すように，元素や原子の種類は元素記号により表され，同位体を区別する場合には**元素記号**に質量数を左上に添えて，あるいは質量数と原子番号を左の上下に付けて表すことが多い．

X：元素記号
Z：原子番号 ＝ 陽子数（＝ 電子数）
A：質量数 ＝ 陽子数 ＋ 中性子数

図2・2 **元素記号による同位体の表現**

* 質量数が1の水素を軽水素あるいはプロチウムとよぶこともある．

たとえば，水素原子の場合，質量数が1の水素に加えて，質量数が2および3の同位体が知られており，それぞれ，重水素（ジュウテリウム），三重水素（トリチウム）とよばれる*．図2・2にもとづけば，質量数が1の水素は^{1}H あるいは$^{1}_{1}$H，重水素は^{2}H あるいは$^{2}_{1}$H，三重水素は^{3}H あるいは$^{3}_{1}$H のように表される．特に水素では，重水素にD，三重水素にTの元素記号を与えて区別することがある．

例題 2・1 酸素には三つの同位体がある．各同位体の中性子の数は，それぞれ8個，9個，10個である．これらの同位体を元素記号で表せ．
解 酸素は原子番号が8であるので，陽子を8個もつ．このため，各同位体の質量数はそれぞれ16，17，18となる．よって，$^{16}_{8}$O，$^{17}_{8}$O，$^{18}_{8}$O．

相対原子質量
（relative atomic mass）
統一原子質量単位
（unified atomic mass unit）

原子量（atomic weight）
標準原子量
（standard atomic weight）

表2・1に示すように，陽子と中性子の質量は電子の質量よりもはるかに大きいので，原子の質量はほぼ原子核の質量で決まる．このような原子の質量は，炭素の同位体の一つである$^{12}_{6}$Cの質量を12 uと定め，それを基準とした相対的な質量（**相対原子質量**）で表される．ここで，単位uは**統一原子質量単位**とよばれ，1 u ≒ 1.6605 × 10^{-27} kgである．また，ほとんどの元素には同位体が存在するため，それらの存在比を考慮して1 uに対する比で表した値を**原子量**あるいは**標準原子**

表2・1 **原子を構成する粒子の質量**

粒子	記号	電荷/e	質量/u	質量/kg
陽子	p	+1	1.0073	1.6726 × 10^{-27}
中性子	n	0	1.0087	1.6749 × 10^{-27}
電子	e	−1	5.4858 × 10^{-4}	9.1094 × 10^{-31}

量という. よって, 原子量は無次元である. 一般的な周期表には, この値が記載されている (図 2·11 参照).

　例題 2·2　炭素には, $^{12}_{6}C$ と $^{13}_{6}C$ の 2 種類の安定な同位体がある. 炭素の原子量を計算せよ. ただし, $^{12}_{6}C$ の質量を 12.000 u, $^{13}_{6}C$ の質量を 13.003 u とし, その存在比をそれぞれ 98.93 %, 1.07 %とする.

　解　　　　　　12.000 u × 0.9893 ＋ 13.003 u × 0.0107 ＝ 12.01 u
よって, 炭素の原子量は 12.01 となる.

　また, かつては, 0.012 kg の炭素 12 ($^{12}_{6}C$) に含まれる原子の個数を物質量とアボガドロ定数の定義に用いていたが, 現在では, **アボガドロ定数は** $N_A =$ 6.02214076 × 10²³ mol⁻¹ と正確に決められ, ある系 (たとえば, 一定の圧力, 温度, 体積における気体) を構成する粒子 (たとえば, 気体分子) の個数をアボガドロ定数を単位として表したものが**物質量**であり, その単位が**モル** (記号は mol) となる.

アボガドロ定数
(Avogadro constant)

物質量
(amount of substance)

2·2　微視的な世界での粒子の運動

　原子や電子といった直接見ることのできない世界は "微視的" であると表現されるが, 結論からいえば, 微視的な世界での粒子の運動はニュートン力学では説明できない. 原子, 原子核, 電子といった微小な実体を対象とするとき, 20 世紀初頭から理論体系が確立されてきた**量子力学**の概念が必要となる. 量子力学の台頭により, それまでのニュートン力学は「古典力学」とよばれるようになった.

量子力学
(quantum mechanics)

　私たちの日常生活において, 物体の運動はニュートンが確立した力学にもとづいて説明することができる. 物体の運動をじかに観察できるような世界は "巨視的" であると表現される. たとえば, 空に向かってボールを投げることを考えよう. ボールの運動の軌跡はボールが手を離れた瞬間の速度と飛び出す角度で決まり, 風のない穏やかな日であれば, 図 2·3(a) に模式的に示すようにボールはきれいな放物線を描いて地面に落ちるだろう. この運動については, ニュートン力学にもとづいて次のことがいえる.

① ボールを質点, すなわち, 質量 m をもつ大きさのない粒子と考えれば, その運動を十分正確に解釈できる.

② ボールの全エネルギー E は運動エネルギー ($p^2/2m$) とポテンシャルエネルギー V の和で表される.

$$E = \frac{p^2}{2m} + V \qquad (2\cdot1)^*$$

　ここで, p は運動量の大きさであり, 運動量は運動の "勢い" を表す量である.

③ ボールを投げてから一定の時間を経た時点でのボールの位置 (距離と高さと速度 (すなわち, 運動量) は, ニュートンの運動方程式によって正確に決

＊ この式は, 後述する (2·5) 式のシュレーディンガー方程式の原型となる.

めることができる.

④ ボールの位置，速度，運動量，運動エネルギーなどは時間とともに連続的に変化する.

さて，原子中の電子についてもこのようなニュートン力学が成り立つだろうか？　当時，電子という粒子が原子核から静電的な引力を受けて，太陽のまわりの地球の公転のように，一定の軌道を描いて原子核のまわりを回っている*というモデルが提唱されていた（図2・3b）.

＊　上記の運動量に対応する量として**角運動量**（この場合，**軌道角運動量**）があり，回転の“勢い”を表す．原子中の電子の運動を考えるうえで，角運動量は重要な概念となる（2・3・1節参照）.

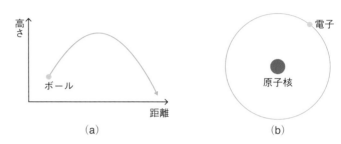

図2・3　ニュートン力学にもとづく粒子の運動　(a) 投げ上げたボールの軌跡，(b) 原子中の電子の軌道運動

しかしこのようなモデルにおいて，ニュートン力学に従えば，電子が原子核のまわりを軌道運動すると，電磁波を放出してエネルギーを失い，らせん軌道を描いて原子核へ向かって落ちていくと予測された．そこで，「量子力学」という新しい考え方が必要となった.

上記のニュートン力学に関する ①〜④ の事項と関連させて述べると，<u>原子における電子の挙動や状態を理解するうえでは，以下の四つの概念が重要である.</u> <u>これらはいずれも「量子力学」の視点で初めて現れる考え方である.</u>

① 陽子や電子のような“微視的”な実体は，粒子の性質と波の性質の両方を兼ね備えている．これを**波と粒子の二重性**という．電子は発見された当初は粒子として認識されたが，これが波の性質ももつことがのちに実験的に明らかとなった.

波と粒子の二重性
（wave-particle duality）

② 量子力学では，ある状態においてエネルギーや運動量などの物理量を測定すると固有値 a が得られるという考え方をする．状態を表現するものは**波動関数**とよばれ，物理量は**演算子**という形で与えられ，波動関数に演算子を作用させると固有値を得ることができる．この考え方は，波動関数を Ψ，演算子を A で表すと，以下のように定式化される.

波動関数（wave function）

演算子（operator）
たとえば x による微分（d/dx）のように関数に作用して他の関数に変換する要素を“演算子”という.
量子力学では，古典力学におけるすべての観測可能な物理量に対応する演算子が存在する.

$$A\Psi = a\Psi \tag{2・2}$$

③ 微視的な粒子の位置と運動量を同時に正確に決めることはできない．同様に時間とエネルギーも同時に正確に決められない．これは，**ハイゼンベルクの不確定性原理**とよばれる.

ハイゼンベルクの不確定性原理
（Heisenberg's uncertainty principle）

このため，投げられたボールや地球の公転と同じような軌跡を原子中の電子に対して描くことはできず，おおよそこのあたりに存在するという“確率”

でしか表すことができない。この様子を模式的に示すと図2・4のようになる。この図の原点は原子核であり、球状の領域は電子の分布を表している。電子は原子核のまわりにあたかも雲のように広がっているように見えるため、**電子雲**ともよばれる。

電子雲（electron cloud）

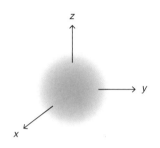

図2・4　**原子中の電子分布**　量子力学では電子の存在は"確率"でしか表せず、電子は原子核のまわりに雲のように広がる

④ 微視的な状態のエネルギーや運動量などの物理量は連続的に変化することができず、離散的な値しかとりえない。これを**量子化**されているという。

量子化（quantization）

まず、①の波と粒子の二重性に関して、粒子としての性質であるエネルギー E ならびに運動量 $\boldsymbol{p}$ と、波の性質である振動数 ν、角振動数 ω、波長 λ、波数 $\boldsymbol{k}$ との間には、プランク定数を h として以下の関係がある[*1]。

$$E = h\nu = \hbar\omega \tag{2・3}$$

$$\boldsymbol{p} = \hbar\boldsymbol{k}, \quad p = h/\lambda \tag{2・4}$$

*1　ここで $\omega = 2\pi\nu$、および、$|\boldsymbol{k}| = 2\pi/\lambda$ である。

ここで、運動量と波数はベクトルであり、p は運動量の大きさを表す。また、$\hbar = h/2\pi$ である。(2・3)式をアインシュタインの関係、(2・4)式をド・ブロイの関係という。位置と時間の関数として波の運動を考え、(2・4)式を用いると、運動量が演算子の形で表され、運動エネルギーの演算子を求めることができる[*2]。

② に述べたことから、「運動エネルギーとポテンシャルエネルギーの和は全エネルギーである」という古典力学でも成り立つ合理的な考え方を定式化すると、

*2　運動量 $\boldsymbol{p}$ の演算子は、

$$\left(-\frac{ih}{2\pi}\frac{\partial}{\partial x}, -\frac{ih}{2\pi}\frac{\partial}{\partial y}, -\frac{ih}{2\pi}\frac{\partial}{\partial z}\right)$$

と表現される（ここで、i は虚数単位）。
よって、運動エネルギー（$\boldsymbol{p}^2/2m$）の演算子は、

$$-\frac{h^2}{8\pi^2 m}\left(\frac{\partial^2}{\partial x^2} + \frac{\partial^2}{\partial y^2} + \frac{\partial^2}{\partial z^2}\right)$$

となる。この演算子は (2・5) 式のシュレーディンガー方程式の左辺に含まれる。

原子軌道を考えるうえで、波に関する概念は重要となるので（2・3節参照）、ここで簡単に整理しておこう。例として、下図のように時間とともに変化する波をあげる。

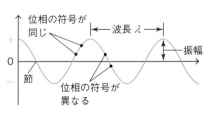

周期：一つの山（谷）から次の山（谷）への変化のこと

振動数：周期的変化が単位時間当たりに繰返される回数

波長：1周期の間に進む距離

振幅：中心からの波の高さ

節：振幅がゼロになる点

位相：1周期中のどこに位置するかを表す量

節（node）
位相（phase）

$$\left[-\frac{h^2}{8\pi^2 m}\left(\frac{\partial^2}{\partial x^2}+\frac{\partial^2}{\partial y^2}+\frac{\partial^2}{\partial z^2}\right)+V\right]\Psi = E\Psi \qquad (2\cdot5)$$

の関係が得られる．ここで，m は粒子の質量，E は全エネルギー，V はポテンシャルエネルギーである．(2・5)式を**シュレーディンガー方程式**といい，微視的な世界の粒子の運動を記述する重要な式となる．

シュレーディンガー方程式
(Schrödinger equation)

③ に関連して，空間における粒子の位置を正確に決めることはできないが，空間の微小な体積 $d\tau$ 中に粒子を見いだす確率は求めることができ，$|\Psi|^2 d\tau$ で表される．粒子は空間中のどこかに必ず存在するから，

$$\int_{全空間}|\Psi|^2 d\tau = 1 \qquad (2\cdot6)$$

規格化（normalization）

が成り立つ．波動関数がこの条件を満たしているとき，その波動関数は**規格化**されていると表現する．

2・3　原子軌道の考え方
2・3・1　水素型原子の原子軌道
原子軌道は三つの量子数で決まる

水素型原子
(hydrogenic atom)

電子を1個のみ含む原子やイオン（陽イオン）を**水素型原子**という．電気的に中性な原子となる水素型原子は，もちろん，水素（重水素と三重水素を含む）のみであり，他は，He^+，Li^{2+} など仮想的な化学種も含めて陽イオンとなる．このような原子やイオンでは，原子核からのクーロン引力[*1]によるポテンシャルの場で運動する1個の電子のエネルギーや運動量を考えればよく，電子が無限遠にあるときを基準にしたポテンシャルエネルギー V を $-Ze^2/(4\pi\varepsilon_0 r)$ とすると，(2・5)式のシュレーディンガー方程式は，

*1　p.17 の側注を参照．

$$-\frac{h^2}{8\pi^2 m_e}\left(\frac{\partial^2}{\partial x^2}+\frac{\partial^2}{\partial y^2}+\frac{\partial^2}{\partial z^2}\right)\Psi - \frac{Ze^2}{4\pi\varepsilon_0 r}\Psi = E\Psi \qquad (2\cdot7)$$

と表現される．ここで，m_e は電子の質量，e は電気素量，Z は原子番号，ε_0 は真空の誘電率，r は原子核から電子までの距離である．この微分方程式は厳密に解くことができる．運動エネルギーの項を直交座標ではなく"極座標"[*2]で表現して解を求めると，以下のように波動関数は二つの関数の積により表される．

*2　極座標は下図のようになる．点Pの座標は (r, θ, ϕ) となり，直交座標との関係は以下のように表される．

$x = r\sin\theta\cos\phi$
$y = r\sin\theta\sin\phi$
$z = r\cos\theta$

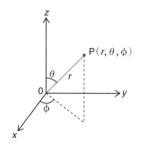

$$\Psi_{nlm_l}(r, \theta, \phi) = \overset{\text{動径部分}}{R_{nl}(r)} \cdot \overset{\text{角度部分}}{Y_{lm_l}(\theta, \phi)} \qquad (2\cdot8)$$

$R_{nl}(r)$ は原子核から電子までの距離のみの関数であり，"動径部分"という．一方，$Y_{lm_l}(\theta, \phi)$ は原子核から見た電子の方向のみの関数であり，"角度部分"という．また，n, l, m_l はいずれもある一定の範囲をとる整数であり，

$$n = 1, 2, 3, \cdots$$
$$l = 0, 1, 2, \cdots, n-1 \qquad (2\cdot9)$$
$$m_l = -l, -l+1, \cdots, l-1, l$$

主量子数
(principal quantum number)

で与えられ，これらの値が決まれば波動関数を具体的に表現できる．n は**主量子**

数，l は**方位量子数**，m_l は**磁気量子数**とよばれる．方位量子数は電子の軌道角運動量[*1] に対応し，軌道角運動量は $[l(l+1)]^{1/2}\hbar$ で与えられる．このため，**軌道角運動量量子数**ともよばれる．また，磁気量子数は軌道角運動量の z 成分に対応する．

水素型原子における電子の波動関数は**原子軌道**とよばれ，原子核のまわりを運動する電子の分布状態を記述する．原子軌道はこれらの三つの"量子数"で規定される（表2・2）．

主量子数 n：軌道のエネルギーと空間的な広がりの大きさを決める．主量子数が同じ軌道をまとめて**電子殻**といい，$n = 1, 2, 3, 4, \cdots$ の電子殻に対して，それぞれ，K殻，L殻，M殻，N殻，…という名称が付けられている．

方位量子数 l：軌道の形を決める．同じ電子殻の軌道は，さらに l の値によって**副殻**として分類され，$l = 0, 1, 2, 3, \cdots$ に対して，それぞれ，s軌道，p軌道，d軌道，f軌道，…という名称が付けられている．

磁気量子数 m_l：軌道の広がる方向を決める．また，磁場中に置かれた原子の挙動に関わる．

表2・2　**三つの量子数と原子軌道**

電子殻	主量子数 n	方位量子数 l	磁気量子数 m_l	原子軌道（副殻）	軌道の数
K殻	1	0	0	1s	1
L殻	2	0	0	2s	1
		1	$-1, 0, +1$	2p	3
M殻	3	0	0	3s	1
		1	$-1, 0, +1$	3p	3
		2	$-2, -1, 0, +1, +2$	3d	5

表2・2に示したように，原子軌道は主量子数 n と方位量子数 l を組合わせて表す．$n = 1, l = 0$ のときは"1s軌道"，$n = 2, l = 1$ のときは"2p軌道"，$n = 3, l = 2$ のときは"3d軌道"となる．また，原子軌道と量子数の関係について，以下のことがわかる．

・n は副殻の数を表す．たとえば，$n = 2$ のとき副殻の数は2であり，2s軌道と2p軌道が存在する．

・副殻中の原子軌道の数は $2l + 1$ であり，これは磁気量子数 m_l の値の数に対応している．$l = 1$ である p 軌道の数は3であり，$m_l = -1, 0, 1$ の値をとるため，それに対応して，p_x, p_y, p_z の3種類の原子軌道が存在する[*2]．同様に，$l = 2$ である d 軌道には5種類の原子軌道が存在する（図2・5参照）．

例題 2・3　4f軌道の n, l, m_l の値を示せ．また軌道の数はいくつか．

解　副殻の表現の数字は主量子数にあたるので，$n = 4$ となる．f軌道は $l = 3$ であるから，(2・9)式より m_l は $-3, -2, -1, 0, 1, 2, 3$ となり，軌道の数は7となる．

方位量子数（azimuthal quantum number）

磁気量子数（magnetic quantum number）

＊1 古典力学における軌道角運動量の意味については，p.10の側注を参照されたい．

軌道角運動量量子数（orbital angular momentum quantum number）

原子軌道（atomic orbital）

電子殻（electron shell）

副殻（subshell）

＊2　$m_l = -1, 0, +1$ の状態をそれぞれ p_x 軌道，p_y 軌道，p_z 軌道とよぶわけではない．実際に，p_z 軌道は $m_l = 0$ に対応し，p_x 軌道と p_y 軌道は $m_l = -1$ と $m_l = +1$ の状態の線形結合である．詳細は量子化学の教科書を参照のこと．

軌道角運動量に加えて，電子はスピン角運動量あるいは単にスピンとよばれる別の固有の角運動量を有している[*1]．これに関連するもう一つの量子数として**スピン量子数**が導入され，スピン量子数 s に対して**スピン磁気量子数 m_s** のとりうる範囲は，(2・9)式の l と m_l の関係と同様に，

$$m_s = -s, -s+1, \cdots, s-1, s \qquad (2 \cdot 10)$$

となる．特に電子では $s = 1/2$ であり，$m_s = \pm 1/2$ の二つの状態がある[*2]．スピン磁気量子数は多電子原子における電子配置を考えるうえで重要となる（2・4・1節参照）．

原 子 軌 道 の 形

　電子の原子核からの距離と角度の関数として原子軌道が与えられたら，電子の存在確率の高い領域を描くことが可能である．これは，描かれた図形の内部に高い"確率"で電子が存在することを意味する[*3]．図2・5に見られる水素型原子のs軌道，p軌道，d軌道の様子は，(2・8)式に示した波動関数を"規格化"することにより得られ（2・2節参照），軌道の形や方向を決める"角度部分" $Y_{lm_l}(\theta, \phi)^2$ を描いたものである．

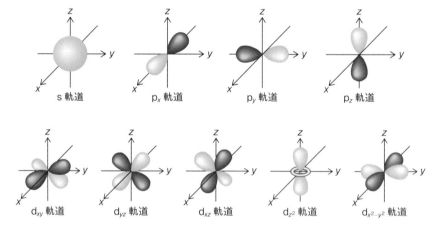

図 2・5　原子軌道の形　$l = 0, 1, 2$ のときの波動関数の角度部分 $(Y(\theta, \phi)^2)$ を示した

　無機化学に限らず化学の領域では，分子や結晶の構造や電子状態を議論したり，化学結合を考察したりするときには，原子軌道をこのような図で表現すれば直感的に理解しやすいことが多い．

　s軌道は角度部分の波動関数は定数となる，つまり角度 θ と ϕ によらないため，球対称の形をしている．一方，p軌道とd軌道は角度に依存する．たとえば，p_x 軌道は x 軸方向に，p_y 軌道は y 軸方向に，p_z 軌道は z 軸方向に広がっている．また，d_{xy} 軌道，d_{yz} 軌道，d_{xz} 軌道はそれぞれ対応する軸の中間に，d_{z^2} 軌道は z 軸方向および xy 面上にドーナツ状に，$d_{x^2-y^2}$ 軌道は x 軸および y 軸上に広がっている．

　図2・5において，p軌道とd軌道を色の違いで二つの領域に分けている．こ

[*1]　スピンの概念は，量子力学に特殊相対論(p.26参照)を適用した相対論的量子力学におけるディラック方程式から導かれる．

スピン量子数
(spin quantum number)

スピン磁気量子数（spin magnetic quantum number）

[*2]　古典力学的には，磁場中で電子は二つの方向（右回り・左回り）のどちらかに自転していると説明される．

[*3]　動径分布関数（図2・6参照）は原子核から離れるにつれて指数関数的に減少する．このことは，原子核からどんなに離れても電子の存在確率がゼロにならないことを意味する．このため，電子の存在しない空間との間に境界線を引くことはできないが，たとえば，電子の存在確率が90%となるように条件を設定すれば境界線を引くことが可能である．図2・5の原子軌道はこのようにして描かれたものである．

れは，電子を波として見た場合，その振幅が正であるか負であるかを区別したもので，色の違う領域は互いに"位相"[*]が180°(π)だけ異なっている．p軌道とd軌道では原子核（原点）を含む面において振幅がゼロとなり，位相の符号が逆転する．このような面を**節面**といい，節面では電子の存在確率はゼロとなる．p軌道では節面を一つもち，p_x, p_y, p_z軌道ではそれぞれyz, zx, xy平面に相当する．d軌道では節面を二つもつ．d_{xy}軌道ではyz平面とzx平面というように互いに直交した二つの節面をもち，d_{yz}, d_{zx}, $d_{x^2-y^2}$も同様の節面をもつ．d_{z^2}軌道ではxy平面の上下に原子核を頂点とする二つの円錐状の節面が存在する．

一方，原子核から電子までの距離に注目したとき，(2・8)式にもとづいて，$|\Psi|^2$をすべての方向(θ, ϕ)について積分し，波動関数の角度部分が規格化されていることを使うと，rのみに依存する関数が導かれる．

$$P(r) = r^2[R(r)]^2 \qquad (2・11)$$

このような関数を**動径分布関数**といい，動径方向の電子分布の変化を表すことができる．動径分布関数は，右図に示すように原子核から距離rだけ離れた厚さdrの球殻中に電子を見いだす確率を表す．たとえば，水素型原子について，$n=1, 2, 3$の原子軌道の動径分布関数をrの関数として描くと図2・6のようになり，下記のことがわかる．

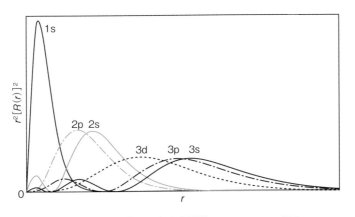

図2・6 **原子軌道の動径分布関数** $n = 1, 2, 3$の場合

- 主量子数nが大きいほど，原子核から離れたところでも電子の存在確率（電子密度）が高い．
- "極大"となる位置では電子の存在確率が最大に達する．一方，ゼロになる位置では電子が存在せず，"節"に相当する（ただし$r = 0$は除く）．

動径分布関数にもとづき，図2・5に示した原子軌道の形について，もう少し詳しく見てみよう．s軌道を球の内部の動径方向に沿って見てみると，主量子数が大きいほど電子の空間的な広がりが大きくなる．つまり，軌道は1s < 2s < 3sの順で大きくなる．また，1s軌道では極大を一つ，2s軌道では極大を二つ，節を一つ，3s軌道では極大を三つ，節を二つもつ．この様子を示したものが図2・

[*] 波の位相についてはp.11の囲みを参照．3章で述べるが，このような原子軌道の位相は化学結合を考察するうえできわめて重要である．

節面（nodal plane）
節面は節(p.11の囲みを参照)が集まってできた面のことをいう．

動径分布関数
（radial distribution function）

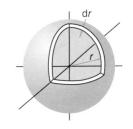

7である．電子密度は色の濃い領域が高く，色の薄い領域が低いことを示している．また，白い部分は節を表す（$r = 0$は除く）．

1s 軌道

2s 軌道

3s 軌道

図2・7　s軌道の電子の空間的な広がり

原子軌道のエネルギー

　水素型原子の原子軌道のエネルギーは，(2・7)式のシュレーディンガー方程式から求めることができ，以下のようになる．

$$E = -\frac{m_e e^4 Z^2}{8h^2 \varepsilon_0^2 n^2} \tag{2・12}$$

この式から水素型原子における電子の全エネルギーは，<u>主量子数 n のみで決まる</u>ことがわかる．主量子数は自然数のみをとるから，水素型原子における電子のエネルギーは連続的に変化することはない，つまり"量子化"されていることがわかる（2・2節の項目④）．また，主量子数が同じ 2s 軌道，2p$_x$ 軌道，2p$_y$ 軌道，2p$_z$ 軌道はいずれもエネルギーが等しいことになる．このように，異なった状態（この場合，原子軌道が異なる）が同じエネルギーをもつことを，**縮退あるいは縮重**という．さらに，電子がとりうるエネルギーのように，ある系において量子力学的に許されるエネルギーの状態を**エネルギー準位**という．水素型原子のエネルギー準位を図2・8に示した．

縮退（縮重）（degeneracy）

エネルギー準位
（energy level）

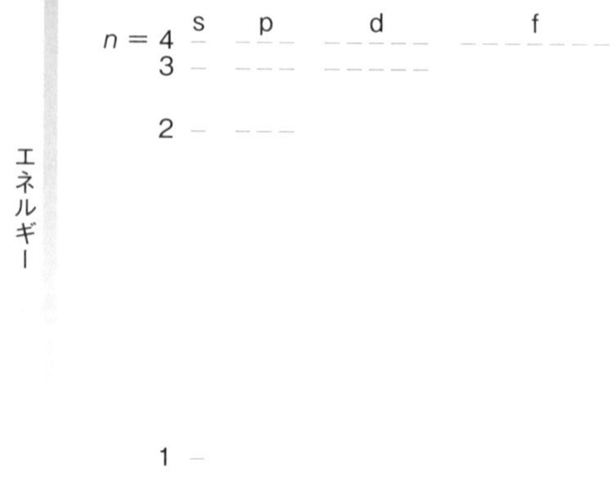

$n = 4$　s　　p　　　d　　　　　f
　　　3
　　　2

エネルギー

図2・8　**水素型原子の原子軌道のエネルギー準位**　主量子数が同じ軌道はすべて縮退（縮重）している

1

2・3・2　多電子原子における原子軌道のエネルギー

多電子原子
（many-electron atom）

　水素型原子に対して，複数（2個以上）の電子を含む原子やイオンを**多電子原**

子という. 多電子原子では特定の1個の電子は原子核からのクーロン引力のみならず他の電子からのクーロン反発力を受ける[*1]. このような状況では, 電子がたかだか2個であってもシュレーディンガー方程式の厳密な解は得られない.

　そこで, 多電子原子が水素型原子と"類似の波動関数"をもつとして, 電子間の相互作用を定性的に考察することにより, 多電子原子における原子軌道のエネルギー状態が主量子数や方位量子数によってどのように変わるかを見ていこう. 重要な点は, 水素型原子とは異なり, <u>多電子原子では主量子数が同じでも方位量子数が違えば原子軌道のエネルギーは異なる</u>ことである.

　電子間の相互作用および異なる原子軌道の電子が原子核から受けるポテンシャルの違いを明らかにするために, (2・11)式の動径分布関数を考えよう. 図2・6に示したように, 2s軌道は2p軌道よりも原子核に近い領域での電子密度が高いことがわかる[*2]. したがって, 両方の原子軌道に電子が存在する場合, 2p軌道の電子は2s軌道の電子との反発による影響で原子核の正電荷から受けるクーロン引力が弱くなる. これを, 2p電子は2s電子により**遮蔽**されていると表現する. また, 多電子原子で電子が感じる実効的な原子核の正電荷を**有効核電荷**という(図2・9). この場合, 2p電子に対する有効核電荷は2s電子の場合よりも小さくなる. そのため, s軌道の電子はp軌道の電子よりも原子核に強く引きつけられ, 原子軌道における電子のエネルギーは2s軌道のほうが2p軌道より低くなり(図2・10a参照), 電子は2p軌道より2s軌道に入るほうが安定になる.

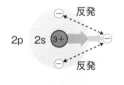

図2・9　**2p軌道の電子の有効核電荷**
2s軌道の電子との反発により, 2p軌道の電子が感じる実際の電荷は真の核電荷よりも小さくなる

　表2・3は原子軌道を表す波動関数にもとづいて求められた有効核電荷である[*3]. 同じ軌道で見た場合, 原子番号が増加するに従って有効核電荷は増大している. これは, 外側の電子殻を占める電子による遮蔽が小さく, 核電荷 (Z) の増大をそれほど打ち消すことができないためである.

表2・3　**いくつかの元素の有効核電荷**[a]

元素	H	He	Li	Be	B	C	N	O	F
Z	1	2	3	4	5	6	7	8	9
1s	1.0	1.69	2.69	3.68	4.68	5.67	6.67	7.66	8.65
2s			1.28	1.91	2.58	3.22	3.85	4.49	5.13
2p					2.42	3.14	3.83	4.45	5.10

a) E. Clementi, D. L. Raimondi, *J. Chem. Phys.*, **38**, 2686(1963)より.

[*1]　電荷をもつ二つの粒子間に働く静電的な力を"クーロン力"とよぶ. 電荷の符号が異なれば引力となり, 電荷の符号が同じであれば反発力(斥力)となる.

[*2]　同じnの軌道ではlの値が小さいほど, 動径分布関数が内側に入り込み(**貫入**という), 原子核に近い領域での電子密度が高くなる.

遮蔽（shielding）

有効核電荷
（effective nuclear charge）

[*3]　有効核電荷は実験データにもとづく近似的な経験則(**スレーター則**)によっても求められる. スレーター則は核電荷に対する内殻電子による遮蔽を用いて補正する方法である. 有効核電荷 Z_{eff} は以下の式で表される.
$$Z_{eff} = Z - S$$
ここでZは核電荷, Sは遮蔽定数の総和である. Sは原子軌道をいくつかのグループに分け, 各グループに含まれる電子の遮蔽定数をそれぞれ定めることにより求められる. 表2・3とは異なり, スレーター則では2s軌道と2p軌道が同じグループに分けられている.

例題 2・4　リチウム原子は 1s 軌道に 2 個，2s 軌道に 1 個の電子が入っている．原子核の電荷を +3，電子 1 個の電荷を −1 とすると，2s 軌道の電子の有効核電荷は 1 と予想されるが，実際には 1 よりも大きくなる．その理由を動径分布関数（図 2・6）にもとづいて述べよ．

解　1s 軌道と 2s 軌道の動径分布関数は一部重なっているために，2s 軌道の電子は 1s 軌道の 2 個の電子により完全には遮蔽されず，有効核電荷は 1 よりも大きくなる．

以上のような遮蔽による効果を反映して，主量子数 n が同じ原子軌道のエネルギーは，おおよそ方位量子数の増加に従って高くなる．よって，エネルギーは，ns ＜ np ＜ nd ＜ nf の順に高くなると考えてよい．また，n の増加にともない，これらの原子軌道のエネルギー準位の間隔は狭くなる．ただし，遮蔽による効果が原子ごとに微妙なものであるため，エネルギー準位の重なりや逆転が見られることもある[*1]．

図 2・10(a) に多電子原子のエネルギー準位図を示した．この図は定性的なものであり，実際には各原子によって軌道のエネルギーの大きさやエネルギー準位の間隔が異なる．s 軌道や p 軌道では，2s, 2p というように同じ種類の軌道では，一般的に原子番号が増加するにつれてエネルギーが低下する．また，エネルギー準位の逆転については，たとえば 4s 軌道と 3d 軌道を比べると，最初は 4s 軌道のほうが 3d 軌道よりもエネルギーが高く，その後逆転が見られ，3d 軌道のほうが 4s 軌道よりもエネルギーが高くなり[*2]，原子番号 21 のスカンジウムで再び逆転し，4s 軌道のほうが 3d 軌道よりもエネルギーが高くなっている（図 2・10b）．

*1　このようなエネルギー準位の重なりや逆転は，原子の電子配置に影響を及ぼす（2・4節参照）．

*2　このため，特に K（原子番号 19）と Ca（原子番号 20）では 4s 軌道の貫入効果が著しく強くなる（p.17 の側注参照）．

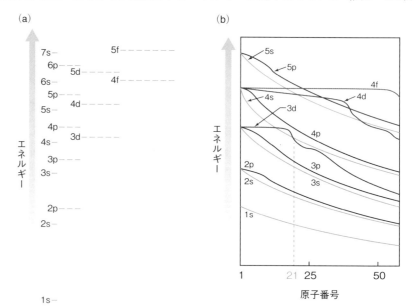

図 2・10　**多電子原子のエネルギー準位**　(a) 定性的に示したもの．水素型原子と異なり，方位量子数が違えば原子軌道のエネルギーは異なる，(b) 原子番号順による変化．後者は田中勝久ら 訳，「シュライバー・アトキンス 無機化学（上）第 6 版」，東京化学同人（2016）の図 1・20 より一部抜粋

2・4　原子の電子配置と周期表

2・4・1　原子の電子配置

　前節での議論にもとづき，各元素の原子において1個あるいは複数の電子がどのような原子軌道に存在するかを示すことができる．一つの元素において，原子の各原子軌道に電子が収まっている状態を**電子配置**とよぶ．通常，電子配置はエネルギーが最も低く安定な**基底状態**をとる．また，原子は結晶や溶液中で電子を放出したり獲得したりして，正あるいは負の電荷をもつ**イオン**になる場合があり，どのようなイオンになりやすいかも電子配置により説明することができる（2・5・2節および2・5・3節も参照のこと）．

　ここでは，基底状態の原子の電子配置を元素ごとに見ていこう．例外はあるが，電子はエネルギーの最も低い軌道から順番に入っていく．多電子原子の原子軌道のエネルギーは，おおよそ図2・10に示したとおりである．その際，電子は"パウリの排他原理"および"フントの規則"にもとづいて配置される．

　パウリの排他原理にはいくつかの表現方法があるが，ここでは次のように記述する．

　パウリの排他原理：四つの量子数，すなわち，主量子数，方位量子数，磁気量子数，スピン磁気量子数の値で規定される一つの状態を複数の電子が同時にとることはできない．いい換えると，四つの量子数で決まる一つの状態をとることのできる電子は1個のみである．

　また，$2p_x$軌道のように主量子数，方位量子数，磁気量子数の値で決まる一つの原子軌道に入ることのできる電子は"2個"までに限られ[*]，2個の電子が入る場合は，互いにスピン磁気量子数が異なる（一方が$m_s = +1/2$であれば，もう一方は必ず$m_s = -1/2$である）とも表現できる．

　一方，フントの規則は次のように表すことができる．

　フントの規則：エネルギーが同じ複数の原子軌道に複数の電子が入るとき，同じスピン磁気量子数をもつ電子の数が最大となるような電子配置が最も安定である．

　以下，原子番号の順に代表的な電子配置をもつ原子について見ていこう．表2・4に原子の電子配置を示した．

- **H**: 基底状態では1s軌道に1個の電子が存在するので，これを $(1s)^1$ あるいは $1s^1$ と表現する．
- **He**: 1s軌道を2個の電子が占めるため，$(1s)^2$ となる．このとき，パウリの排他原理に従い，2個の電子のスピン磁気量子数は互いに異なる．このように電子殻（最外殻）がすべて電子で占められた配置を**閉殻**といい，安定な状態となる．
- **Li**: 3番目の電子は1s軌道に入ることはできず，つぎにエネルギーの低い2s軌道を占めるため，$(1s)^2(2s)^1$ となる．ここで，閉殻のHeの電子配置を[He]

電子配置
（electron configuration）

基底状態（ground state）

イオン（ion）

パウリの排他原理
（Pauli exclusion principle）

[*]　電子は各軌道に"2個"ずつ入れるので，s軌道は2個，p軌道は6個，d軌道は10個，f軌道は14個まで収容することができる（表2・4参照）．

フントの規則（Hund's rule）
フントの規則は，厳密には三つの規則からなり，多電子原子の基底状態の電子配置を決める条件を与えるものである．ここに記載した内容は第一規則に当たる．

閉殻（closed shell）

表 2・4　元素の基底状態の電子配置

原子番号	元素記号	電子配置	原子番号	元素記号	電子配置	原子番号	元素記号	電子配置
1	H	$(1s)^1$	41	Nb	$[Kr](4d)^4(5s)^1$	81	Tl	$[Xe](4f)^{14}(5d)^{10}(6s)^2(6p)^1$
2	He	$(1s)^2$	42	Mo	$[Kr](4d)^5(5s)^1$	82	Pb	$[Xe](4f)^{14}(5d)^{10}(6s)^2(6p)^2$
3	Li	$[He](2s)^1$	43	Tc	$[Kr](4d)^5(5s)^2$	83	Bi	$[Xe](4f)^{14}(5d)^{10}(6s)^2(6p)^3$
4	Be	$[He](2s)^2$	44	Ru	$[Kr](4d)^7(5s)^1$	84	Po	$[Xe](4f)^{14}(5d)^{10}(6s)^2(6p)^4$
5	B	$[He](2s)^2(2p)^1$	45	Rh	$[Kr](4d)^8(5s)^1$	85	At	$[Xe](4f)^{14}(5d)^{10}(6s)^2(6p)^5$
6	C	$[He](2s)^2(2p)^2$	46	Pd	$[Kr](4d)^{10}$	86	Rn	$[Xe](4f)^{14}(5d)^{10}(6s)^2(6p)^6$
7	N	$[He](2s)^2(2p)^3$	47	Ag	$[Kr](4d)^{10}(5s)^1$	87	Fr	$[Rn](7s)^1$
8	O	$[He](2s)^2(2p)^4$	48	Cd	$[Kr](4d)^{10}(5s)^2$	88	Ra	$[Rn](7s)^2$
9	F	$[He](2s)^2(2p)^5$	49	In	$[Kr](4d)^{10}(5s)^2(5p)^1$	89	Ac	$[Rn](6d)^1(7s)^2$
10	Ne	$[He](2s)^2(2p)^6$	50	Sn	$[Kr](4d)^{10}(5s)^2(5p)^2$	90	Th	$[Rn](6d)^2(7s)^2$
11	Na	$[Ne](3s)^1$	51	Sb	$[Kr](4d)^{10}(5s)^2(5p)^3$	91	Pa	$[Rn](5f)^2(6d)^1(7s)^2$
12	Mg	$[Ne](3s)^2$	52	Te	$[Kr](4d)^{10}(5s)^2(5p)^4$	92	U	$[Rn](5f)^3(6d)^1(7s)^2$
13	Al	$[Ne](3s)^2(3p)^1$	53	I	$[Kr](4d)^{10}(5s)^2(5p)^5$	93	Np	$[Rn](5f)^4(6d)^1(7s)^2$
14	Si	$[Ne](3s)^2(3p)^2$	54	Xe	$[Kr](4d)^{10}(5s)^2(5p)^6$	94	Pu	$[Rn](5f)^6(7s)^2$
15	P	$[Ne](3s)^2(3p)^3$	55	Cs	$[Xe](6s)^1$	95	Am	$[Rn](5f)^7(7s)^2$
16	S	$[Ne](3s)^2(3p)^4$	56	Ba	$[Xe](6s)^2$	96	Cm	$[Rn](5f)^7(6d)^1(7s)^2$
17	Cl	$[Ne](3s)^2(3p)^5$	57	La	$[Xe](5d)^1(6s)^2$	97	Bk	$[Rn](5f)^9(7s)^2$
18	Ar	$[Ne](3s)^2(3p)^6$	58	Ce	$[Xe](4f)^1(5d)^1(6s)^2$	98	Cf	$[Rn](5f)^{10}(7s)^2$
19	K	$[Ar](4s)^1$	59	Pr	$[Xe](4f)^3(6s)^2$	99	Es	$[Rn](5f)^{11}(7s)^2$
20	Ca	$[Ar](4s)^2$	60	Nd	$[Xe](4f)^4(6s)^2$	100	Fm	$[Rn](5f)^{12}(7s)^2$
21	Sc	$[Ar](3d)^1(4s)^2$	61	Pm	$[Xe](4f)^5(6s)^2$	101	Md	$[Rn](5f)^{13}(7s)^2$
22	Ti	$[Ar](3d)^2(4s)^2$	62	Sm	$[Xe](4f)^6(6s)^2$	102	No	$[Rn](5f)^{14}(7s)^2$
23	V	$[Ar](3d)^3(4s)^2$	63	Eu	$[Xe](4f)^7(6s)^2$	103	Lr	$[Rn](5f)^{14}(6d)^1(7s)^2$
24	Cr	$[Ar](3d)^5(4s)^1$	64	Gd	$[Xe](4f)^7(5d)^1(6s)^2$	104	Rf	$[Rn](5f)^{14}(6d)^2(7s)^2$
25	Mn	$[Ar](3d)^5(4s)^2$	65	Tb	$[Xe](4f)^9(6s)^2$	105	Db	$[Rn](5f)^{14}(6d)^3(7s)^2$
26	Fe	$[Ar](3d)^6(4s)^2$	66	Dy	$[Xe](4f)^{10}(6s)^2$	106	Sg	$[Rn](5f)^{14}(6d)^4(7s)^2$
27	Co	$[Ar](3d)^7(4s)^2$	67	Ho	$[Xe](4f)^{11}(6s)^2$	107	Bh	$[Rn](5f)^{14}(6d)^5(7s)^2$
28	Ni	$[Ar](3d)^8(4s)^2$	68	Er	$[Xe](4f)^{12}(6s)^2$	108	Hs	$[Rn](5f)^{14}(6d)^6(7s)^2$
29	Cu	$[Ar](3d)^{10}(4s)^1$	69	Tm	$[Xe](4f)^{13}(6s)^2$	109	Mt	$[Rn](7s)^2(5f)^{14}(6d)^7$
30	Zn	$[Ar](3d)^{10}(4s)^2$	70	Yb	$[Xe](4f)^{14}(6s)^2$	110	Ds	$[Rn](7s)^1(5f)^{14}(6d)^9$
31	Ga	$[Ar](3d)^{10}(4s)^2(4p)^1$	71	Lu	$[Xe](4f)^{14}(5d)^1(6s)^2$	111	Rg	$[Rn](5f)^{14}(6d)^9(7s)^2$
32	Ge	$[Ar](3d)^{10}(4s)^2(4p)^2$	72	Hf	$[Xe](4f)^{14}(5d)^2(6s)^2$	112	Cn	$[Rn](5f)^{14}(6d)^{10}(7s)^2$
33	As	$[Ar](3d)^{10}(4s)^2(4p)^3$	73	Ta	$[Xe](4f)^{14}(5d)^3(6s)^2$	113	Nh	$[Rn](5f)^{14}(6d)^{10}(7s)^2(7p)^1$
34	Se	$[Ar](3d)^{10}(4s)^2(4p)^4$	74	W	$[Xe](4f)^{14}(5d)^4(6s)^2$	114	Fl	$[Rn](5f)^{14}(6d)^{10}(7s)^2(7p)^2$
35	Br	$[Ar](3d)^{10}(4s)^2(4p)^5$	75	Re	$[Xe](4f)^{14}(5d)^5(6s)^2$	115	Mc	$[Rn](5f)^{14}(6d)^{10}(7s)^2(7p)^3$
36	Kr	$[Ar](3d)^{10}(4s)^2(4p)^6$	76	Os	$[Xe](4f)^{14}(5d)^6(6s)^2$	116	Lv	$[Rn](5f)^{14}(6d)^{10}(7s)^2(7p)^4$
37	Rb	$[Kr](5s)^1$	77	Ir	$[Xe](4f)^{14}(5d)^7(6s)^2$	117	Ts	$[Rn](5f)^{14}(6d)^{10}(7s)^2(7p)^5$
38	Sr	$[Kr](5s)^2$	78	Pt	$[Xe](4f)^{14}(5d)^9(6s)^1$	118	Og	$[Rn](5f)^{14}(6d)^{10}(7s)^2(7p)^6$
39	Y	$[Kr](4d)^1(5s)^2$	79	Au	$[Xe](4f)^{14}(5d)^{10}(6s)^1$			
40	Zr	$[Kr](4d)^2(5s)^2$	80	Hg	$[Xe](4f)^{14}(5d)^{10}(6s)^2$			

と表して，Li の電子配置を $[He](2s)^1$ と書くこともある．

• **Be**: さらに 2s 軌道に電子 1 個が入るため，$(1s)^2(2s)^2$ となる．このとき，He と同様に 2 個の電子のスピン磁気量子数は互いに異なる．

• **B**: 5 番目の電子が 2p 軌道に入るため $(1s)^2(2s)^2(2p)^1$ となる．2p 軌道は $2p_x$，$2p_y$，$2p_z$ の三つの軌道があるが，これらは縮退しているため，1 個の電子が三つの 2p 軌道のいずれを占めてもエネルギーは変わらない．

• **C**: フントの規則により，たとえば $2p_x$ 軌道と $2p_y$ 軌道に 1 個ずつ電子が入り，それらのスピン磁気量子数は互いに等しくなる．電子配置は $(1s)^2(2s)^2(2p)^2$

と書けるが，次のような模式的な表現もよく用いられる[*]．

C原子 ⏐↑↓⏐ ⏐↑↓⏐ ⏐↑⏐↑⏐ ⏐
   1s 2s 2p$_x$ 2p$_y$ 2p$_z$

＊ フントの規則に従い，スピン磁気量子数の異なる2個の電子が軌道に入ることを“対”をなすという．一方，“対”をなしていない1個だけの電子を**不対電子**（unpaired electron）とよぶ．

ここで，矢印は電子とスピン磁気量子数を表し，上向きの矢印は $m_s = +1/2$，下向きの矢印は $m_s = -1/2$ を表現している．

- **N**: $(1s)^2(2s)^2(2p)^3$，　**O**: $(1s)^2(2s)^2(2p)^4$，　**F**: $(1s)^2(2s)^2(2p)^5$

- **Ne**: $(1s)^2(2s)^2(2p)^6$ となり，2p軌道がすべて電子で占められて“閉殻”となって，安定化する．

- **Na**: $(1s)^2(2s)^2(2p)^6(3s)^1$，　**Mg**: $(1s)^2(2s)^2(2p)^6(3s)^2$

ここで，閉殻のNeの電子配置を [Ne] とすれば，Naの電子配置を [Ne]$(3s)^1$，Mgの電子配置を [Ne]$(3s)^2$ と表せる．

- **Al ～ Ar**: 3p軌道に電子が入る．Arの電子配置は [Ne]$(3s)^2(3p)^6$ の“閉殻”となり，[Ar] と表現される．

- **K**: [Ar]$(4s)^1$，　**Ca**: [Ar]$(4s)^2$

図2・10(b) に示したように，K（原子番号19）とCa（原子番号20）では4s軌道のほうが3d軌道よりもエネルギーが低いため，4s軌道に電子が入る．

- **Sc**: [Ar]$(3d)^1(4s)^2$，　**Ti**: [Ar]$(3d)^2(4s)^2$，　**V**: [Ar]$(3d)^3(4s)^2$

図2・10(b) に示したように，Sc（原子番号21）以降では3d軌道のほうが4s軌道よりエネルギーが低く（Cu付近まではその差は小さい），電子はよりエネルギーの低い3d軌道から入るはずであるが，実際には4s軌道を2個の電子が占め，残りの電子が3d軌道に入っていく．このため，電子配置を表現する際に原子軌道を3d，4sの順に並べているが，Scでは3d軌道に3個の電子が入ると電子間の反発が働いて不安定化するため，3d軌道に1個，4s軌道に2個の電子が入ると解釈される．

- **Cr**: [Ar]$(3d)^5(4s)^1$ となり，3d軌道と4s軌道からなる六つの原子軌道を6個の電子が1個ずつ占める．この電子配置は，電子のスピン磁気量子数の総和が最大となるため，フントの規則にもとづいて安定化される．このように，準備された原子軌道のちょうど半分を電子が占める電子配置は**半閉殻**とよばれる．

半閉殻（half closed shell）

- **Cu**: [Ar]$(3d)^{10}(4s)^1$ となり，4s軌道には電子が1個しか存在せず，3d軌道はすべて電子で満たされ，“閉殻”となって安定化する．

つぎにイオンの電子配置についていくつか見てみよう．

- NaやKはそれぞれ最もエネルギーの高い3s軌道および4s軌道の1個の電子を放出して1価の陽イオンになりやすい．これは，Na$^+$の電子配置が [Ne]，K$^+$の電子配置が [Ar] と，いずれも“閉殻”となって安定化するためである．同様に，Mg^{2+}の電子配置は [Ne]，Ca^{2+}は [Ar] であり，これらの陽イオンも安定である．

- ScからCuまでの原子の電子配置と同様，これらの陽イオンの電子配置もや

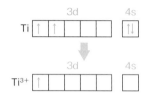

や特別である.

　たとえば, Ti は 3d 軌道と 4s 軌道の電子を放出すると電子配置が "閉殻" の [Ar] となるため, Ti^{4+} は安定な陽イオンとして存在する. 一方, Ti^{3+} という陽イオンも知られており, この電子配置は $[Ar](3d)^1$ である. すなわち, 原子の状態ではエネルギーを低下させるのに電子が優先的に 4s 軌道を占めているにもかかわらず, 陽イオンになると 3d 軌道に電子が残るような電子配置となる. 陽イオンは結晶中では陰イオンに, また, 水溶液中では水分子に囲まれるなどして安定化するが, その際, 空間的に広がった 4s 軌道の電子は周囲との相互作用のため不安定化し, 3d 軌道に電子を残して優先的に抜けることになる.

2・4・2　周期表と元素の分類

　原子軌道と電子配置の概念について学んだところで, 周期表の構成ならびに元素の配置と分類について見ていこう. 元素の性質には "周期性" が見いだされており, 原子番号順に並べると性質の似た元素が周期的に現れる. 図 2・11 に一般的な周期表を示した[*1]. 周期表にもとづいた各元素の性質については 6 章でふれる.

　原子の電子配置にもとづいて, 性質の似た元素がひとまとめになるように並べたものが**周期表**である. 周期表の横の行を**周期**といい, 縦の列を**族**という.

　周期表では似た性質をもつ元素が縦の列に並んでいる. このような "周期性" が現れるのは, 元素の性質をほぼ決めている "価電子" の数が族の番号に従って変化する (同じ族なら同じ数) ためである. 価電子とは軌道が完全に満たされていない外側の電子殻(外殻)にある電子に相当し, 化学結合に関与して(3 章参照), 原子の原子価を決める[*2]. 後述する主要族元素では価電子は最も外側の電子殻(最外殻)にある電子に相当し, 遷移元素では最外殻よりも内側の電子殻 (内殻) にある電子も価電子となる.

　各元素は以下のように大きく分類される.

・水素を除く 1 ~ 2 および 13 ~ 18 族の元素を**主要族元素** (**典型元素**), 3 ~ 11 族の元素を**遷移元素**という. ただし, 12 族元素を主要族元素や遷移元素に含める場合もある(後述).

・価電子が入っていく副殻の種類にもとづいて, いくつかの "ブロック" に分けられる.

　s ブロック元素:1 族と 2 族の元素および He

　p ブロック元素:13 族から 18 族までの元素 (He を除く)

　d ブロック元素:3 族から 12 族までの元素 (ランタノイドとアクチノイドを除く)

　f ブロック元素:ランタノイドとアクチノイド

これらの分類において, s ブロック元素および p ブロック元素が "主要族元素"

＊1　同様の周期表を裏表紙にも掲載している.

周期表 (periodic table)

周期 (period)

族 (group)

価電子 (valence electron)

＊2　価電子は "原子価" を決めることから, この名前がついた. 原子価とは, ある原子が特定の原子 (通常, 水素原子または塩素原子の原子価を 1 とする) と何個結合するかを表す数のことをいう.

主要族元素 (**典型元素**) (main group element)

遷移元素 (transition element) この名称は, 周期表の生みの親であるメンデレーエフによるものである. 遷移元素は族の番号が変化しても類似の性質を示すため, 族ごとに性質が大きく異なる元素 (主要族元素) の間を徐々に移り変わるという意味をもつ.

族

周期	1	2	3	4	5	6	7	8	9	10	11	12	13	14	15	16	17	18
1	1 H 水素 1.008																	2 He ヘリウム 4.003
2	3 Li リチウム 6.941	4 Be ベリリウム 9.012											5 B ホウ素 10.81	6 C 炭素 12.01	7 N 窒素 14.01	8 O 酸素 16.00	9 F フッ素 19.00	10 Ne ネオン 20.18
3	11 Na ナトリウム 22.99	12 Mg マグネシウム 24.31	3	4	5	6	7	8	9	10	11	12	13 Al アルミニウム 26.98	14 Si ケイ素 28.09	15 P リン 30.97	16 S 硫黄 32.07	17 Cl 塩素 35.45	18 Ar アルゴン 39.95
4	19 K カリウム 39.10	20 Ca カルシウム 40.08	21 Sc スカンジウム 44.96	22 Ti チタン 47.87	23 V バナジウム 50.94	24 Cr クロム 52.00	25 Mn マンガン 54.94	26 Fe 鉄 55.85	27 Co コバルト 58.93	28 Ni ニッケル 58.69	29 Cu 銅 63.55	30 Zn 亜鉛 65.38	31 Ga ガリウム 69.72	32 Ge ゲルマニウム 72.63	33 As ヒ素 74.92	34 Se セレン 78.97	35 Br 臭素 79.90	36 Kr クリプトン 83.80
5	37 Rb ルビジウム 85.47	38 Sr ストロンチウム 87.62	39 Y イットリウム 88.91	40 Zr ジルコニウム 91.22	41 Nb ニオブ 92.91	42 Mo モリブデン 95.95	43 Tc テクネチウム (99)	44 Ru ルテニウム 101.1	45 Rh ロジウム 102.9	46 Pd パラジウム 106.4	47 Ag 銀 107.9	48 Cd カドミウム 112.4	49 In インジウム 114.8	50 Sn スズ 118.7	51 Sb アンチモン 121.8	52 Te テルル 127.6	53 I ヨウ素 126.9	54 Xe キセノン 131.3
6	55 Cs セシウム 132.9	56 Ba バリウム 137.3	57~71 ランタノイド	72 Hf ハフニウム 178.5	73 Ta タンタル 180.9	74 W タングステン 183.8	75 Re レニウム 186.2	76 Os オスミウム 190.2	77 Ir イリジウム 192.2	78 Pt 白金 195.1	79 Au 金 197.0	80 Hg 水銀 200.6	81 Tl タリウム 204.4	82 Pb 鉛 207.2	83 Bi ビスマス 209.0	84 Po ポロニウム (210)	85 At アスタチン (210)	86 Rn ラドン (222)
7	87 Fr フランシウム (223)	88 Ra ラジウム (226)	89~103 アクチノイド	104 Rf ラザホージウム (267)	105 Db ドブニウム (268)	106 Sg シーボーギウム (271)	107 Bh ボーリウム (272)	108 Hs ハッシウム (277)	109 Mt マイトネリウム (276)	110 Ds ダームスタチウム (281)	111 Rg レントゲニウム (280)	112 Cn コペルニシウム (285)	113 Nh ニホニウム (278)	114 Fl フロレビウム (289)	115 Mc モスコビウム (289)	116 Lv リバモリウム (293)	117 Ts テネシン (293)	118 Og オガネソン (294)

原子番号 / 元素記号 / 元素名 / 原子量

s ブロック元素　　　d ブロック元素　　　p ブロック元素

ランタノイド	57 La ランタン 138.9	58 Ce セリウム 140.1	59 Pr プラセオジム 140.9	60 Nd ネオジム 144.2	61 Pm プロメチウム (145)	62 Sm サマリウム 150.4	63 Eu ユウロピウム 152.0	64 Gd ガドリニウム 157.3	65 Tb テルビウム 158.9	66 Dy ジスプロシウム 162.5	67 Ho ホルミウム 164.9	68 Er エルビウム 167.3	69 Tm ツリウム 168.9	70 Yb イッテルビウム 173.0	71 Lu ルテチウム 175.0
アクチノイド	89 Ac アクチニウム (227)	90 Th トリウム 232.0	91 Pa プロトアクチニウム 231.0	92 U ウラン 238.0	93 Np ネプツニウム (237)	94 Pu プルトニウム (239)	95 Am アメリシウム (243)	96 Cm キュリウム (247)	97 Bk バークリウム (247)	98 Cf カリホルニウム (252)	99 Es アインスタイニウム (252)	100 Fm フェルミウム (257)	101 Md メンデレビウム (258)	102 No ノーベリウム (259)	103 Lr ローレンシウム (262)

f ブロック元素

図2・11　**元素の周期表**　安定同位体が存在しない元素については，代表的な同位体の質量数を（　）内に示した．これらの元素の性質などについては6章で具体的に述べる

に，dブロック元素が"遷移元素"に相当する[*]．また，fブロック元素を**内部遷移元素**あるいは**内遷移元素**ともよぶ．

　さらに元素は族ごと，あるいは類似元素に対する名称が付けられている．周期表に含まれるおもな情報を族ごとにまとめると以下のようになる．

- 各周期の番号は，その周期に存在する元素の電子配置において最も高いエネルギーをもつ原子軌道の主量子数に等しい．たとえば，第1周期では1s軌道まで，第2周期では2p軌道まで，第3周期では3p軌道までが電子で占められる．

- 原子番号が1のHは，通常は1族元素とみなされる．これは，電子配置が$(1s)^1$であり，この電子を放出して容易に1価の陽イオンH^+になる性質が他の1族元素と似ているからである．一方，H原子は1s軌道に1個の電子を受取り，Heと同じ電子配置となって安定化することも可能で，実際にH^-という陰イオンが安定に存在することが知られている．そのような意味で"17族元素"とみなすこともできる．しかしながら，水素は1族と17族の元素とはその性質が大きく異なっている．このため，先に述べたように水素は"主要族元素"には含めない．

[*]　ただし，前述のとおり12族元素はdブロック元素であるが遷移元素ではない．

内部遷移元素
(inner transition element)

アルカリ金属（alkali metal）

- H を除く 1 族元素は単体がすべて金属であり，**アルカリ金属**とよばれる．その電子配置は，貴ガスの閉殻に $(n\mathrm{s})^1$ の電子が最外殻に加わった形となる．よって，アルカリ金属はこの $n\mathrm{s}$ 軌道の電子を放出して 1 価の陽イオンになりやすい．

アルカリ土類金属
（alkali earth metal）

＊1　Be と Mg をアルカリ
土類金属から除く場合もある．

- 2 族元素も単体がすべて金属であり，**アルカリ土類金属**とよばれる[*1]．電子配置は貴ガスの閉殻に $(n\mathrm{s})^2$ の電子が最外殻に加わった形であり，2 価の陽イオンになりやすい．

遷移金属（transition metal）

- 3 族から 11 族までの元素は中性の原子あるいはイオンが電子によって完全に満たされていない d 軌道をもち，遷移元素の性質は d 軌道の電子が担っている．これらの元素は単体がすべて金属であり，**遷移金属**ともよばれる．一方，12 族元素では一般に中性の原子やイオンの d 軌道が電子で完全に満たされており，遷移元素の定義には当てはまらない．このため，本書では 12 族元素を主要族元素として取扱う．

＊2　タリウムや鉛などが一般的に低酸化状態をとる理由については 6・5・1 節および 6・6・1 節で述べる．

- 13 族元素では最外殻の電子配置は $(n\mathrm{s})^2(n\mathrm{p})^1$ であり，+3 の酸化状態をとる．ただし，タリウムでは +1 の酸化状態が一般的である[*2]．酸化状態については 5・4・1 節を参照のこと．

- 14 族元素では最外殻の電子配置は $(n\mathrm{s})^2(n\mathrm{p})^2$ であり，+4 の酸化状態をとる．ただし，鉛では +2 の酸化状態が一般的である[*2]．

ニクトゲン（pnictogen）

- 15 族元素は**ニクトゲン**と総称され，最外殻の電子配置は $(n\mathrm{s})^2(n\mathrm{p})^3$ であり，フントの規則によれば電子配置は安定である．

カルコゲン（chalcogen）

- 16 族元素は**カルコゲン**と総称され，最外殻の電子配置は $(n\mathrm{s})^2(n\mathrm{p})^4$ であり，2 個の電子を受取って閉殻となるため，2 価の陰イオンになりやすい．特に O では O^{2-} が最も一般的な酸化状態である．S，Se，Te も 2 価の陰イオンとなるが，他の酸化状態のイオンも多く知られている．

ハロゲン（halogen）

- 17 族元素は**ハロゲン**と総称され，最外殻の電子配置は $(n\mathrm{s})^2(n\mathrm{p})^5$ であり，1 個の電子を受取って閉殻となるため，いずれも 1 価の陰イオンが安定である．もっぱら F は F^- の酸化状態が安定であるが，Cl，Br，I は多様な酸化状態をとるイオンでもある．

貴ガス（noble gas）

- 18 族元素は**貴ガス**とよばれ，原子軌道がすべて電子で占められて閉殻となっている．この電子配置は安定であるため貴ガス原子はイオン化しにくく，化学反応性に乏しい．

ランタノイド（lanthanoid）

アクチノイド（actinoid）

希土類金属
（rare earth metal）

超ウラン元素
（transuranium element）

- 57 番元素の La から 71 番元素の Lu までの第 6 周期の 3 族元素を**ランタノイド**という．また，89 番元素の Ac から 103 番元素の Lr までの第 7 周期の 3 族元素を**アクチノイド**という．これらの元素は不完全な f 軌道をもつ．単体がすべて金属であり，特にランタノイドに第 4 周期と第 5 周期の 3 族元素である Sc と Y を加えた元素は**希土類金属**とよばれる．また，原子番号 93 のネプツニウム以降の元素を**超ウラン元素**といい，これらはすべて核反応により人工的に合成された放射性元素である．

例題 2・5 アルカリ金属およびハロゲンそれぞれに共通する原子の電子配置の特徴を述べよ.

解 アルカリ金属とハロゲンの電子配置は,貴ガスの電子配置に$(n\mathrm{s})^1$と$(n\mathrm{s})^2(n\mathrm{p})^5$がそれぞれ加わったものである.ここで$n$は周期の番号または主量子数である.また,ハロゲンの電子配置は,電子が1個加わると閉殻となり,同じ周期の貴ガスの電子配置と等しくなる.

2・5 原子の性質

原子の性質には,原子半径,イオン半径,イオン化エネルギー,電子親和力,電気陰性度などがある.これらは原子の電子配置に依存して元素に特徴的な値をとる.

2・5・1 原子半径とイオン半径

分子や結晶において原子が占める空間を球で近似したとき,原子の大きさを見積もる指標として球の半径を用いることができる.これを**原子半径**といい,以下のものがある.

原子半径(atomic radius)

金属結合半径:金属元素では単体の金属結晶における原子間距離(原子核間距離)の半分(図2・12a).

金属結合半径
(metallic radius)

共有結合半径:非金属元素では単体の分子における原子間距離の半分(図2・12b).

共有結合半径
(covalent radius)

ファンデルワールス半径:貴ガスのように互いに化学結合を形成しない場合は,二つの原子が最も近づいたときの原子核間距離の半分をおおよその原子の大きさとみなす(図2・12c).

ファンデルワールス半径
(van der Waals radius)

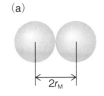 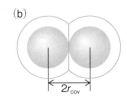 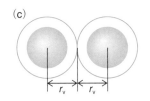

図2・12 **原子半径** (a) 金属結合半径 r_{M},(b) 共有結合半径 r_{cov},(c) ファンデルワールス半径 r_{v}.

表2・5にいくつかの元素の原子半径を示す.周期表にもとづいて比較してみると,以下のようになる.

同じ周期 一般に,周期表の右へいくほど原子半径は減少する.これは原子番号が増えるにつれて電子は同じ主量子数の原子軌道に入るため,右へいくほど有効核電荷が増加し,最外殻電子は原子核からクーロン引力を受けて強く引き寄せられるためである.

表 2・5　いくつかの元素の原子半径（単位は pm）青は共有結合半径[a]，黒は金属結合半径[b]

1	2	3	4	5	6	7	8	9	10	11	12	13	14	15	16	17	18
H 37																	He (32)
Li 152	Be 111											B 90	C 77	N 75	O 73	F 71	Ne (69)
Na 186	Mg 160											Al 143	Si 118	P 110	S 102	Cl 99	Ar (97)
K 231	Ca 197	Sc 163	Ti 145	V 131	Cr 125	Mn 127	Fe 124	Co 125	Ni 125	Cu 128	Zn 133	Ga 122	Ge 122	As 122	Se 117	Br 114	Kr 110
Rb 247	Sr 215	Y 178	Zr 159	Nb 143	Mo 136	Tc 135	Ru 133	Rh 135	Pd 138	Ag 144	Cd 149	In 163	Sn 141	Sb 145	Te 135	I 133	Xe 130
Cs 266	Ba 217	ランタノイド	Hf 156	Ta 143	W 137	Re 137	Os 134	Ir 136	Pt 139	Au 144	Hg 150	Tl 170	Pb 175	Bi 156			Rn (145)

ランタノイド	La 187	Ce 183	Pr 182	Nd 181	Pm 180	Sm 179	Eu 198	Gd 179	Tb 176	Dy 175	Ho 174	Er 173	Tm 172	Yb 194	Lu 172

a）小玉剛二，中沢 浩 訳，「ヒューイ 無機化学（上）」，東京化学同人（1984）より．貴ガスのうち，括弧を付した数値は，オールレッド – ロコウの概念にもとづいて電気陰性度（後述）から見積もられたもの，あるいはそれらの外挿で得られた値．
b）おもに日本化学会 編，「化学便覧 基礎編（改訂 5 版）」，丸善（2004）より．

　　　ただし，遷移元素では主要族元素に比べて，この傾向は緩やかになる．これは，遷移元素では最外殻電子の電子配置は同じで，内殻の d 軌道に電子が入っていくが，この内殻電子による遮蔽のために，原子番号とともに原子核の電荷が増大しても，最外殻電子の有効核電荷が大きく変化しないことによる．

　　同じ族　一般に，周期表の下にいくほど原子半径は大きい．原子番号が増えるにつれて最外殻電子は主量子数の大きな原子軌道を占めることになり，そのような原子軌道は空間的に広がったものになるため，原子半径は大きくなる．

　　遷移元素では，第 4 周期の元素と比べて第 5 周期の元素の原子半径は大きい．これは主要族元素と同様の傾向である．しかし，第 6 周期の元素の原子半径は第 5 周期と比較するとほとんど同じである．このような現象が見られるのは，第 6 周期の 3 族であるランタノイドの存在による．表 2・5 に示したように，例外はあるものの，ランタノイドでは La から Lu までおおよそ原子番号とともに原子半径は減少する．この現象を**ランタノイド収縮**という．ランタノイドでは原子番号が増えるにつれて 4f 軌道に電子が入っていくが，4f 軌道の空間的な広がりに起因して f 電子による遮蔽の効果は小さい．このため，原子番号の増加とともに有効核電荷は大きくなり，最外殻の電子はより強く原子核に引き寄せられるため，原子半径は小さくなる．また，ランタノイドのように原子番号の大きい元素では，原子において原子核の電荷が大きくなるため，特に内殻にある電子は原子核から強い引力を受け，速度が光の速さに対して無視できない程度に大きくなる．このため特殊相対論[*]の効果が現れ，電子の質量は増加する．その結果，電子は原子核に引き寄せられ（練習問題 2・2 のボーア半径の式を参照），原子半径は小さく

ランタノイド収縮
（lanthanoid constraction）

＊　1905 年にアインシュタインにより提唱された慣性座標系における物理法則に関する理論．

なる．ランタノイド収縮の結果，第6周期の Lu に引き続く Hf, Ta, W などの原子半径は，それぞれ，第5周期の Zr, Nb, Mo などの原子半径とほぼ等しくなる[*1]．

一方，イオンの大きさを見積もる概念として"イオン半径"がある．

イオン半径：イオン結晶において陽イオンと陰イオンのそれぞれの原子核を結ぶ距離が陽イオンのイオン半径と陰イオンのイオン半径の和に等しいとみなす（図2・13）．

*1 たとえば，4族では原子半径が，第4周期の Ti では 145 pm，第5周期の Zr では 159 pm，第6周期の Hf では 156 pm である．

イオン半径（ionic radius）

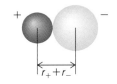

図2・13　**イオン半径**

このような一つのイオンのイオン半径は一意に決めることはできないので，特定のイオンのイオン半径に適切な数値を与えて，他のイオンのイオン半径を見積もることが行われる[*2]．

いくつかの元素のイオン半径を表2・6に示す．ここでの値はシャノンとプレヴィットが提案したもので，無機化学では比較的よく利用される．イオン半径の値の隣に記載されている括弧内の数字は配位数（4・1・3節および4・3・1節参照），すなわちイオン結晶中で陽イオン（陰イオン）に隣接する陰イオン（陽イオン）の個数を表す．表から，イオン半径は配位数に依存して変化することがわかる．このようにイオン半径はイオンが置かれた環境に応じて変化するものであり，イオンに固有の値としてとらえることはできないが，異なる元素のイオンの相対的な大きさを評価するうえで便利な指標である．

表2・6から，Fe^{3+} と Fe^{2+} のように同じ元素の陽イオンであっても酸化状態が異なる場合，酸化数（5・4・1節参照）の高い状態のほうがイオン半径は小さいことがわかる．また，S^{2-} と S^{6+} のように同じ元素が陰イオンと陽イオンの両者の状態で存在できる場合，陰イオンのほうがイオン半径は大きい．これらはいず

*2 たとえば，ゴルトシュミットは酸化物イオンの半径を 135 pm として，他の元素のイオン半径を導いている．

表2・6(a)　**いくつかの元素のイオン半径**（単位は pm）[a]

sブロックおよびpブロック元素

Li^+	Be^{2+}	B^{3+}	C^{4+}	N^{3-}	O^{2-}	F^-
59(4)	27(4)	11(4)	15(4)	146(4)	138(4)	131(4)
76(6)	45(6)				140(6)	133(6)
92(8)				N^{5+}		
				13(6)		

Na^+	Mg^{2+}	Al^{3+}	Si^{4+}	P^{5+}	S^{2-}	Cl^-
99(4)	57(4)	39(4)	26(4)	17(4)	184(6)	181(6)
102(6)	72(6)	54(6)	40(6)	29(5)		
118(8)	89(8)			38(6)	S^{6+}	Cl^{7+}
					12(4)	8(4)
				P^{3+}	29(6)	27(6)
				44(6)		

a) 括弧内の数字は配位数を示す．R. D. Shannon, *Acta Cryst.*, A32, 751（1976）より．

表2·6(b)　いくつかの元素のイオン半径（単位は pm）[a]

d ブロックおよび f ブロック元素

Sc³⁺	Ti⁴⁺	V⁵⁺	Cr⁶⁺	Mn⁷⁺	Fe³⁺	Co³⁺	Ni³⁺	Cu²⁺	Zn²⁺
$75(6)$	$42(4)$	$36(4)$	$26(4)$	$25(4)$	$49(4)^{h}$	$55(6)$	$56(6)$	$57(4)$	$60(4)$
$87(8)$	$61(6)$	$54(6)$	$44(6)$	$46(6)$	$55(6)$			$73(6)$	$74(6)$
		$74(8)$			$78(8)^{h}$	**Co²⁺**	**Ni²⁺**		$90(8)$
	Ti³⁺	**V⁴⁺**	**Cr⁴⁺**	**Mn⁴⁺**	**Fe²⁺**	$58(4)^{h}$	$55(4)$	**Cu⁺**	
	$67(6)$	$58(6)$	$42(4)$	$39(4)$		$65(6)$	$69(6)$	$60(4)$	
		$72(8)$	$55(6)$	$53(6)$	$63(4)^{h}$	$90(8)$		$77(6)$	
		V³⁺	**Cr³⁺**	**Mn³⁺**	$61(6)$				
		$64(6)$	$62(6)$	$58(6)$	$92(8)^{h}$				
				Mn²⁺					
				$67(6)$					
				$96(8)$					

a) 括弧内の数字は配位数を示し，上付きの h は高スピン状態に対応する．R. D. Shannon, *Acta Cryst.*, A32, 751 （1976） より．

れも，原子核の電荷が変わらない場合は電子が多い状態ほどイオン半径は大きいと解釈できる．電子の数が増えると最外殻電子は他の電子から受ける遮蔽の効果が大きくなり，有効核電荷が小さくなるため，イオン半径は大きくなる．さらに，Fe^{3+}，Fe^{2+}のような遷移元素の陽イオンではd軌道に複数の不対電子があり，その配置は配位環境の影響を受けるため，異なるスピンの状態が現れることもある*．

＊　表2·6の Fe^{3+} と Fe^{2+} における上付きの h は"高スピン状態"での値を表す．このようにスピンの状態もイオン半径に影響を及ぼす．遷移元素のスピンの状態については7章で詳しく説明する．

イオン化エネルギー
(ionization energy)

2·5·2　イオン化エネルギー

絶対零度において，原子から1個の電子を取除き無限遠まで引き離すのに必要なエネルギー，すなわち，気体状態の原子Aの反応

$$A(g) \longrightarrow A^{+}(g) + e^{-}(g) \qquad (2 \cdot 13)$$

にともなうエネルギー変化を**イオン化エネルギー**という．この反応では系は外界からエネルギーを得ることになるため，系のエネルギーは上昇する．よって，イオン化エネルギーは正の値をとる．特に電気的に中性の原子から1個の電子を取除く過程のイオン化エネルギーは**第一イオン化エネルギー**とよばれ，(2·14)式のように電子が1個取除かれた状態の原子（すなわち，1価の陽イオン）から，さらに1個の電子を取除くのに必要なエネルギーを**第二イオン化エネルギー**という．

$$A^{+}(g) \longrightarrow A^{2+}(g) + e^{-}(g) \qquad (2 \cdot 14)$$

以下，同様に第三イオン化エネルギー，第四イオン化エネルギーなどが定義される．

表2·7にいくつかの元素のイオン化エネルギーをまとめた．この表で一つの元素に対して複数の数値が示されているものは，上から順に，第一，第二および第三イオン化エネルギーを表している．イオン化エネルギーが小さいほど，陽イオンになりやすい．

表 2・7　第一，第二および第三イオン化エネルギー（単位は kJ mol^{-1}）[a]

H							He
1312							2373
							5251
Li	**Be**	**B**	**C**	**N**	**O**	**F**	**Ne**
513	899	801	1086	1402	1314	1681	2080
7297	1757	2427	2352	2856	3388	3374	3952
11810	14844	3660	4620	4577	5300	6050	6122
Na	**Mg**	**Al**	**Si**	**P**	**S**	**Cl**	**Ar**
496	737	577	786	1012	1000	1251	1521
4562	1450	1817	1577	1903	2251	2296	2665
6911	7732	2744	3231	2912	3361	3826	3928
K	**Ca**	**Ga**	**Ge**	**As**	**Se**	**Br**	**Kr**
419	590	579	762	947	941	1140	1351
3051	1145	1979	1537	1798	2043	2103	2349
4410	4910	2963	3302	2734	2974	3500	3567
Rb	**Sr**	**In**	**Sn**	**Sb**	**Te**	**I**	**Xe**
403	549	558	709	834	869	1008	1170
2632	1064	1821	1412	1794	1795	1846	2045
3900	4210	2704	2943	2443	2698	3199	3097
Cs	**Ba**	**Tl**	**Pb**	**Bi**	**Po**	**At**	**Rn**
376	503	589	715	703	812	930	1037
2420	965	1971	1450	1610	1800	1600	
3400	3619	2878	3082	2466	2700	2900	

a) 田中勝久ら　訳，「シュライバー・アトキンス　無機化学(上) 第6版」，東京化学同人 (2016) の付録2にもとづき，1 eV = 96.485 kJ mol^{-1} として換算した．

　どの元素においても第二イオン化エネルギーは第一イオン化エネルギーより大きく，さらに高次のイオン化エネルギーほど大きな値となる．この傾向は，高い正電荷をもつ陽イオンから負電荷の電子を取除くのが困難であることを考えれば定性的に理解できる．

例題 2・6　(2・12)式を用いて，水素原子の第一イオン化エネルギーを表現せよ．
　解　(2・12)式において $n = 1$ の状態から n が無限大，すなわち，$E = 0$ の状態まで電子を遷移させる際に必要となるエネルギーに相当する．水素原子であるから $Z = 1$ であり，求めるイオン化エネルギー I は，

$$I = 0 - \left(-\frac{m_e e^4}{8h^2\varepsilon_0^2} \right) = \frac{m_e e^4}{8h^2\varepsilon_0^2}$$

と表現される．

　図2・14は第一イオン化エネルギーを原子番号に対してプロットしたものであり，以下のような特徴が見られる．
　同じ周期　原子番号の増加にともないイオン化エネルギーは上昇する傾向を示す．また，後述するように例外も見られる．

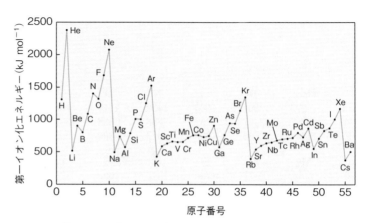

図2・14 **第一イオン化エネルギー** 同じ周期では右へいくほど高くなり，同じ族では下へいくほど低くなる傾向がある．表2・7をもとに作成し，遷移元素のデータも同じ出典にもとづく

同じ族　周期表において下にいくほどイオン化エネルギーは低くなる．

　このような挙動は原子半径の場合と同じように解釈することができる．すなわち，同一周期では原子番号が増えるほど有効核電荷が大きくなるため最外殻電子を取除くには大きなエネルギーが必要となり，イオン化エネルギーは増加する．一方，遷移金属ではこの傾向は緩やかである．これは，原子半径のところで述べたように最外殻電子の有効核電荷にあまり変化が見られないためである．

　また，同じ族では下の周期にいくほど主量子数の大きな原子軌道に電子が入り，そのような電子は原子核からの引力が弱く容易に引き離すことができるためイオン化エネルギーは小さくなる．

　第2周期の変化を細かく見ると，BeからBに移るとイオン化エネルギーはやや減少し，また，NからOに移る際にも小さくなっている．前者については，Beでは最外殻電子が2s軌道に存在するのに対し，Bではより外側の2p軌道に電子が1個入り，この電子は原子核からの引力が相対的に弱くなるため取除きやすくなると考えることができる．NからOへの変化では，NとOの基底状態での電子配置がそれぞれ，

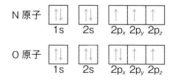

のように書けることを考慮すればよい．すなわち，Nの2p軌道に入る三つの電子がフントの規則によって安定化しているのに対し，Oでは2p軌道の一つに2個の電子が入り，電子間の反発力が働いて相対的に不安定化しているため，また，Oでは1個の電子を取除くとフントの規則による安定化が電子のエネルギー状態に寄与できるので，イオン化エネルギーはOよりNのほうがいくぶん高いと解釈できる．

2・5・3 電子親和力

電子親和力は，絶対零度において原子に 1 個の電子を付与することによって原子が得るエネルギーである．電子親和力の定義では，電子を受取って系のエネルギーが低下すれば正の値となり，逆に系のエネルギーが上昇すれば負の値となる[*1]．つまり，イオン化エネルギーの場合と同様に気体状態の原子 A の反応を考えると，

$$\mathrm{A(g) + e^-(g) \longrightarrow A^-(g)} \qquad (2 \cdot 15)$$

にともなうエネルギー変化の符号を "逆" にしたときの値が電子親和力となる．イオン化エネルギーと同様，(2・15)式のように電気的に中性の原子に 1 個の電子を付与するときのエネルギーの低下分を**第一電子親和力**，(2・16)式のように −1 価の陰イオンにさらに 1 個の電子を付与するときのエネルギーの低下分を**第二電子親和力**という．

$$\mathrm{A^-(g) + e^-(g) \longrightarrow A^{2-}(g)} \qquad (2 \cdot 16)$$

いくつかの元素の電子親和力を表 2・8 に示す．一つの元素に対して二つの数値があるものは，上が第一電子親和力，下が第二電子親和力である．電子親和力の値が正で大きいほど，陰イオンになりやすい．

電子親和力
(electron affinity)

[*1] 電子親和力の定義における符号は，化学反応や物理変化にともなう熱の出入りやエネルギーの変化における場合と "逆" であることに注意しよう．一般的には，系から熱が放出される場合はエネルギー変化は負であり，逆に熱を吸収する反応ではエネルギー変化は正である．

表 2・8 いくつかの元素の第一および第二電子親和力（単位は kJ mol^{-1}）[a]

H							He
73							−48
Li	Be	B	C	N	O	F	Ne
60	≤ 0	27	122	−7	141	328	−116
					−780		
Na	Mg	Al	Si	P	S	Cl	Ar
53	≤ 0	43	134	72	200	349	−96
					−492		
K	Ca	Ga	Ge	As	Se	Br	Kr
48	2	29	116	78	195	325	−96
Rb	Sr	In	Sn	Sb	Te	I	Xe
47	5	29	116	103	190	295	−77

a) 田中勝久ら 訳，「シュライバー・アトキンス 無機化学（上）第 6 版」，東京化学同人 (2016) の付録 2 にもとづき，1 eV = 96.485 kJ mol^{-1} として換算した．

族ごとに比較してみると，以下のような傾向が見られる．

- 電子親和力が正でその値が最も大きい元素はハロゲンであり，負の値でその絶対値の大きい元素は貴ガスである．いい換えると，ハロゲンは電子を 1 個受取って −1 価の陰イオンになりやすいが，貴ガスではそのような変化はほとんど起こらない．
- アルカリ金属が小さい値ながら正の電子親和力をもつのは，最外殻の $n\mathrm{s}$ 軌道に空の状態[*2]があるため，ここに外から電子が入ると少ないながらエネルギー

[*2] 電子が占めていない原子軌道（厳密には 3 章で述べる分子軌道にも当てはまる）を空軌道という．これに対して電子が占めた軌道を被占軌道とよぶ（p.34 のコラムも参照のこと）．

の利得がある．アルカリ土類金属では付与される電子はエネルギーの高い np 軌道に入ることになるため，電子親和力は正であるものの非常に小さい．

・16族のOやSでは第一電子親和力は正であるが，第二電子親和力は負でその絶対値は第一電子親和力を上回るほど大きい．このようにエネルギー的に不利であるにもかかわらず，結晶中などで O^{2-} や S^{2-} として存在するのは，これらと結合する元素が陽イオンになりクーロン引力で結びつくことでエネルギーが低下して，結晶として安定に存在できるためである（格子エネルギー，4・3・3節参照）．

例題 2・7　窒素の電子親和力は負である．その理由を電子配置にもとづいて述べよ．

解　2・4・2節および2・5・2節で述べたように窒素原子の基底状態では同じスピン磁気量子数をもつ3個の電子がそれぞれ異なる 2p 軌道に入る．フントの規則によればこのような電子配置は安定であり，ここに外部から電子が加わると半閉殻を壊すことになり，同時に 2p 軌道において対になる電子が生じ，電子間の反発力によるエネルギーの上昇が起こる．このような理由で窒素の電子親和力は負の値をとる．

電気陰性度
(electronegativity)

*1　マリケンの最初の定義は，"基底状態"の原子のイオン化エネルギーと電子親和力にもとづいている．その後，他の研究者により，原子軌道ごとの電気陰性度が提案され，"原子価状態"の電気陰性度が考察されている．"原子価状態"とは，化学結合をつくる準備ができた電子配置をもつ原子の状態であり，3章で述べる混成軌道も原子価状態の一つである．

*2　点電荷 Q がつくりだす電場 E において点電荷 q が受けるクーロン力は，$F = qE$ となる．また，位置 r にある点電荷 q が中心の点電荷 Q から受けるクーロン力の大きさは，

$$F = \frac{1}{4\pi\varepsilon_0}\frac{qQ}{r^2}$$

これら二つの式から，電場の強さ E は，

$$E = \frac{1}{4\pi\varepsilon_0}\frac{Q}{r^2}$$

となる．詳しくは物理学の教科書を参照．

2・5・4 電気陰性度

電気陰性度は，分子や結晶での化学結合において一つの原子が結合に使われている電子を自身のほうに引き寄せる力の度合いを表す．もともとはポーリングが化学結合の共有結合性とイオン性を論じる際に導入した経験的なパラメーターである．ポーリングの電気陰性度の定義は3章で述べることにして，ここではマリケンならびにオールレッド–ロコウの考え方を説明する．

マリケンの電気陰性度（χ_M）：原子のイオン化エネルギー I と電子親和力 E_A の平均として定義される[*1]．

$$\chi_M = \frac{I + E_A}{2} \tag{2・17}$$

この定義は原子の性質を表す物理量にもとづいた合理的なものであり，定性的には，イオン化エネルギーが高ければその原子から電子を取除くのが困難であり，電子親和力が大きければ原子は電子を取込みやすいことになるため，いずれの場合も原子が電子を引き寄せる力，すなわち，電気陰性度は大きくなると解釈できる．

オールレッド–ロコウの電気陰性度（χ_{AR}）：原子に加えられる電子が原子核から受けるクーロン引力にもとづく原子表面の電場の強さに依存すると考えて[*2]，以下の式のように有効核電荷 Z_{eff} と原子の共有結合半径 r を用いて定義された．

$$\chi_{AR} = 3590\,\frac{Z_{eff}}{r^2} + 0.744 \tag{2・18}$$

ここで，3590 と 0.744 という値はポーリングの値に合わせるための経験的な数

値であり，特に前者は r の単位を pm としたときの値である．これらの数値に物理的な意味はない．(2・18)式から，有効核電荷が大きく共有結合半径が小さな原子は電気陰性度が大きく，有効核電荷が小さく共有結合半径が大きな原子は電気陰性度が小さいことがわかる．

表2・9にポーリング，マリケン[*1]，オールレッド-ロコウ[*2]の電気陰性度を示す．電気陰性度はイオン化エネルギーと同様の傾向を示し，周期表において，周期の右にいくほど大きくなり，族の下にいくほど小さくなる．最大の電気陰性度をもつフッ素などハロゲンは陰性の元素であり，アルカリ金属やアルカリ土類金属は陽性の元素となる．

*1　(2・17)式から求めたマリケンの電気陰性度はエネルギーの単位をもつが，表にはポーリングの電気陰性度と比較するために，換算式を用いて求められた値が示されている．

*2　(2・18)式における有効核電荷 Z_{eff} は，p.17 の側注で解説したスレーター則により求めた値を使用している．

表2・9　**ポーリング[a]，マリケン[b]，オールレッド-ロコウ[c] の電気陰性度**

H							He
2.20							
3.06							4.86
2.20							5.50
Li	**Be**	**B**	**C**	**N**	**O**	**F**	**Ne**
0.98	1.57	2.04	2.55	3.04	3.44	3.98	
1.28	1.99	1.83	2.67	3.08	3.22	4.44	4.60
0.97	1.47	2.01	2.50	3.07	3.50	4.10	4.84
Na	**Mg**	**Al**	**Si**	**P**	**S**	**Cl**	**Ar**
0.93	1.31	1.61	1.90	2.19	2.58	3.16	
1.21	1.63	1.37	2.03	2.39	2.65	3.54	3.36
1.01	1.23	1.47	1.74	2.06	2.44	2.83	3.20
K	**Ca**	**Ga**	**Ge**	**As**	**Se**	**Br**	**Kr**
0.82	1.00	1.81	2.01	2.18	2.55	2.96	3.00
1.03	1.30	1.34	1.95	2.26	2.51	3.24	2.98
0.91	1.04	1.82	2.02	2.20	2.48	2.74	2.94
Rb	**Sr**	**In**	**Sn**	**Sb**	**Te**	**I**	**Xe**
0.82	0.95	1.78	1.96	2.05	2.10	2.66	2.60
0.99	1.21	1.30	1.83	2.06	2.34	2.88	2.59
0.89	0.99	1.49	1.72	1.82	2.01	2.21	2.40
Cs[d]	**Ba**	**Tl**	**Pb**	**Bi**	**Po**	**At**	**Rn**
0.79	0.89	1.62	1.87	2.02	2.00	2.20	
							2.12
0.86	0.97	1.44	1.55	1.67	1.76	1.90	2.06

a) オールレッドが新たな熱化学データにより計算し直したもの．A. L. Allred, *J. Inorg. Nucl. Chem.*, **17**, 215 (1961) より．Te については b) の文献と同じ，貴ガスについては L.C.Allen, J. E. Huheey, *J. Inorg. Nucl. Chem.*, **42**, 1523 (1980) より．

b) L. C. Allen, *J. Am. Chem. Soc.*, **111**, 9003 (1989) より．He については a) の文献と同じ．

c) A. L. Allred, E. G. Rochow, *J. Inorg. Nucl. Chem.*, **5**, 264 (1958) より．水素については b) の文献，貴ガスについては a) の文献と同じ．

d) 第6周期の元素については J. K. Nagle, *J. Am. Chem. Soc.*, **112**, 4741 (1990) より．貴ガス (Rn) については a) の文献と同じ．

電気陰性度とフロンティア軌道

本文中で述べたように電気陰性度はポーリングが初めて提唱した概念であり，マリケン，オールレッドとロコウがそれぞれまったく異なる視点から電気陰性度を定義した．原子の性質を特徴づけるパラメーターとして無機化学のみならず有機化学においても重要である．マリケンの定義は，電子を奪われやすく取込みにくい原子は電気陰性度が小さい，電子を放出しにくく安定な状態で取込みやすい原子は電気陰性度が大きいと解釈できる．

原子のエネルギー準位を模式的に図1のように表

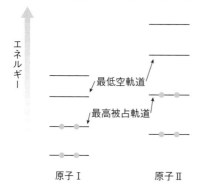

図1　**原子軌道から見た電気陰性度**　原子Ⅰと原子Ⅱでは，原子Ⅰのほうが最低空軌道と最高被占軌道のエネルギーは低く，電気陰性度は大きい．図中の青丸は電子を表す

すと，電子が占める最もエネルギーの高い原子軌道（**最高被占軌道**）が低い準位であればイオン化エネルギーは高く，電子が存在しない最もエネルギーの低い原子軌道（**最低空軌道**）が低い準位であれば電子親和力は大きい．このような場合，電気陰性度は大きい．逆に，最高被占軌道と最低空軌道のエネルギー準位が高ければ，電気陰性度は小さい．原子軌道に電子が1個だけ存在する場合は，この原子軌道が最高被占軌道と最低空軌道を兼ねると考えればよい．

最高被占軌道と最低空軌道は，もともとは分子軌道の概念において導入されたものである（3章参照）．有機化合物の反応性において，これらの分子軌道の性質が他の分子軌道よりも重要な意味をもつことを理論的に示したのが福井謙一であり，1981年に日本はもとよりアジアで初めてノーベル化学賞を受賞した．彼は化学反応において特別な働きをするこれらの分子軌道を**フロンティア軌道**（frontier orbital）と名づけた．この術語にもとづいて原子のエネルギー準位を考察すれば，「フロンティア軌道のエネルギー準位が低いほど電気陰性度は大きく，逆にエネルギー準位が高いほど電気陰性度は小さい」ということができる．

練 習 問 題

2・1　電子殻について，以下の問いに答えよ．

a）K殻，L殻，M殻それぞれに収容できる電子の個数の最大値を答えよ．

b）主量子数がnである電子殻に収容できる電子の個数の最大値を，nを用いて表せ．

2・2　ボーアは水素原子の構造に対して次のようなモデルを提案した．すなわち，電子は原子核のまわりを等速円運動するが，電子のとりうる半径rは次の条件を満たす．

$$m_{\mathrm{e}}vr = n\frac{h}{2\pi} \tag{2・19}$$

ここで，m_{e}は電子の質量，vは電子の速度，hはプランク定数，nは正の整数である．以下の問いに答えよ．

a）（2・19）式の表現の物理的な意味を述べよ．

b）電子の軌道に許される最も小さい半径は，

$$a_0 = \frac{\varepsilon_0 h^2}{\pi\, m_e e^2}$$

で与えられることを示せ．ただし，e は電気素量，ε_0 は真空の誘電率である．この a_0 を**ボーア半径**という．

ボーア半径（Bohr radius）

c）電子のエネルギーは，(2・12)式で $Z = 1$ とおいたものに等しいことを示せ．

2・3　動径分布関数について，以下の問いに答えよ．

a）(2・11)式を導け．

b）水素原子の 1s 軌道の波動関数は r のみに依存し，次のように表される．

式中の a_0 はボーア半径である．

$$\Psi_{100}(r) = \frac{1}{\sqrt{\pi}}\left(\frac{Z}{a_0}\right)^{\frac{3}{2}} e^{-\frac{Zr}{a_0}}$$

1s 軌道の動径分布関数が極大となるときの原子核から電子までの距離を計算せよ．

2・4　電子配置について，以下の問いに答えよ．

a）ニクトゲンに共通する原子の電子配置の特徴を述べよ．

b）次のイオンの基底状態での電子配置を示せ．
　① Mg^{2+}，② Al^{3+}，③ Mn^{2+}，④ Mn^{7+}，⑤ Fe^{3+}，⑥ Eu^{2+}

2・5　第3周期の第一イオン化エネルギーについて，Mg から Al および P から S にかけて減少する理由をそれぞれ述べよ．

2・6　第2周期と第3周期の元素の第一電子親和力を比較して，一般にどのような傾向が見られるか．また，その理由を述べよ．

2・7　第2周期の元素について，マリケンの定義に従い (2・17)式を用いて，表 2・7 と表 2・8 から電気陰性度を計算し，表 2・9 のポーリング，マリケン，オールレッド–ロコウの値との相関関係を調べよ．

ポーリングの電気陰性度については 3・2・2 節も参照のこと．

3 化学結合と分子の構造

単体，化合物を問わず，無数の無機物質の構造を形成するのは原子やイオン間に生じる"化学結合"による．この章では，化学結合のなかでも主として共有結合の概念について説明するとともに，分子の構造と電子状態について解説する．また，分子間に働く分子間力についても簡潔にふれる．

このほか，化学結合にはイオン結合と金属結合があり，これらについては結晶を題材として4章で述べる．

3・1 ルイス構造と共有結合

まず，古典的であり，化学結合の本質を定量的にとらえたものではないが，共有結合の種類と，結合している原子の電子状態に一定の合理的な解釈を与えるルイス構造の考え方について見ていこう．このモデルでは，電子を点で表し，元素記号のまわりに最外殻電子の数だけ点を付して，原子やイオンの電子状態を表現する．水素原子からネオン原子までの例を以下に示す．

$$\text{H} \quad \text{He} \cdot \quad \text{Li} \cdot \quad \cdot \text{Be} \cdot \quad \cdot \dot{\text{B}} \cdot \quad \cdot \dot{\text{C}} \cdot \quad \cdot \dot{\text{N}} \colon \quad \colon \dot{\text{O}} \colon \quad \colon \dot{\text{F}} \colon \quad \colon \ddot{\text{Ne}} \colon$$

たとえば，ネオンでは基底状態の電子配置が $(1s)^2(2s)^2(2p)^6$ となり最外殻電子が8個あるため，ネオンの元素記号 Ne のまわりに8個の点を並べたものとなる．このような表現を**ルイス構造**あるいは**ルイス構造式**という．

ルイスのモデルでは，分子において原子は互いに一定数の電子を供給し，二つの原子がそれらを共有して化学結合を形成すると考える．このような結合を**共有結合**という．個々の原子が電子を1個ずつ供給して2個の電子を共有する場合を**単結合**，電子を2個ずつ供給して4個の電子を共有する場合を**二重結合**，電子3個ずつを供給して6個の電子を共有する場合を**三重結合**という．最も単純な水素分子 H_2 の場合，H 原子間で共有された2個の電子（1組の電子対）により単結合が形成される．この様子は，

$$\text{H} \colon \text{H} \quad \text{または} \quad \text{H—H}$$

のように2通りの方法で表現することができる．すなわち元素記号の間に2個の"点"を付すか，1本の"線分"を引くことにより原子間の単結合を表す．厳密にいえば，前者がルイス構造式であり，後者は**ケクレ構造式**とよばれる．同様に，二重結合は4個の点か2本の線分で，三重結合は6個の点か3本の線分で表記する．たとえば N_2 分子は，

$$\colon \text{N} \colon\colon\colon \text{N} \colon \quad \text{または} \quad \colon \text{N} \equiv \text{N} \colon$$

ルイス構造
(Lewis structure)
ルイス構造式
(Lewis structural formula)

共有結合 (covalent bond)

単結合 (single bond)
二重結合 (double bond)
三重結合 (triple bond)

ケクレ構造式
(Kekulé structural formula)

と書くことができる[*1]. 個々のN原子は5個の最外殻電子をもち, そのうちの3個を互いに共有して三重結合を形成し, 残りの2個の電子は各N原子に局在する. 結合に寄与しない2個の電子（1組の電子対）は**非共有電子対**あるいは**孤立電子対**とよばれる. これに対して, 結合を形成する1組の電子対を**共有電子対**という. N_2の例のように共有結合を線分で表し, 非共有電子対の電子を点で表す様式も, 本書では広義にルイス構造式とよぶことにする.

このような観点で, 単純な構造をもついくつかの分子のルイス構造式を図3・1に示す. たとえばオゾン（O_3）分子では, 二つの結合のうち, 一つは単結合, もう一つは二重結合として描かれている. こうすることで, 三つのO原子に属する電子はそれぞれ8個ずつとなる. ルイスは, 分子中の原子は8個の最外殻電子をもち, 貴ガス原子と同じ閉殻をとることによって安定化すると考えた. これを**オクテット則**という. 図3・1の分子に含まれる原子のうち, N, O, F, Clはオクテット則を満たしているが, H, Be, B, P, Sはその限りではない[*2]. また, PとSでは各原子のまわりにそれぞれ10個ならびに12個の電子が存在している. これらの個数はオクテット則の8個より多いことから, 図3・1のPCl_5やSF_6を**超原子価化合物**とよんでいる[*3]. 超原子価化合物における電子配置については分子軌道理論にもとづいて3・5・5節で説明する.

[*1] この場合も左の表現がルイス構造式である. 一方, 右の表現はルイス構造式とケクレ構造式を組合わせたものであるが, このような表現もよく用いられる.

非共有電子対
(unshared electron pair)
孤立電子対 (lone pair)

共有電子対
(shared electron pair)

オクテット則 (octet rule)
八隅則ともいう.

[*2] ただし, Hは2個の電子をもつことによってHeと同じ閉殻をつくることができる.

超原子価化合物
(hypervalent compound)

[*3] 第3周期以降の14族〜18族の元素に電気陰性の原子が結合した化合物に多く見られる.

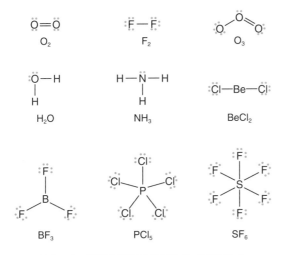

図3・1　単純な構造の分子のルイス構造式

例題 3・1　CO分子のルイス構造式を書け. C原子とO原子がオクテット則を満たすことを確かめよ.

解　C原子の最外殻電子は4個, O原子の最外殻電子は6個であり, それらのうち6個の電子を共有して三重結合をつくる. 残りの電子はC原子とO原子においてそれぞれ1組の非共有電子対となる. ルイス構造式は以下のようになる.

C 原子，O 原子のいずれも，三重結合において共有している 6 個の電子と 1 組の非共有電子対をもち，オクテット則を満たしている．

O₃ 分子では，実測される二つの結合距離に差はなく，いずれも 128 pm であることが知られている．この値は O 原子の単結合の距離である 148 pm より短いが，二重結合の距離である 121 pm より長い．したがって，実際の O₃ 分子は単結合と二重結合を一つずつもつわけではなく，図 3・2 に示したような二つの構造の平均をとると考えることができる．このような概念を**共鳴**という．より厳密

共鳴（resonance）

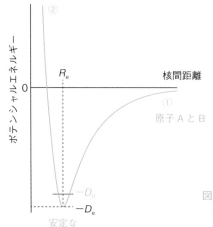

図 3・2　オゾン分子の二つのルイス構造　これらの状態の重ね合わせが実際の分子の構造を表現する

には，量子力学の考え方にもとづき，実際の O₃ 分子の状態は（3・1）式のように二つの構造それぞれに対応する波動関数の線形結合で表現される．

$$\Psi = \Psi(\text{O–O=O}) + \Psi(\text{O=O–O}) \qquad (3\cdot1)$$

3・2　化学結合の強さ
3・2・1　結合解離エネルギー

つぎに，化学結合の強さについて考察しよう．二つの原子 A および B* が結合して分子 AB を形成する場合，原子 A と原子 B の相互作用に相当するポテンシャルエネルギーを A と B の間の距離の関数として模式的に描くと図 3・3 のようになる．ここでは絶対零度において原子や分子が単独で真空中に置かれている状態を仮定している．

＊　A と B は同種類の原子でもよい．

図 3・3 において，
① 原子 A から見て原子 B が無限遠にあるときは原子間に相互作用がなくポテンシャルエネルギーはゼロであるが，両者が近づくにつれてエネルギーは減少する．これは原子間距離が短くなるにともない原子間に化学結合が生じることを意味する．
② 原子同士が平衡核間距離 R_e を超えて近づくと，二つの原子の電子雲同士の静電的な反発や原子核同士の反発のため系は急激に不安定化する．いい換えるとポテンシャルエネルギーは原子間距離の減少にともなって上昇する．

図 3・3　二つの原子 A と B が結合して分子 AB を形成する際の核間距離とポテンシャルエネルギーの関係

ポテンシャルエネルギーが負の領域では原子 A と原子 B との間に化学結合が生じ，極小かつ最小となる状態では安定な分子 AB が生成する．このときの原子

間の距離（図中の R_e）は**平衡核間距離**とよばれる．この R_e におけるポテンシャルエネルギーの最小値（極小値）を $-D_e$（$D_e > 0$）とおくと，D_e は安定な二原子分子 AB の結合を切って原子 A と B を互いに無限遠になるまで遠ざけるのに必要なエネルギーに等しい．ただし，分子において原子は完全に静止しているわけではなく，一定の温度では熱エネルギーを得ることによって振動する．これを"分子振動"といい，実際には絶対零度でも起こる[*1]．この現象は量子力学的な効果であり，"零点振動"[*2] とよばれる．したがって，分子 AB の結合を切って原子 A および B を互いに無限遠の距離だけ引き離すために必要なエネルギーは，上記の D_e よりも零点振動のエネルギー（これを零点エネルギーという）の分だけ小さい値（D_0）となる．この D_0 を**結合解離エネルギー**とよぶ．ここで，絶対零度における原子 A，B 間の平衡核間距離は上記の R_e とは異なり，図中の水平線とポテンシャル曲線の二つの交点が振動による最短と最長の距離に相当し，これらの値の平均になる．

　たとえば，水分子における O–H 結合の場合では，反応

$$H_2O \longrightarrow HO + H \tag{3・2}$$

の絶対零度における標準エンタルピー[*3]変化が結合解離エネルギーに当たる．ただ，H_2O のような多原子分子の場合，(3・2)式に引き続く解離反応

$$HO \longrightarrow O + H \tag{3・3}$$

に対応する結合解離エネルギーは，(3・2)式の値とは異なる．したがって，H_2O における O–H 結合の結合解離エネルギーという場合，両者の平均値を採用すれば合理的である．これを，**平均結合解離エネルギー**とよび，一般にはこの物理量が**結合エネルギー**に相当し，化学結合の強さを表す指標となる．一方，反応

$$AB(g) \longrightarrow A(g) + B(g) \tag{3・4}$$

の 298 K におけるエンタルピー変化 ΔH_{298} は**結合解離エンタルピー**とよばれ，やはり結合の強さの指標として用いられる．D_0 と ΔH_{298} の差は一般には小さく，たとえば水素分子における H–H 結合の場合，$D_0 = 432 \ kJ \ mol^{-1}$，$\Delta H_{298} = 436 \ kJ \ mol^{-1}$ である．また，結合解離エンタルピーを結合エネルギーとみなす場合もある．表3・1にいくつかの化学結合の結合エネルギーの値を示す．同じ元素の結合であっても，単結合より二重結合，三重結合のほうが結合エネルギーは大きい．

平衡核間距離（equilibrium internuclear distance）

[*1]　一方，古典力学では絶対零度において原子は静止すると考える．

[*2]　量子力学によれば，原子のような微視的な粒子の位置を正確に決めることはできない（ハイゼンベルクの不確定性原理，2・2節参照）．すなわち，絶対零度においても分子中の原子の位置にゆらぎが生じる．これが"零点振動"である．

結合解離エネルギー（bond dissociation energy）

[*3]　エンタルピー H は，系の内部エネルギーを U，圧力を P，体積を V としたとき，$H = U - PV$ で表される熱力学的な物理量であり，圧力が一定のもとで系が吸収あるいは放出する熱を反映する．内部エネルギー U は系に内在するエネルギーであり，たとえば物質を構成する原子や分子の振動や回転のエネルギーがそれにあたる．

平均結合解離エネルギー（mean bond dissociation energy）

結合エネルギー（bond energy）

結合解離エンタルピー（bond dissociation enthalpy）

　例題 3・2　窒素とリンは同じ 15 族の元素であるが，単体の分子の形は窒素が二原子分子 N_2，リンの同素体の一つである白リンは右図のように正四面体形の分子 P_4 からなる．結合エネルギーの違いにもとづき，分子の構造にこのような差が生じる理由を考察せよ．

　解　窒素について仮想的な N_4 分子を考え，N_2 から N_4 が生成する際のエネルギーの変化を結合エネルギーにもとづいて見積もる．反応は，$2N_2 \rightarrow 4N \rightarrow N_4$ を考えればよい．白リンと同様に N_4 分子は六つの単結合から成り立っているとみなせる．表

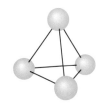

白リンに見られる分子 P_4 の構造

表3・1　いくつかの原子間について見積もられている結合エネルギー[a]
単位は kJ mol^{-1}. また，括弧内の数字は1が単結合，2が二重結合，3が三重結合を表す

	H	C	N	O	F	Si	P	S	Cl	Br	I
H	432										
C	411	346(1) 602(2) 835									
N	386	305(1) 615(2) 887(3)	167(1) 418(2) 942(3)								
O	459	358(1) 799(2)	201(1) 607(2)	142(1) 494(2)							
F	565	485	283	190	155						
Si	318			452	565	222					
P	322	264		544(2)	490		201(1) 481(3)				
S	363	272		532	284		335(2)	226(1) 425(2)			
Cl	428	327	313	218	249	381	326	255	240		
Br	362	285		201	249	310	264		216	190	
I	295	213		201	278	234			208	175	149

a) 小玉剛二，中沢 浩 訳，「ヒューイ 無機化学(下)」，付録E，東京化学同人（1985）より一部抜粋.

3・1からN−N結合の三重結合と単結合の結合エネルギーはそれぞれ，942 kJ mol^{-1}，167 kJ mol^{-1}であるから，この反応のエネルギー変化は，

$$2 \times 942 \text{ kJ mol}^{-1} - 6 \times 167 \text{ kJ mol}^{-1} = 882 \text{ kJ mol}^{-1} \tag{1}$$

となる．同様にして，仮想的なP_2分子を仮定すると，P_2からP_4が生じるときのエネルギー変化は，

$$2 \times 481 \text{ kJ mol}^{-1} - 6 \times 201 \text{ kJ mol}^{-1} = -244 \text{ kJ mol}^{-1} \tag{2}$$

である．(1)式のエネルギー変化は正であるから，N_2はN_4より安定である．一方，(2)式のエネルギー変化は負であるから，リンはP_2ではなくP_4として存在する．

3・2・2　電気陰性度と化学結合

2・5・4節で述べたように電気陰性度の概念を初めて導入したのはポーリングである．ポーリングは，2種類の元素A，Bからなる二原子分子ABにおいて，化学結合に関与する電子対が，A，Bいずれかの原子に引き寄せられている場合，結合A−Bにイオン性が現れると同時に，その結合エネルギーD(A–B)は純粋な共有結合の結合エネルギーD(A–A)とD(B–B)の平均値と異なるという考え方にもとづいて，この差ΔDが原子AとBの電気陰性度の差（$\chi_{P(A)} - \chi_{P(B)}$）の2乗に等しいと定義した[*]．

＊ A，Bいずれの原子の側にも電子対が偏らない場合は，D(A–A) と D(B–B) の平均値と等しくなる．

$$\Delta D = D_{(A–B)} - \frac{1}{2}[D_{(A–A)} + D_{(B–B)}] = 96.485(\chi_{P(A)} - \chi_{P(B)})^2$$

$$(3 \cdot 5)$$

ここで，式中の 96.485 という数値は結合エネルギーの単位が kJ mol^{-1}，電気陰性度の単位が eV であるため，換算するのに用いている[*1]．(3・5)式を変形すると，以下のようになる．

$$|\chi_{P(A)} - \chi_{P(B)}| = 0.102\sqrt{\Delta D / kJ\,mol^{-1}} \qquad (3・6)$$

*1　1 eV = 96.485 kJ mol^{-1}

また，ポーリングは最も電気陰性な元素としてフッ素を選び，フッ素の電気陰性度を 4.0 とおいて[*2]他の元素の電気陰性度を算出した．

2種類の元素の電気陰性度に差のある場合，共有結合にイオン結合性が混入して，一方の原子はわずかに正電荷を，もう一方の原子はわずかに負電荷を帯び，電荷の偏りが生じる．このように純粋な共有結合とイオン結合の中間的な性質をもつ化学結合を**極性共有結合**という[*3]．おおよその目安として，結合した二つの原子間における電気陰性度の差が 0.5 より小さいとき無極性の共有結合，0.5〜2 程度のときは極性共有結合，2 より大きければイオン結合とみなされる．ポーリングは，結合に寄与する二つの原子の電気陰性度の差が $\Delta\chi$ であるとき，この結合のイオン性は経験的に $1-\exp[-(\Delta\chi)^2/4]$ によって表されるとした．したがって，$\Delta\chi = 2$ はイオン性が約 60% の場合にあたる．

たとえば，表 2・9 に示したポーリングの電気陰性度をもとにすると，有機化合物に多く見られる C−H 結合では電気陰性度の差が 0.35 であるため共有結合（無極性）となり，一酸化炭素 CO の C=O 結合では 0.89，フッ化水素 HF の H−F 結合では 1.78 であるため極性共有結合となり[*4]，NaCl 結晶の Na と Cl の電気陰性度の差は 2.23 であるためイオン結合となる．

*2　表 2・9 に示したポーリングの電気陰性度の値では，フッ素は 3.98 となっている．これは，ポーリングが4.0 という値を提案したのちに結合エネルギーのデータが改良され，それにもとづいて計算された値である．

極性共有結合
(polar covalent bond)

*3　極性共有結合のように電荷の偏りがある場合，双極子モーメントを生じる（3・6節参照）．

*4　CO 分子と HF 分子の結合については 3・5・4 節で改めてふれる．

3・3 原子価殻電子対反発モデルと分子の構造

分子を構成する原子の電子状態や化学結合にもとづいて分子の構造（ここでは分子の形）を推測する簡単な方法の一つに**原子価殻電子対反発モデル（VSEPR）**がある．分子中の一つの原子（一般には，分子中で最も多くの化学結合を形成している原子）に着目し，その原子のすべての共有電子対と非共有電子対を考慮する．このモデルは，以下のようにきわめて単純である．

- 電子対の間にはクーロン反発力が働くため，それらは互いにできるだけ遠ざかるように配置した場合に最も安定な構造が得られる．
- 共有電子対（単結合，二重結合，三重結合[*5]）や非共有電子対のように電子の存在する確率が高い空間を高電子密度領域とよび，原子のまわりに存在する"高電子密度領域"の数によって分子の形が予想できる．

原子価殻電子対反発モデル
(valence shell electron pair repulsion model, VSEPR)

*5　二重結合や三重結合においては電子対はそれぞれ 2組，3 組となるが，これらはひとまとめにして考える．

中心にある原子がもつ"高電子密度領域"の数に応じて，VSEPR モデルから予想される分子の形および代表的な分子やイオンを表 3・2 にまとめた．高密度領域の数が 2 のときは直線形，3 のときは平面三角形，4 のときは四面体形，5 のときは三方両錐形，6 のときは八面体形になると予想される．ただし，中心の原子上にある非共有電子対は実際の分子の形には反映されないが，非共有電子対

表3・2 **原子価殻電子対反発モデル（VSEPR）から予想される分子の形とその代表的な分子の例**

高電子密度領域の数	非共有電子対の数	分子の形		代表的な例
2	0	直線形 		CO_2, $BeCl_2$
3	0	平面三角形 		BF_3, SO_3, NO_3^-, CO_3^{2-}
	1	折れ線形 		O_3
4	0	四面体形 		CF_4, SO_4^{2-}, PO_4^{3-}
	1	三角錐形 		NH_3, SO_3^{2-}
	2	折れ線形 		H_2O
5	0	三方両錐形 		PCl_5, $AsCl_5$
	1	シーソー形 		SF_4, $TeCl_4$
	2	T字形 		ClF_3
	3	直線形 		I_3^-, XeF_2
6	0	八面体形 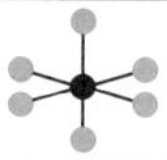		SF_6, SiF_6^{2-}
	1	四角錐形 		ClF_5
	2	平面四角形 		XeF_4

の数によって分子の形がそれぞれ変わることに注意しよう.

　たとえばBF_3分子では，図3・1のルイス構造式からわかるように，中心にあるB原子に結合した三つのF原子はできるだけ遠ざかるように配置するので，F原子が平面三角形の頂点を占め，B原子がその重心にあるような構造となる．また，"高電子密度領域"の数に着目すれば，B原子のまわりに3組の共有電子対（単結合）をもつため，その数は3となり平面三角形と予想される（表3・2）.

　つぎに，NH_3分子やH_2O分子を見てみよう．ルイス構造式を見ると中心原子のNやOは4組の電子対をもつため（"高電子密度領域"の数が4），四面体形

が最も安定な構造であると予想されるが,NH$_3$ は 1 組の非共有電子対をもつため,表3・2に示したように三角錐形の構造をとり (図3・4),H$_2$O では 2 組の非共有電子対をもつため,折れ線形の構造をとる (図3・5).

図3・4　NH$_3$ 分子の構造　　　図3・5　H$_2$O 分子の構造

　さらに VESPR モデルでは,非共有電子対と共有電子対を比較した場合,非共有電子対のほうがより原子に近い位置にあるため,互いの反発力は共有電子対同士よりも大きいと考える. すなわち,電子対の反発の程度は,

　非共有電子対間の反発 > 非共有電子対と共有電子対の反発 > 共有電子対間の反発

という関係にある. たとえば図3・4の NH$_3$ の場合,H 原子と結合をつくる電子対間の反発より,非共有電子対と他の三つの共有電子対 (H 原子との結合を形成する電子対) との反発のほうが大きい. その結果,H 原子はいくぶん非共有電子対から遠ざかることになり,結果として H−N−H の結合角は正四面体から予想される値の 109.5° より小さくなる. 実測されている NH$_3$ の H−N−H の結合角は 107° である. また,図3・5の H$_2$O の場合,

　二つの非共有電子対間の反発 > 非共有電子対と共有電子対 (H 原子との共有結合をつくる電子対) との反発 > H 原子と共有結合をつくる電子対間の反発

の関係があるため,H 原子は二つの非共有電子対の影響を受けて NH$_3$ の場合よりもさらに近づくことになる. 実際に H$_2$O における H−O−H 結合角は 104.5° である.

　別の例として XeF$_2$ 分子の構造を考えよう. ルイス構造式は次のようになる.

$$F-Xe-F$$

Xe 原子には 3 組の非共有電子対が存在し,二つの F 原子が結合しており,高密度領域の数は 5 であるので,分子の基本的な形は三方両錐形である (表3・2).図3・6に示すように三方両錐形では中心原子に結合できる五つの位置が存在するが,これらは直線状に並んだ図中のaの位置と,正三角形をなすeの位置の 2 種類に分けることができる. aとeの位置はそれぞれ, "アキシアル位", "エクアトリアル位" とよばれる. XeF$_2$ 分子において 3 組の非共有電子対は, ① 二つのアキシアル位と一つのエクアトリアル位を占める, ② 一つのアキシアル位と二つのエクアトリアル位を占める, ③ 三つのエクアトリアル位を占める, の 3 通りが考えられる.

　ここで, ①と②では非共有電子対同士のなす角が 90° であるが, ③では 120° であるため,互いの反発力は相対的に小さい. この結果,図3・7に示すように

XeF_2 分子では三つのエクアトリアル位に非共有電子対が存在し，二つのアキシアル位を2個のF原子が占めて，分子は直線形となる．

図3・6　三方両錐形　　　　図3・7　XeF_2 分子の構造

例題 3・3　原子価殻電子対反発モデルにもとづいて，次の分子の構造を推測せよ．
a) $BeCl_2$, b) O_3

解　a) $BeCl_2$ 分子のルイス構造は図3・1に示したとおりである．Be原子には二つのCl原子と単結合をつくる2組の共有電子対("高電子密度領域"の数は2)があり，これらが互いにできる限り遠ざかるように配置されるために直線形となる[*1]．

b) O_3 分子のルイス構造は図3・1に示したとおりである．分子中の真中のO原子に着目すると，"高電子密度領域"の数は3（非共有電子対，単結合，二重結合）であり，そのうち1組が非共有電子対であるために折れ線形となる（表3・2）．

3・4　原子価結合法と混成軌道

3・4・1　水素分子の原子価結合法

　2・2節で述べたシュレーディンガー方程式は1926年に提唱されているが，その翌年には早くもハイトラーとロンドンが量子力学的な視点から水素分子の共有結合を定量的に理解することを試みている．彼らが用いた手法は**原子価結合法**とよばれる[*2]．原子価結合法は3・1節で述べたルイスの考え方と原子軌道の概念を組合わせたものであり，以下の単純な仮定にもとづいている．

　共有結合は不対電子が入った二つの原子軌道の重なりにより形成され，これらの電子は結合をつくる原子間に電子対として"局在"している．

　原子価結合法では，2・5・4節でもふれた"原子価状態"にある原子を考え，それぞれの原子が互いに近づいたときの電子の振舞いを考察する．ここでは，水素分子の形成について見てみよう．図3・8のように二つのH原子AとBを考える．2個の電子をそれぞれ電子1，電子2と表し，電子1がH原子Aに属している状態の波動関数を $\chi_A(1)$，電子2がH原子Bに属している状態の波動関数を $\chi_B(2)$ とおくと，系全体の波動関数は両者の積 $\chi_A(1)\chi_B(2)$ とおくことで近似できる．二つの原子核が近い位置にある場合には2個の電子は区別できないから，電子1がH原子Bに属し，電子2がH原子Aに属している状態 $\chi_A(2)\chi_B(1)$ も等価に考える必要がある．また，これらの波動関数に加えて，2個の電子のスピンの状態も考慮する必要がある．最終的に，電子1と電子2のスピン磁気量子

*1　気体状態の $BeCl_2$ は直線形の分子であるが，結晶中では下図のように Be に結合する Cl は四面体形の構造を形成する．

$$\left[\begin{array}{c} Cl \\ Be \\ Cl \end{array} \begin{array}{c} Cl \\ Be \\ Cl \end{array} \begin{array}{c} Cl \\ Be \\ Cl \end{array} Be \right]_n$$

原子価結合法
（valence-bond method）
VB法ともいう．

*2　共有結合を量子力学的に記述する方法として，そのほかに"分子軌道法"がある（3・5節）．

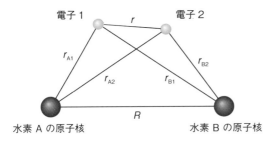

図3・8　**H_2分子における共有結合のモデル**　ハイトラー－ロンドンの原子価結合法では，2個の電子がそれぞれ二つの水素原子に局在していると考えて，定式化が行われる

数が異なる場合，水素分子の波動関数は，

$$\Psi = \chi_A(1)\,\chi_B(2) + \chi_A(2)\,\chi_B(1) \qquad (3\cdot7)$$

と表現され[*1]，その固有値である水素分子のエネルギーは核間距離 R の関数となって，すでに図3・3として示した曲線と類似の形を描くことがわかっている.

*1　(3・7)式は規格化されていない．規格化については2・2節の (2・6)式を参照.

3・4・2　σ結合とπ結合

　ここでは N_2 分子の共有結合を原子価結合法にもとづいて定性的に考察しよう. 2・5・2節などで見たように，N原子の基底状態では $2p_x$ 軌道，$2p_y$ 軌道，$2p_z$ 軌道に1個ずつ電子が入っている．N_2 分子の結合が生じる過程では，この電子配置はそのままN原子の原子価状態となる．いま，N_2 分子の二つの原子核を結ぶ直線を考え，これを z 軸にとる直交座標を考えよう．二つのN原子の二つの $2p_z$ 軌道は z 軸に沿って伸びているから，図3・9に示すように互いに直接重なり合って化学結合をつくる．一方，$2p_x$ 軌道と $2p_y$ 軌道はいずれも z 軸に垂直な方向に向かって伸びているが，これらは図3・10に示したような様式で互いに重なり合うことができる．図3・9と図3・10において，原子軌道の色の違いは波動関数の位相の違いを表している[*2]．いずれの結合様式においても二つのN原子の原子軌道は互いに同じ位相の領域が重なり合い，重ね合わせの結果として生じる波動関数の振幅は大きくなり，その領域における電子密度は高くなる（3・5・2節参照）．いい換えれば，その領域に電子が高い確率で存在することにより，N原

*2　位相については2・2節の囲みや2・3節を参照.

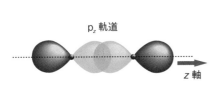

図3・9　**p軌道のσ結合**

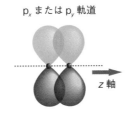

図3・10　**p軌道のπ結合**

子同士が近づき，N_2 分子をつくることによって系は安定化する．これが N_2 分子の化学結合の本質である．

図 3・9 の原子軌道の重なりは，z 軸のまわりの回転に対して元の状態を変えない．このような結合を **σ 結合**という．また，図 3・10 の場合は z 軸のまわりに 180° だけ回転させると位相が入れ替わる．このような結合を **π 結合**という．N_2 分子は三つの結合，すなわち，一つの σ 結合と二つの π 結合によって三重結合が形成される．

σ 結合（σ bond）
π 結合（π bond）

単結合	二重結合	三重結合
σ 結合	σ 結合 + π 結合	σ 結合 + π 結合 + π 結合

3・4・3 混成軌道と分子の構造

原子価結合法にもとづいて化学結合を考えるうえで"混成軌道"という重要な概念がある．具体例としてメタン（CH_4），四フッ化炭素（CF_4），四塩化炭素（CCl_4）などの正四面体形分子において C 原子が関わる共有結合について見てみよう．

2・4・1 節で示した C 原子の基底状態の電子配置では，2p 軌道には 2 個の不対電子しかないため，C 原子が他の四つの原子と結合することはできない[*1]．そこで，結合に際して C 原子の 2s 軌道にある電子のうちの 1 個が 2p 軌道に励起され，以下のような電子配置をとると考える．この過程は **昇位** とよばれる．

[*1] 基底状態の C の原子価は 2 であり，四面体形分子の形成には，C の原子価は 4 である必要がある．

昇位（promotion）

この状態では 4 個の不対電子が存在するが，図 2・5 で見たように 2s 軌道は球対称であり，$2p_x$ 軌道，$2p_y$ 軌道，$2p_z$ 軌道は互いに直交しているため，原子軌道の方向に結合する相手の原子が存在し，それぞれの原子軌道のなす角が結合角になることを考えれば，これら四つの原子軌道で正四面体構造を説明することはできない．

そこで，四つの原子軌道（2s 軌道，$2p_x$ 軌道，$2p_y$ 軌道，$2p_z$ 軌道）の線形結合により，新たな四つの"等価な"原子軌道をつくる[*2]ことを考える．具体的には，

[*2] 混成軌道において，正四面体構造を考える場合，4 本の C–X（この場合，X = H, F, Cl）は同一（"等価"という）である必要がある．

$$\chi_{sp^3(1)} = \frac{1}{2}\left(\chi_s + \chi_{p_x} + \chi_{p_y} + \chi_{p_z}\right) \tag{3・8}$$

$$\chi_{sp^3(2)} = \frac{1}{2}\left(\chi_s + \chi_{p_x} - \chi_{p_y} - \chi_{p_z}\right) \tag{3・9}$$

$$\chi_{sp^3(3)} = \frac{1}{2}\left(\chi_s - \chi_{p_x} + \chi_{p_y} - \chi_{p_z}\right) \tag{3・10}$$

$$\chi_{sp^3(4)} = \frac{1}{2}\left(\chi_s - \chi_{p_x} - \chi_{p_y} + \chi_{p_z}\right) \tag{3・11}$$

[*3]（3・8）式〜（3・11）式の原子軌道は規格化されており，1/2 はそのための係数である．

のような表現となる[*3]．このように，いくつかの原子軌道が混ざり合って，つまり原子軌道の線形結合によって新たな 1 組の原子軌道を形成する過程を **混成** といい，このようにしてつくられた原子軌道を **混成軌道** という．（3・8）式〜（3・11）式の原子軌道は一つの s 軌道と三つの p 軌道からつくられるので **sp³ 混成軌道**

混成（hybridization）
混成軌道（hybrid orbital）

とよばれる．図3・11(a) に示したように，C原子を座標の原点に置いて，立方体の四つの頂点 $(1, 1, 1)$, $(1, -1, -1)$, $(-1, 1, -1)$, $(-1, -1, 1)$ の方向に等価な四つの原子軌道が広がっている[*1]．これら四つの原子軌道のエネルギー準位は等しく，C原子は各軌道に1個ずつ不対電子をもつ原子価状態[*2]となっている（図3・11b）．これらの電子が他の原子の電子と共有されることによって，つまり炭素の sp³ 混成軌道と他の原子の s 軌道などが重なり合って σ 結合（単結合）が形成され，正四面体形の分子がつくられる．

*1 軌道の伸びる方向は (3・8)式～(3・11)式の波動関数のp軌道の符号により決まり，立方体の四つの頂点の座標の符号にそれぞれ対応している．

*2 原子価状態に至る過程では，昇位の段階で電子は高いエネルギー状態の原子軌道に入るため系は不安定になるが，最終的に化学結合を形成することで系のエネルギーは大きく低下し，分子は安定な状態で存在できる．

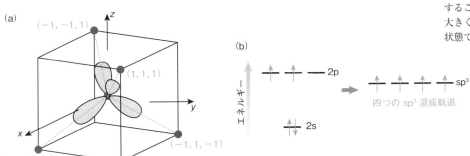

図3・11　sp³ 混成軌道

　H_2O や NH_3 の構造も sp³ 混成軌道で説明できる．H_2O では O 原子の sp³ 混成軌道のうち二つはすでに2個の電子で占められ非共有電子対となり，残りの二つの軌道が H 原子の 1s 軌道と σ 結合を形成する．NH_3 では N 原子の sp³ 混成軌道のうち一つは2個の電子で占められ非共有電子対となり，残りの三つの軌道が H 原子の 1s 軌道と σ 結合を形成する．

　つぎに，BF_3 分子を考えよう．B原子の基底状態での電子配置は $(2s)^2(2p)^1$ であるが，2s軌道の電子1個が2p軌道に昇位し，たとえば $(2s)^1(2p_x)^1(2p_y)^1$ のような電子配置となる．そこで，一つの2s軌道と二つの2p軌道から，三つの混成軌道ができる．これは **sp² 混成軌道** とよばれ（図3・12），波動関数は以下のように表される[*3]．

*3 (3・12)式～(3・14)式の原子軌道は規格化されている．

$$\chi_{sp^2(1)} = \frac{1}{\sqrt{3}}\chi_s + \sqrt{\frac{2}{3}}\chi_{p_x} \tag{3・12}$$

$$\chi_{sp^2(2)} = \frac{1}{\sqrt{3}}\chi_s - \frac{1}{\sqrt{6}}\chi_{p_x} + \frac{1}{\sqrt{2}}\chi_{p_y} \tag{3・13}$$

$$\chi_{sp^2(3)} = \frac{1}{\sqrt{3}}\chi_s - \frac{1}{\sqrt{6}}\chi_{p_x} - \frac{1}{\sqrt{2}}\chi_{p_y} \tag{3・14}$$

図に示したように，三つの sp² 混成軌道は同一平面上で互いに 120° の角をなす方向に広がる．このため，BF_3 は正三角形の構造をとる．

　つぎに，$BeCl_2$ 分子を考えよう．Be原子の基底状態での電子配置が $(2s)^2$ であり，2s軌道の2個の電子のうちの1個が2p軌道に昇位して $(2s)^1(2p_x)^1$ のような電子

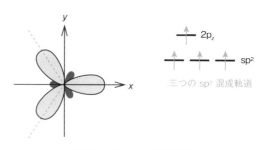

図3・12　sp^2 混成軌道

配置となり，一つの 2s 軌道と一つの 2p 軌道から，二つの混成軌道が形成される．この原子軌道は **sp 混成軌道** とよばれる（図3・13）．波動関数は以下のようになる[*1]．

$$\chi_{sp}(1) = \frac{1}{\sqrt{2}}(\chi_s + \chi_{p_x}) \tag{3・15}$$

$$\chi_{sp}(2) = \frac{1}{\sqrt{2}}(\chi_s - \chi_{p_x}) \tag{3・16}$$

　図に示したように，二つの sp 混成軌道は互いに 180° の角度をなす．そのため，$BeCl_2$ は直線形の分子となる．同様に，直線形の CO_2 分子においては，C 原子の二つの sp 混成軌道は両側の O 原子の sp^2 混成軌道と σ 結合を形成し，残りのp_y，p_z 軌道は O 原子の p 軌道と π 結合を形成している（図3・14）．

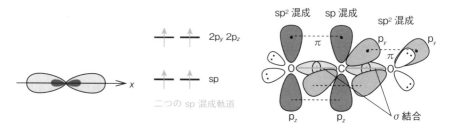

図3・13　sp 混成軌道　　　　　図3・14　CO_2 分子の混成と結合

分子軌道法
（molecular orbital method）
MO 法ともいう．

＊2　このような考え方は"多電子原子"における電子のエネルギーや角運動量を考察する方法と同じであり，2・3・2節では詳しく述べなかったが，多電子原子では複数の電子のうちの特定の"1個"の電子に着目し，これが原子核からの引力と他の電子からの反発力を受けながら運動する様子をシュレーディンガー方程式で記述する．

3・5　分子軌道法
3・5・1　分子軌道の概念

　共有結合を量子力学的に解釈する方法として，前節で述べた原子価結合法のほかに **分子軌道法** がある．原子価結合法は基底状態の分子の構造を考察するのに適しているが，分子の性質や反応の説明には分子軌道法のほうがすぐれている．分子軌道法は，以下のような考え方にもとづいている．

- 分子中の原子がもつ原子核の位置を定め，電子が複数の原子核からの静電引力と他の電子からの反発力を受けながら運動する様子を定量的に取扱う[*2]．
- 分子軌道は分子を形成する個々の原子軌道の重ね合わせにより生じ，電子は分子全体にわたって広がっている（"非局在化"している）．

　分子軌道法では複数の原子核と電子がつくる平均化されたポテンシャルエネルギーの場を運動する"1個"の電子を取扱う（一電子近似という）. この電子の状態を記述する波動関数を**分子軌道**という.

分子軌道（molecular orbital）

　分子中の電子の状態は, 電子が特定の原子の原子核の近傍に存在するときには, その原子の原子軌道で記述できると考えて差し支えない. したがって, <u>分子軌道に相当する波動関数は, 結合に寄与する各原子の原子軌道に適切な重みをつけて足し合わせたものと考えることができる</u>. すなわち, 原子 A, B, C, …からなる分子において, 特に最外殻にあって結合に寄与できる各原子の原子軌道が χ_A, χ_B, χ_C, …であるとき, 一つの分子軌道の表現は,

$$\Psi = c_A \chi_A + c_B \chi_B + c_C \chi_C, \cdots \tag{3・17}$$

と書くことができる. このように, 分子軌道を原子軌道の線形結合で表す近似を, **LCAO 法**という. 係数の c_A, c_B などは分子においてそれぞれの原子軌道の分子軌道への寄与の割合を表し, $|c_A|^2$, $|c_B|^2$ などは各原子に存在する電子の密度を表す. また, N 個の原子軌道から N 個の分子軌道が形成されることが知られている. 以下の節で分子軌道の具体例を見ていこう.

LCAO 法（原子軌道の線形結合）
（linear combination of atomic orbitals）

3・5・2 水 素 分 子

　最初に同じ種類の元素からなる二原子分子を考えよう. H_2, N_2, O_2, F_2, Cl_2 などがこれにあたる. これらは**等核二原子分子**とよばれる. なかでも電子の数が最も少なく単純な電子状態であると考えられる水素分子から始めよう. 二つの H 原子を A, B で表し, それぞれの 1s 軌道を χ_A, χ_B とおけば, H_2 の分子軌道はこれらの線形結合として,

$$\Psi = c_A \chi_A + c_B \chi_B \tag{3・18}$$

と書くことができる. ここで, 二つの H 原子は等価であるから,

$$|c_A|^2 = |c_B|^2 \tag{3・19}$$

が成り立つ. よって, $c_B = \pm c_A$ となるから, 分子軌道を表す波動関数は,

$$\Psi_+ = \chi_A + \chi_B \tag{3・20}$$

$$\Psi_- = \chi_A - \chi_B \tag{3・21}$$

の 2 種類が存在することになる[*1]. このうち, (3・20)式は位相が同じ二つの 1s 軌道から形成される分子軌道であり, (3・21)式は位相が異なる 1s 軌道からなる分子軌道である. そこで, 結合軸[*2]に沿って分子軌道の振幅の変化の様子を調べると, 図3・15のようになるはずである.

等核二原子分子
（homonuclear diatomic molecule）

[*1] ここでは規格化は考慮していない.

[*2] 結合している二つの原子の原子核を通る直線を"結合軸"という.

- (a) のように二つの H 原子の 1s 軌道の位相が同じ場合, これらの波動関数は互いに強め合うことになり, 二つの原子核を結ぶ線分の中点付近は振幅が比較的大きくなる. これは, 二つの H 原子の間の"電子密度が高い"ことを意味する.

- (b) のように二つの H 原子の 1s 軌道の位相が異なる場合, これらの波動関数は互いに弱め合うため, この領域の"電子密度は低くなる". また, 原子核を結ぶ中点は節となり, 電子密度はゼロになる.

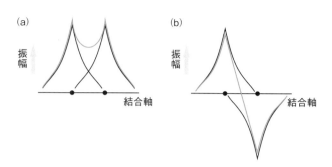

図 3・15　二つの 1s 軌道の振幅を結合軸に沿って見た模式的な図　黒丸は二つの原子核の位置. 黒い曲線は個々の 1s 軌道を表し, 青い曲線はそれらの重ね合わせである.（a）二つの 1s 軌道の位相が同じである場合,（b）二つの 1s 軌道の位相が 180° 異なる場合

　分子軌道のエネルギーはシュレーディンガー方程式を解けば（3・20）式および（3・21）式の波動関数の固有値として得られる. Ψ_+ と Ψ_- のエネルギーをそれぞれ E_+, E_- とおけば, $E_+ < E_-$ であり, 分子軌道のエネルギー準位図を模式的に描けば図 3・16 のようになる. ここでは結合していない H 原子の 1s 軌道のエネルギー準位も示した. 図からわかるように, H 原子の 1s 軌道と比べると Ψ_+ のエネルギーは低く, Ψ_- のエネルギーは高い. この図にもとづいて H_2 分子の基底状態の電子配置を考えよう.

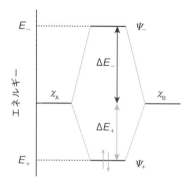

図 3・16　H_2 分子の分子軌道エネルギー準位図　χ_A と χ_B は二つの H 原子の 1s 軌道であり, Ψ_+ と Ψ_- は, それぞれ結合性軌道と反結合性軌道を表す. 青い矢印はスピンを考慮した電子を表している

　2 個の電子はエネルギーの低い分子軌道である Ψ_+ の準位を占める. その際, パウリの排他原理に従って, 2 個の電子のスピンは互いに逆向きになる. つまり, 二つの H 原子が互いに近づけば, 2 個の電子は個々の H 原子の 1s 軌道に存在するより, 二つの H 原子を含む領域に広がった分子軌道に入ることによってエネルギーを低下させ, 安定化する. このようにして, 電子のエネルギーの観点から H_2 分子が安定に存在することが理解できる.

　図 3・16 の二つの分子軌道のうち, エネルギーの低い分子軌道 Ψ_+ を**結合性軌道**, エネルギーの高い分子軌道 Ψ_- を**反結合性軌道**という. ここで, E_+ と H 原子の 1s 軌道のエネルギーとの差（図中の ΔE_+）は, E_- と H 原子の 1s 軌道のエネ

結合性軌道
（bonding orbital）
反結合性軌道
（antibonding orbital）

ルギーとの差（図中のΔE_-）より小さくなる．これは，原子同士が近づくと原子核間の反発が強くなり，その分だけ系のエネルギーが上昇するためである．

　図3・16はHeにも適用できる．貴ガスは不活性であり，とりわけHeは最も化合物をつくりにくい元素であるが，少なくともHe$_2$が安定ではない理由が分子軌道を考えることによって理解できる．He$_2$分子には4個の電子が存在するから，そのうち2個は結合性軌道を占め，残りの2個が反結合性軌道を占めるため，He$_2$分子における電子のエネルギーはHe原子におけるエネルギーより高くなり，系は不安定化する．いい換えれば，HeはHe$_2$分子をつくるよりも原子の状態のほうが安定である．

3・5・3　等核二原子分子

　第2周期の等核二原子分子についてもH$_2$分子と同じように考えることができる．実際に安定な二原子分子が存在するO$_2$とF$_2$の分子軌道のエネルギー準位図は図3・17のようになる．これらの分子では分子軌道は2s軌道と2p軌道から形成される[*1]．つまり，特にO$_2$とF$_2$では，

* 2s軌道同士のσ結合で結合性軌道（$1\sigma_g$）と反結合性軌道（$1\sigma_u$）[*2]をつくる．
* 2p軌道は磁気量子数に応じて三つの原子軌道（2p$_x$，2p$_y$，2p$_z$）があり，そのうちの一つはσ結合で結合性軌道（$2\sigma_g$）と反結合性軌道（$2\sigma_u$）を，残りの二つはπ結合による結合性軌道（$1\pi_u$）と反結合性軌道（$1\pi_g$）をつくる．

＊1　1s軌道は内殻にあって化学結合に寄与しないと考えてよい．

＊2　下付きのgとuの意味については囲み記事の「分子軌道の反転対称性に関わる記号」を参照されたい．

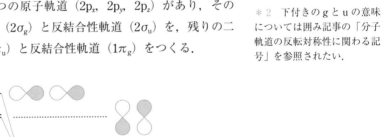
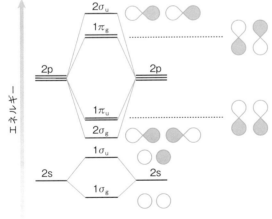

図3・17　**第2周期のO$_2$とF$_2$に適用される分子軌道エネルギー準位図**
各分子軌道に寄与する原子軌道の組合わせと結合の様式も示した

　図3・17には，それぞれの分子軌道に線形結合を通して寄与する原子軌道も示した．ここで，π結合に対応する二つの分子軌道は縮退している．同じ2p軌道同士の結合による分子軌道でも，① σ結合による結合性軌道はπ結合による結合性軌道よりエネルギーが低い．② 逆に，σ結合による反結合性軌道はπ結合による反結合性軌道よりエネルギーが高い．これは原子軌道の"重なり"の割合

に起因する．つまり，σ結合はπ結合に比べて原子軌道同士の重なりが大きいため，結合性軌道の安定化と反結合性軌道の不安定化の程度が大きくなる．

分子軌道の反転対称性に関わる記号

　$1\sigma_g$ など分子軌道を表す記号に付けられている g と u の意味について述べておこう．これらは分子軌道の反転対称性に関わる記号である．図3・18に示したように，座標が (x, y, z) である点 P を原点 O を基準として点 P′$(-x, -y, -z)$ まで移す操作を**反転**といい，基準となる原点を**対称中心**とよぶ．反転操作によって元の状態と同じ状態になる実体（ここでの分子軌道や分子の形など）は反転対称性をもつと表現する．たとえば，2s軌道からなる結合性軌道は，図3・19(a)のような空間的な広がりと位相をもつと近似できる．この分子軌道は，二つの原子核を結ぶ線分の中点を反転中心として反転操作を行っても，その形状も位相も変化しない．このような状態は偶であると表現され，ドイツ語の gerade（ゲラーデ）の頭文字をとって "g" を添え字として付け，$1\sigma_g$ と表す．一方，2s軌道からなる反結合性軌道は図3・19(b)のようになり，反転操作に対して形は変わらないが，位相が入れ替わる．このような状態を奇とよび，ungerade（ウンゲラーデ）の頭文字から "u" と表す．よって，この分子軌道は $1\sigma_u$ と書くことができる．

P(x, y, z)

O

P′(−x, −y, −z)

図3・18　**原点 O を対称中心とする反転操作**　点 P は点 P′ に移る

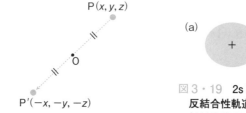

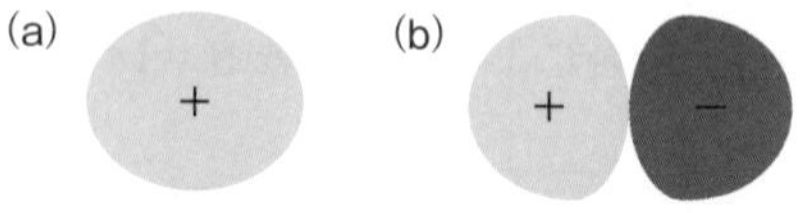

(a)　(b)

図3・19　**2s軌道からなる結合性軌道(a)と反結合性軌道(b)の模式的な図**　(a)では反転対称性が存在するが，(b)では反転操作により位相が入れ替わる．対称中心は二つの原子核を結ぶ線分の中点の位置にある

反転（inversion）
対称中心
（center of symmetry）

　一方，Li_2 から N_2 までの分子軌道のエネルギー準位図は図3・20のようになる[*]．図3・17と比較すると，2p軌道からつくられる結合性軌道の $2\sigma_g$ と $1\pi_u$ のエネルギーの高低が逆転している．これは，第2周期の前のほうの元素では2s軌道と2p軌道のエネルギーが近い値となり，両者が互いに重なり合うことが可能になるためである．すなわち，$2\sigma_g$ には2s軌道からの反結合性の寄与があり，そのためエネルギーが高くなるように準位が押し上げられている．

　Li_2 から F_2 までの分子軌道のエネルギー準位図において，それぞれの分子の電子配置は図3・21のようになる．基底状態では基本的に電子は2個ずつスピン対を形成しながら，エネルギーの低いほうから順に準位を占有する．ただし，B_2 と O_2 で見られるように，縮退した $1\pi_u$ 軌道や $1\pi_g$ 軌道に2個の電子が入るときにはフントの規則に従って二つの分子軌道に1個ずつ電子が入り，2個の電子のスピン磁気量子数は同じ値をとる．いい換えると，2個の電子は両者とも上向

[*] 図3・20に示した二原子分子のうち $Li_2 \sim C_2$ は通常の状態では安定に存在するとは限らない．

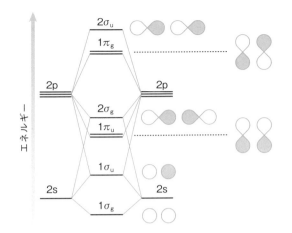

図3・20 **第2周期のLi₂からN₂までの等核二原子分子に適用される分子軌道エネルギー準位図** 各分子軌道に寄与する原子軌道の組合わせと結合の様式も示した

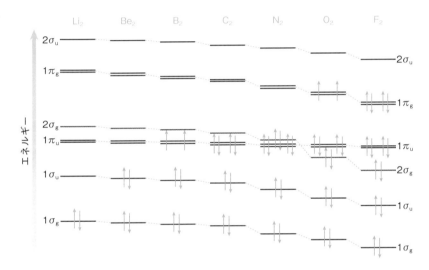

図3・21 **第2周期の等核二原子分子の分子軌道エネルギー準位図と電子配置**

き（あるいは下向き）のスピンをもつ. 電子配置の表現は原子の場合と同様に考えてよく, たとえば,

$\textbf{N}_2 : (1\sigma_g)^2(1\sigma_u)^2(1\pi_u)^4(2\sigma_g)^2$ $\quad$ $\textbf{O}_2 : (1\sigma_g)^2(1\sigma_u)^2(2\sigma_g)^2(1\pi_u)^4(1\pi_g)^2$

のように書くことができる.

電子配置から, 二原子分子の化学結合の強さを見積もることができる. 基底状態における電子配置に対して結合性軌道と反結合性軌道を占める電子の個数をそれぞれ, n, $n^\star$ とおくと,

$$b = \frac{1}{2}(n - n^\star) \qquad (3 \cdot 22)$$

で表される b は結合の安定性の指標となる. これを**結合次数**とよぶ. たとえば, $\quad$ **結合次数**（bond order）
N_2 では結合性軌道である $1\sigma_g, 1\pi_u, 2\sigma_g$ にそれぞれ, 2個, 4個, 2個の電子が入り, 反結合性軌道である $1\sigma_u$ は2個の電子が占めるので,

$$b = \frac{1}{2}(2 + 4 + 2 - 2) = 3 \qquad (3 \cdot 23)$$

より, 結合次数は3である. 同様に, F_2 では $b = 1$ となる. これらの値は, N_2 が三重結合, F_2 が単結合であることと整合している.

例題 3·4 過酸化物イオンと超酸化物イオンの分子軌道の電子配置を書け. また, これらのイオンの結合次数を求めよ.

解 過酸化物イオンは $O_2{}^{2-}$, 超酸化物イオンは $O_2{}^{-}$ である. 過酸化物イオンでは O_2 分子にさらに2個の電子が入り, これらは $1\pi_g$ 軌道を占めるので, 電子配置は,

$$O_2{}^{2-} : (1\sigma_g)^2(1\sigma_u)^2(2\sigma_g)^2(1\pi_u)^4(1\pi_g)^4$$

のように書くことができる. 結合次数は,

$$b = \frac{1}{2}(2 + 2 + 4 - 2 - 4) = 1$$

より, 1である. また, 超酸化物イオンでは O_2 分子に1個の電子が加えられるため, 電子配置は,

$$O_2{}^{-} : (1\sigma_g)^2(1\sigma_u)^2(2\sigma_g)^2(1\pi_u)^4(1\pi_g)^3$$

となり, 結合次数は,

$$b = \frac{1}{2}(2 + 2 + 4 - 2 - 3) = 1.5$$

より, 1.5となる.

3·5·4 異核二原子分子

異核二原子分子
（heteronuclear diatomic molecule）

[*] 異核二原子分子でも (3·18)式のように結合している原子の原子軌道の線形結合で分子軌道を表現できるが, 原子の種類が違えばその性質も異なるため, (3·19)式の関係は成り立たない.

　異なる種類の元素からなる二原子分子を**異核二原子分子**という[*]. 原子 A と B からなる二原子分子 AB において, たとえば原子 B の電気陰性度が原子 A より大きければ, 1章のコラムでも述べたように, 電子が占める原子軌道のエネルギー準位は原子 A より原子 B のほうが低いはずである. そこで, 分子 AB の分子軌道のエネルギー準位図は模式的に図 3·22 のようになる.

　① 結合性軌道は, c_A と c_B を正の実数として,

$$\Psi_+ = c_A \chi_A + c_B \chi_B \qquad (3 \cdot 24)$$

と表せる. この場合, $c_A < c_B$ である. 図 3·22 に示したとおり結合性軌道のエネルギー準位は原子 B の原子軌道のエネルギー準位に近い. このため, 結合性軌道では A の原子軌道より B の原子軌道の寄与のほうが大きい. つまり, $c_A < c_B$ であり, 結合性軌道を占める電子の存在確率は原子 B に近い位置で高くなる. これは, A より B のほうが電気陰性度が大きく, 結合において電子は原子 B に偏っていることと整合する.

　② 反結合性軌道は, c_A' と c_B' を正の実数として,

$$\Psi_- = c_A' \chi_A - c_B' \chi_B \qquad (3 \cdot 25)$$

と表せる. この場合, $c_A' > c_B'$ である. 反結合性軌道には原子 A の原子軌道の寄

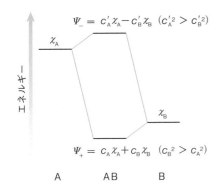

図 3・22　**異核二原子分子の一般的な 分子軌道エネルギー準位図**　この場 合, 分子 AB を構成する原子 A と B で は B のほうが電気陰性度が大きい

与が大きい. いい換えると, 電気陰性度の小さい原子に電子が近寄ることは, 結 合を不安定化する.

　異核二原子分子の具体例を見てみよう. 図 3・23 は HF 分子の分子軌道のエネ ルギー準位図であり, 分子軌道を形成する H 原子の 1s 軌道, F 原子の 2s 軌道 と 2p 軌道のエネルギー準位も同時に示されている.

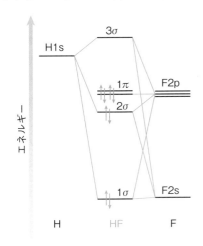

図 3・23　**HF 分子の分子軌道 エネルギー準位図**

・結合軸を z 軸とすると, H 原子の 1s 軌道と σ 結合を形成できるのは F 原子の 2s 軌道と $2p_z$ 軌道であるから, これらから結合性軌道と反結合性軌道ができる[*1].
・F 原子の $2p_x$ 軌道と $2p_y$ 軌道は π 結合に寄与できるが, H 原子には π 結合をつ くる原子軌道が存在しないため, $2p_x$ 軌道と $2p_y$ 軌道はエネルギー準位の変わ らない分子軌道（1π 軌道）を形成する. このような分子軌道は, **非結合性軌 道**とよばれる.
・電子配置は, H 原子から 1 個, F 原子から 7 個の電子が供給され, そのうち最 もエネルギーの低い 1σ 軌道に 2 個, さらに 2σ 軌道に 2 個, 非結合性軌道で ある 1π 軌道に 4 個入る.
・1σ 軌道は H 原子の 1s 軌道とのエネルギー差が大きく, おおよそ F 原子の 2s 軌道のみで構成されている. そのため, この分子軌道は非結合性とみなして よい[*2]. 一方, 2σ 軌道は結合性であるが, F 原子の $2p_z$ 軌道の寄与が大きい.

*1　異核二原子分子では分 子そのものが反転対称性をも たないため, 分子軌道には g や u の記号を付けない.

非結合性軌道
（nonbonding orbital）

*2　非結合性軌道（1σ と 1π）の 6 個の電子は 3 組の 非共有電子対をつくる. これ らは F 原子の 2s 軌道, $2p_x$ 軌 道, $2p_y$ 軌道に局在する. こ の電子構造はルイス構造式と 一致する.

H：F：

*1 H–F 単結合は極性共有結合である（3・2・2節）.

このため，結合にあずかる 2 個の電子は F 原子側に存在する確率が高くなる．このことは，F 原子の電気陰性度が H 原子よりも大きいことと整合する[*1].

つぎに，典型的な異核二原子分子である CO について見ておこう．この分子では，図 3・21 に示した C_2 と O_2 の分子軌道エネルギー準位図が参考になる．CO の分子軌道のエネルギー準位図を図 3・24 に示す．ここでも HF 分子の場合と同様，結合軸を z 軸にとることにしよう．

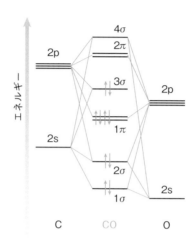

図 3・24　CO 分子の分子軌道エネルギー準位図

- 分子軌道を形成するのは二つの原子の 2s 軌道と 2p 軌道であり，三つの 2p 軌道のうち $2p_z$ 軌道が σ 結合を，$2p_x$ 軌道と $2p_y$ 軌道が π 結合をつくる．C_2 分子と同様に 2s 軌道と 2p 軌道の重なりもあるため，3σ 軌道は C 原子の 2s 軌道からの反結合性の寄与を受け，1π 軌道よりも高いエネルギー準位まで押し上げられている．
- C 原子と O 原子の基底状態において 2s 軌道と 2p 軌道を占める電子の総数は 10 個であるため，これらがエネルギーの低い準位から順に分子軌道を占める．よって，CO 分子の基底状態での電子配置は，$(1\sigma)^2(2\sigma)^2(1\pi)^4(3\sigma)^2$ となる．
- 1σ 軌道は主に O 原子の 2s 軌道からの寄与が大きく，非結合性の性質をもつ．2σ 軌道と 1π 軌道は結合性軌道である．3σ 軌道は C 原子において電子密度が高く，非結合性の挙動を示すことが知られている．おおよそ非結合性とみなせる二つの分子軌道（1σ 軌道と 3σ 軌道）に入る 2 個ずつの電子は，それぞれ O 原子と C 原子に局在して非共有電子対の性質を示す．一方，結合性軌道である 2σ 軌道と 1π 軌道には合わせて 6 個の電子が入るため，結合次数は 3 となる．これは，CO が三重結合をもつことを意味する[*2].

*2 ここで述べた電子状態は例題 3・1 で調べた CO 分子のルイス構造式と矛盾しない.

3・5・5 多原子分子

多原子分子
(polyatomic molecule)

分子を構成する原子の数が 3 個以上のものを**多原子分子**とよぶ．原子の数が増えても，各原子の原子軌道の線形結合で分子軌道を表現すればよい．たとえば H_2O 分子であれば，分子軌道に寄与するのは H 原子の 1s 軌道，O 原子の 2s 軌

道と 2p 軌道であるので，分子軌道の波動関数は，

$$\Psi_{H_2O} = c_1 \chi_{O2s} + c_2 \chi_{O2p_x} + c_3 \chi_{O2p_y} + c_4 \chi_{O2p_z} + c_5 \chi_{H_A1s} + c_6 \chi_{H_B1s} \tag{3・26}$$

と表すことができる．ここでは二つの H 原子を H_A, H_B とした．また，O2s などは，O 原子の 2s 軌道などを表している．H_2O の分子軌道エネルギー準位図とそれに寄与する O 原子と H 原子の原子軌道を模式的に表すと図3・25 のようになる．ここでは分子の電子配置[*1]も示した．各分子軌道は，これまで用いられたものとは異なる $1a_1$, $1b_2$ などの記号で表されている．これらは分子軌道の対称性に関係する記号である（p.60のコラム参照）．各分子軌道は以下のような特徴をもつ．

$1a_1$ 軌道：O 原子の 2s 軌道と二つの H 原子の 1s 軌道からなる結合性軌道である．ここでは，これら三つの s 軌道の位相がすべて同じである点に注意しよう．

$1b_2$ 軌道：O 原子の 2p 軌道の一つと二つの H 原子の 1s 軌道から形成される結合性軌道である．この場合は 2p 軌道の位相と，それと重なりをもつ 1s 軌道の位相が一致している．

$2a_1$ 軌道：O 原子の 2s 軌道ならびに 2p 軌道の一つと二つの H 原子の 1s 軌道から形成される分子軌道であり，O 原子の 2s 軌道は反結合性の寄与となるが，O 原子の 2p 軌道と H 原子の 1s 軌道は同じ位相で重なり合う．ここでの O 原子の 2p 軌道は，$1b_2$ 軌道に寄与する O 原子の 2p 軌道とは異なる．

$1b_1$ 軌道：H_2O 分子を含む平面に垂直な方向に伸びた 2p 軌道であり，これは H 原子の 1s 軌道と重なり合わないため非結合性軌道となる．$1b_2$ 軌道は H_2O 分子の**最高被占軌道**である．

*1　H_2O では最外殻電子が 8 個であるから，電子配置は，
$$(1a_1)^2(1b_2)^2(2a_1)^2(1b_1)^2$$
と表される．

最高被占軌道
（highest occupied molecular orbital, HOMO）

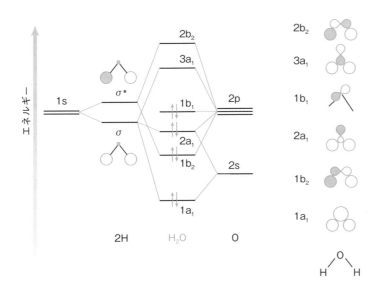

図3・25　H_2O 分子の分子軌道エネルギー準位図と，各分子軌道に寄与する二つの H 原子の 1s 軌道，O 原子の 2s 軌道，O 原子の 2p 軌道の位相も含めた模式的な図[*2]

*2　一般に，分子軌道のうち最高被占軌道（HOMO）と最低空軌道（LUMO）のエネルギー準位の差が大きいほど分子は安定化する．H_2O 分子では，直線形となるより折れ線形となるほうがこのエネルギー差（この場合，HOMO: $1b_1$, LUMO: $3a_1$）は大きい．このように，VSEPR モデルを用いなくとも H_2O 分子の構造を説明できる．

最低空軌道
（lowest unoccupied
molecular orbital, LUMO）

3a$_1$軌道：2a$_1$軌道に寄与するO原子の2p軌道と二つのH原子の1s軌道から形成される反結合性軌道であり，H_2O分子の**最低空軌道**である．

3・1節で"超原子価化合物"として例示したSF_6分子の電子配置も分子軌道法にもとづいて理解できる．図3・26(a) に示すように直交座標の原点にS原子を置き，三つの直交軸上に二つずつF原子を配置すれば八面体形のSF_6分子が表現できる．分子軌道に寄与する原子軌道として，S原子の3s軌道と3p軌道，ならびに6個のF原子の2p軌道を考える．結合性軌道の一つとして，図3・26(b) に示すような，S原子の3s軌道と六つのF原子の2p軌道の線形結合から形成される分子軌道を考えることができる．これは，H_2O分子の場合と同様に対称性の観点から1a$_{1g}$軌道とよばれる．八面体形分子は対称中心をもつため，偶奇性を表すgとuの記号（p.52参照）が分子軌道に付けられる．図3・26(b) からわかるように，1a$_{1g}$軌道は反転操作を施しても分子軌道の位相は変化しない．

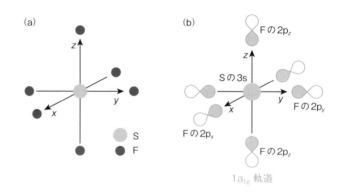

図3・26　**SF_6分子の座標系**　(a) 直交座標に置かれたSF_6分子，
(b) S原子の3s軌道と六つのF原子の2p軌道からなる結合性軌道．
これは1a$_{1g}$軌道とよばれる

SF_6の分子軌道エネルギー準位図は図3・27のようになる．図中のaは縮退していない，eおよびtはそれぞれエネルギー準位が二重および三重に縮退していることを意味する記号である．たとえば，1t$_{1u}$軌道は図に示すようにS原子の3p軌道と二つのF原子の2p軌道の線形結合であり，このとき，三つの原子は一直線上にある．二つのF原子は図3・26(a) のx軸上，y軸上，z軸上のいずれかにあり，これらの分子軌道はまったく"等価"であるため，この1t$_{1u}$軌道は三重に縮退している．同様に2t$_{1u}$軌道も三重に縮退した分子軌道である．1t$_{1u}$軌道と2t$_{1u}$軌道では真中にあるS原子の3p軌道の位相が入れ替わっている．すなわち，1t$_{1u}$軌道は結合性軌道，2t$_{1u}$軌道は反結合性軌道である．

図3・27には電子配置も示した．最外殻電子の数は12であり，基底状態では2個の電子が1a$_{1g}$軌道を，6個の電子が1t$_{1u}$軌道を，4個の電子が1e$_g$軌道を占める．1e$_g$軌道は非結合性であり，結合性軌道の1a$_{1g}$軌道と1t$_{1u}$軌道を電子が占めることで分子は安定に存在できることがわかる．

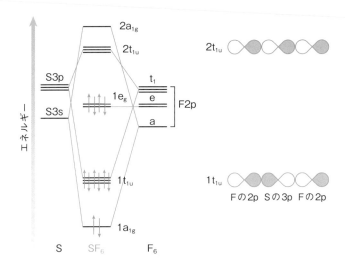

図 3・27　SF_6 の分子軌道エネルギー準位図と，結合性の $1t_{1u}$ 軌道および
反結合性の $2t_{1u}$ 軌道に寄与する S 原子と F 原子の原子軌道（p 軌道）

例題 3・5　XeF_2 分子について，Xe 原子の 5p 軌道と F 原子の 2p 軌道からなる分子軌道とエネルギー準位を定性的に導き，電子配置を示せ．また，この分子の安定性を論じよ．

解　3・3 節で述べたように，XeF_2 は直線形分子である．結合軸に沿って伸びた 5p 軌道と 2p 軌道のみを考え，それらの位相を考慮すると，これら三つの原子軌道から，図 3・28 に示すような結合性軌道，非結合性軌道，反結合性軌道が得られる．図にはそれぞれのエネルギー準位も示した．結合にあずかる電子は 4 個であるから，そのうち 2 個が結合性軌道を占め，残りの 2 個が非結合性軌道に入る．反結合性軌道は空である．この結果，結合の形成により電子のエネルギーは低下し，分子は安定に存在する．

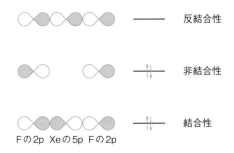

図 3・28　XeF_2 の各原子の p 軌道からつくられる分子軌道の
エネルギー準位と電子配置

例題 3・5 で見た XeF_2 分子では，三つの原子からなる結合に 4 個の電子が存在している．このような結合を**三中心四電子結合**という．図 3・28 に示したように，分子軌道理論の観点からこの結合は分子を安定化することがわかる．上記の SF_6 分子では，一直線上に並んだ F−S−F 結合を三中心四電子結合の概念で説明することもできる[*]．

三中心四電子結合
（3-center-4-electron bond）

[*]　PCl_5 の結合については
練習問題 3・4 で取扱う．

分子構造，分子軌道と対称性

3・5節において分子軌道の対称性についてふれた．ここでは H_2O 分子を例にあげてもう少し詳しく解説しよう．図1に示すように H_2O 分子を直交

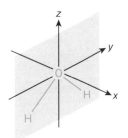

図1　直交座標上に置かれた H_2O 分子

座標上に置く．O原子は原点にあり，H_2O 分子は yz 平面（図中の色を付けた部分）上にあるとする．また，二つのH原子を結ぶ線分の垂直二等分線が z 軸に一致するように配置する．まず，H_2O 分子の構造そのものの対称性を見てみよう．たとえば，z 軸のまわりで H_2O 分子を180°回転させると，二つのH原子は入れ替わるものの，これらは互いに区別できないから，回転後の H_2O 分子は元の状態と変わらない．一般に，ある軸のまわりで $360°/n$ の角度だけ回転させる操作を C_n と表し，これを **n 回回転** という．また，回転を施すための軸は **n 回回転軸**（n-fold rotation axis）とよばれる．H_2O 分子の場合は C_2 回転によって元の状態が保たれる．これを，H_2O 分子は C_2 回転に対して対称であると表現する．

zx 平面を鏡として H_2O 分子を映しても，H原子は入れ替わるものの元の状態と一致する（図2）.

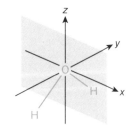

図2　σ_v の鏡映面

このような操作を **鏡映**（reflection）とよび，この場合の zx 平面を **鏡映面**（mirror plane）という．H_2O 分子はこのような鏡映操作に対して対称であるということができる．H_2O 分子が置かれている

yz 平面も鏡映面の一つである．これらの鏡映面に対して，zx 平面を σ_v，yz 平面を σ_v' と表す．添字のv は vertical（垂直の意味）の頭文字で，鏡映面が垂直方向に広がっていることを意味する．H_2O 分子では，C_2，σ_v，σ_v' のほか，「何もしない」という操作もある．これは **恒等操作**（identify operation）とよばれ，E の記号で表す．このような対称操作をもつ一つの実体は，分子であれ，立方体のような構造であれ，同じ対称性で記述できることになる．H_2O 分子の場合，この対称性の種類は，C_{2v} という記号で表される．

H_2O の原子軌道や分子軌道がこれらの対称操作でどのように変化するか考えよう．たとえば，O原子の $2p_y$ 軌道は E と σ_v' の操作では元の状態から変化しないが，C_2 と σ_v の操作では原子軌道の位相が入れ替わる．ここで，**指標**（character）という概念を導入し，状態が変わらない場合を1，位相が入れ替わる場合を-1と書くことにすると，O原子の $2p_y$ 軌道は，下記のような対称性で規定されることになる．

対称操作	E	C_2	σ_v	σ_v'
指標	1	-1	-1	1

指標は数学の群論の術語であり，対称操作を表す行列の対角項の和（対角和）になるが，ここでは詳細には立ち入らない．対称性を反映した指標をまとめたものを“指標表”という．表1に C_{2v} の指標表を示す．この表では，指標の一つの組合わせに対してA₁，B₁などの記号があてられ，異なる対称性を

表1　C_{2v} の指標表

	E	C_2	$\sigma_v (zx)$	$\sigma_v' (yz)$		
A₁	1	1	1	1	z	x^2, y^2, z^2
A₂	1	1	-1	-1	R_z	xy
B₁	1	-1	1	-1	x, R_y	zx
B₂	1	-1	-1	1	y, R_x	yz

区別している．A₁，B₁のような異なる指標の1組を対称種という．また，表の最も右の欄には，y, R_z などの記号が書かれている．これらは各対称種に属する基底関数であり，具体的に例示すれば，y は上記の p_y 軌道，y 方向への原子の変位，y 軸に沿った電気双極子（図3・29）などに対応し，R_z は z 軸

のまわりの回転を表している. また, xy は d_{xy} 軌道などに対応する.

　最後に図 3・25 に示した H_2O の分子軌道について見ておこう. この図で最もエネルギーの低い分子軌道は, O 原子の 2s 軌道と二つの H 原子の 1s 軌道の線形結合であり, 三つの原子軌道の位相は同じである. この分子軌道に対して上記の四つの対称操作 (恒等操作, C_2 軸のまわりの回転操作, σ_v と σ_v' を鏡映面とする鏡映操作) のいずれを施しても分子軌道の位置, 形, 位相は変化しない. すなわち, 四つの指標はすべて 1 である. 表 1 より, この対称性は A_1 で表される. このため, この分子軌道を $1a_1$ 軌道と表現する. また, 最高被占軌道 (HOMO, 3・5・5 節参照) は O 原子の $2p_x$ 軌道のみが寄与する非結合性軌道で, この軌道は H_2O 分子の存在する面から垂直方向に伸びているため, 四つの対称操作のうち, E と σ_v では変化せず, C_2 と σ_v' では位相が入れ替わる. これは表 1 の B_1 に相当する. よってこの分子軌道は $1b_1$ 軌道と表現される. 一方, 最低空軌道 (LUMO) は E, C_2, σ_v, σ_v' いずれの操作でも位相は変化しないため, 対称種は A_1 となり, 分子軌道は $3a_1$ 軌道と表される.

　図 3・27 の SF_6 分子の分子軌道に使われている記号もこのような対称性にもとづくものである. 対称性の概念は, 分子軌道の考察のみならず, 分子振動の解析や結晶構造の分類などにもきわめて有効である.

3・6 分 子 間 力

　分子間にはさまざまな要因で引力や反発力が働く場合がある. このような相互作用は **分子間力** とよばれる. ここでは分子間力のなかでも無機物質において重要な水素結合とファンデルワールス力について述べる.

　水素結合 は, 電気陰性度の大きい元素と H 原子との結合を含む分子でよく見られる. たとえばハロゲン化水素分子では, 電気陰性度の大きな F 原子と H 原子が結合した HF において顕著に現れる. 3・5・4 節で述べた HF 分子の共有結合は極性が高く, 結合電子対は主に F 原子側に偏る. その結果, H 原子は正に, F 原子は負に帯電する. このため, 一つの HF 分子の H 原子は他の HF 分子の F 原子と静電的な引力を及ぼし合う. この種の結合を **水素結合** という. 結果として HF では分子間力が強くなり[*1], 他のハロゲン化水素 (HCl, HBr, HI) と比べると沸点が異常に高くなる. 同様の現象が, 15 族元素と水素との化合物 (NH_3, PH_3, AsH_3, SbH_3) における NH_3, また, 16 族元素と水素との化合物 (H_2O, H_2S, H_2Se, H_2Te) における H_2O にも見られる[*2].

　ファンデルワールス力 は, ① 電気双極子をもつ分子 (極性分子) 間, ② 極性分子と誘起双極子間, ③ 無極性分子間に働く力である. ここで電気双極子とは, 図 3・29(a) に示すように大きさが同じで符号の異なる点電荷が一定の距離だけ離れて対をなしている状態である. 電荷の大きさを q, 負電荷を始点, 正電荷を終点とするベクトルを $\boldsymbol{d}$ とおくと,

$$\boldsymbol{p} = q\boldsymbol{d} \tag{3・27}$$

を **電気双極子モーメント** という. 電気双極子モーメントはそのまわりに電場を生じ, それが他の電気双極子に静電的に作用する. このため, 極性分子の間では静電的な力が働く. また, 電気双極子をもつ分子 (極性分子) が, 近くにある無極性分子に電気双極子を誘起し, それらが互いに引力を及ぼし合うこともある (図 3・29b). 一方, 貴ガス原子は原子核と電子雲の重心の位置が同じであるため静

分子間力
(intermolecular force)

水素結合 (hydrogen bond)

*1　フッ化水素では 1 分子あたり二つの水素結合を形成できる.

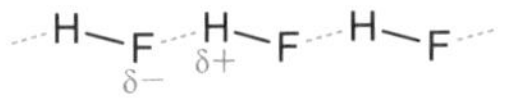

$$H{-}F\underset{\delta-}{} \underset{\delta+}{H}{-}F \quad H{-}F$$

*2　H_2O では氷の結晶を形づくるのも水素結合である (図 4・25).

電気双極子モーメント
(electric dipole moment)
単に 双極子モーメント ともいう.

的な構造において電気双極子は生じないが，ある瞬間を見た場合，原子核の位置と電子雲の重心がずれている状態がありうる．同様に，N_2 や O_2 のような無極性分子でも一時的に電子がいずれかの原子に偏る可能性がある．このような原子や分子は，近くに存在する同様の電荷分布の変化を受けた原子や分子と電気双極子相互作用を生じる（図3・29c）．以上のような機構で働く分子間力を**ファンデルワールス力**という[*]．ファンデルワールス力が作用する例は分子結晶で見ることができる（4・4節）．

ファンデルワールス力
（van der Waals force）
[*]　ファンデルワールス力のうち，特に図3・29(c) のように無極性分子の間に働く力は "分散力" あるいは "ロンドンの分散力" とよばれる．

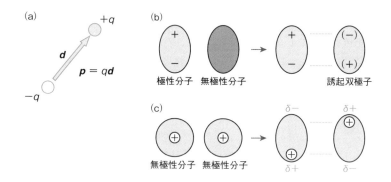

図3・29　**電気双極子モーメント _p_ およびファンデルワールス力**

練 習 問 題

3・1　次の分子またはイオンのルイス構造式を書け．
  a) SO_2, b) ICl_5, c) PO_4^{3-}, d) HSO_4^-

3・2　表3・1の値を用いて，次の反応のエンタルピー変化を計算せよ．
  a) $2H_2O_2 \longrightarrow 2H_2O + O_2$
  b) $N_2 + 3H_2 \longrightarrow 2NH_3$

3・3　原子価殻電子対反発モデルにもとづいて，次の分子あるいはイオンの構造を描け．非共有電子対がある場合はそれが存在する位置も明確に示せ．
  a) SF_4, b) PCl_4^+, c) I_3^-, d) XeO_4

3・4　PCl_5 分子の化学結合を三中心四電子結合の概念にもとづいて説明せよ．

3・5　CaC_2 などの化合物において C_2^{2-} イオンが存在する．このイオンが安定である理由を分子軌道の観点から説明せよ．

3・6　NO 分子に対して模式的な分子軌道エネルギー準位図を描き，電子配置を示せ．

4 固体の構造

固体状態の無機物質は構造や性質が多彩であり，実用的な材料として重要なものも多い．この章では，結晶構造に関する基礎的事項について述べたあと，金属結晶とイオン結晶の化学結合と構造について例をあげながら説明する．また，結晶における電子の振舞いと，金属，半導体，絶縁体との関係を解説する．分子間力によって形成される分子結晶についてもふれる．

4・1　結晶構造の基礎
4・1・1　結晶構造の特徴と結晶格子の概念

固体は結晶と非晶質固体に大別できる．なかには，これらの中間的な特徴をもつ準結晶とよばれる固体もある．この章では結晶のみを取上げ，他の興味深い物質群（非晶質固体，準結晶）は章末のコラムでふれることにする．

結晶の大きな特徴は，それを構成する原子，イオン，分子が規則正しく配列していることである．図4・1に示すような2次元平面上の模式的な結晶を考えよう．ここで，図中の黒丸と白丸は，種類の異なる原子あるいは分子，または陽イオンと陰イオンを表す．これらは互いに一定の間隔を保ちながら規則正しく配列している．このような結晶構造は，図中に実線で示した黒丸を頂点，白丸を中心にもつ平行四辺形が2次元的に繰返されることにより構成される．結晶構造の基本となる繰返しの単位を**単位格子**または**単位胞**という．格子という概念は，結晶

単位格子または単位胞
（unit cell）

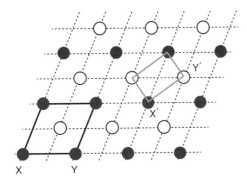

図4・1　**模式的な2次元の結晶構造**　黒丸と白丸は異なる原子あるいは分子，または陽イオンと陰イオンを表す．これらは格子点とよばれる．黒い実線の平行四辺形は単位格子であるが，青い実線の平行四辺形は単位格子ではない．

を構成する原子，イオン，分子を点と考え，結晶構造を一般的にとらえたものであり，構成要素の原子やイオンは**格子点**とよばれる．また，構成する元素の種類によらずに結晶構造を考えるとき，特に**結晶格子**という表現が用いられる．

格子点（lattice point）
結晶格子（crystal lattice）

　図4・1の例でわかるように，結晶では原子（あるいはイオン，分子）の配列が広い空間にわたって規則的に並んでいる．これは結晶構造が長距離秩序をもつことを意味する．また，結晶は一つの単位格子が繰返し並んだ周期構造をもつことも大きな特徴である．さらに，図4・1において，平行四辺形の頂点の一つの黒丸（図中のXの位置）を辺に沿って右側に辺の長さだけ移動させると，この格子点は隣に存在する別の単位格子において，最初の単位格子における位置と等価な位置（図中のYの位置）を占めることになる．2次元のみならず，3次元空間において物体をある方向に一定距離だけ移動させる操作は対称操作の一つで**並進**とよばれる．図4・1における格子点の相対的な位置が示すように，結晶構造は**並進対称性**をもつ．ここで，図中の青い線で囲んだ平行四辺形は単位格子とならないことに注意しよう．頂点にある黒丸（図中のX′の位置）を平行四辺形の辺に沿って辺の長さだけ並進操作を施しても，そこには白丸（図中のY′の位置）が存在する．これはX′の格子点とは等価ではなく，対称性が保たれない．したがって，この構造は単位格子とはならない．

並進（translation）

並進対称性
（translational symmetry）

4・1・2　結晶系とブラベ格子

　周期表に並んだ元素の種類とその組合わせの多様性から種類の異なる無機物質の結晶は無限に存在するといってもよいが，単位格子の形にもとづけば，すべての結晶は7種類に分類できることが知られている（図4・2）．これらは，具体的には，立方晶，正方晶，直方晶[*1]，単斜晶，三斜晶，三方晶（菱面体晶），六方晶とよばれ，**結晶系**あるいは**晶系**と総称される．また，7種類の結晶系は単位格子の辺の長さとそれらがなす角度で互いに区別される．結晶学では単位格子の辺を稜と表現することが多い．単位格子は基本的に平行六面体であり[*2]，図4・3(a)

*1　以前は斜方晶とよばれた．

結晶系または**晶系**
（crystal system）

*2　六方晶では単位格子が六角柱のように見えるが，その一部をなす平行六面体をとる．

立方晶（cubic）
正方晶（tetragonal）
直方晶（orthorhombic）
単斜晶（monoclinic）
三斜晶（triclinic）
三方晶（菱面体晶）
（trigonal（rhombohedral））
六方晶（hexagonal）

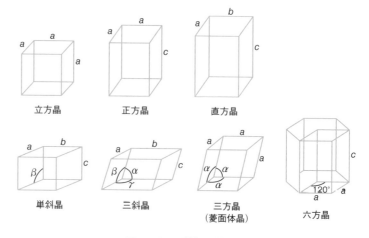

図4・2　**7種類の結晶系**

に示すように，**格子定数**とよばれる三つの稜の長さ a, b, c および三つの角度 $\alpha, \beta,$ γ で表される．各結晶系の格子定数の関係を表4・1にまとめた．また，単位格子の各面のように格子点が規則正しく並んだ2次元平面は**結晶面**あるいは**格子面**とよばれ，図4・3(a) に示したように三つの平行四辺形の面は，A 面，B 面，C 面と表現される．結晶面は単位格子の面に限らない．たとえば図4・3(b) のように単純立方格子（図4・4参照）の四つの頂点を含むような平面も結晶面の一種である．

格子定数 （lattice constant）

結晶面 （crystal plane）
格子面 （lattice plane）

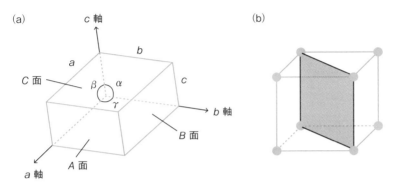

(a)
(b)

図4・3 **格子定数と結晶面** (a) 単位格子の平行六面体と結晶軸ならびに格子定数の関係，(b) 単純立方格子（青い丸が格子点）における一つの結晶面（黒い線の四角形）

表4・1 **七つの結晶系における格子定数の関係**

結晶系	単位格子の稜の長さ	結晶軸のなす角
立方晶	$a = b = c$	$\alpha = \beta = \gamma = 90°$
正方晶	$a = b \neq c$	$\alpha = \beta = \gamma = 90°$
直方晶	$a \neq b \neq c$	$\alpha = \beta = \gamma = 90°$
単斜晶	$a \neq b \neq c$	$\alpha = \gamma = 90° \neq \beta$
三斜晶	$a \neq b \neq c$	$\alpha \neq \beta \neq \gamma$
三方晶（菱面体晶）	$a = b = c$	$\alpha = \beta = \gamma \neq 90°$
六方晶	$a = b \neq c$	$\alpha = \beta = 90°, \ \gamma = 120°$

各結晶系の単位格子は，格子点の位置にもとづいてさらに細かく分類され，全部で14種類の格子が存在することがわかっている．これを**ブラベ格子**あるいは**空間格子**という（図4・4）．たとえば立方晶の場合，原子や分子が，単位格子である立方体の八つの頂点のみに存在する**単純立方格子**のほか，八つの頂点と立方体の重心の位置（体心）に存在する**体心立方格子**，および八つの頂点と六つの面の中心（面心）に存在する**面心立方格子**がある．また，直方晶や単斜晶では頂点に加えて向かい合う一組の面の中心に格子点をもつものがあり，それぞれ底心直方格子，底心単斜格子とよばれる．これらには，面心に格子点をもつ面が A 面，B 面，C 面となる3種類が存在する．

ブラベ格子 （Bravais lattice）
空間格子 （space lattice）

単純立方格子 （primitive cubic lattice）
体心立方格子 （body-centerd cubic lattice）
面心立方格子 （face-centered cubic lattice）

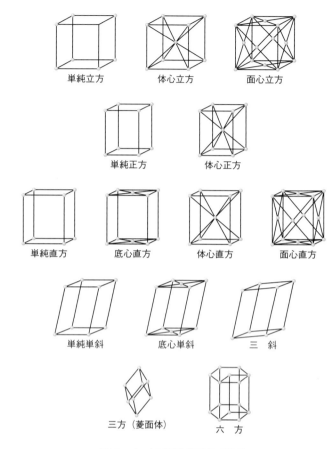

単純立方　　体心立方　　面心立方

単純正方　　体心正方

単純直方　　底心直方　　体心直方　　面心直方

単純単斜　　底心単斜　　三　斜

三方（菱面体）　　六　方

図4・4　**14種類のブラベ格子**

4・1・3　最 密 充 塡 構 造

最密充塡構造（closest packing structure）

　　金属結晶やイオン結晶では原子やイオンを剛体球＊とみなして，それらの配列でできる構造について考えるとよい. ここでは3次元空間において剛体球をできる限り密になるように並べる方法を考える. このようにしてできる剛体球の3次元配列は**最密充塡構造**とよばれる.

　① 2次元平面にできるだけ隙間をつくらないように剛体球を並べる方法は，一つの剛体球のまわりを6個の剛体球が囲む配列となる（図4・5a）.

　② つぎに，この層の上に剛体球を並べることになるが，第2層目に含まれる一つの剛体球は，第1層において互いに隣接した3個の剛体球がつくるくぼみの真上に位置すれば安定である. このようにして第2層にも第1層と同じように剛体球を並べることができる（図4・5b）.

　③ 第3層目にも同じように剛体球を配列することができるが，一つの剛体球が第1層の剛体球の真上に位置する場合（図4・5c）と，第1層の剛体球の真上にない場合（図4・5d）とが考えられ，前者を**六方最密充塡**，後者を**立方最密充塡**という.

六方最密充塡（hexagonal closest packing）
立方最密充塡
（cubic closest packing）

図4・6は2種類の最密充塡を各層に平行な方向から見た図である. 図4・5の(c)

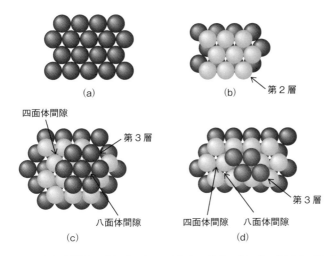

図4・5　**最密充塡構造**　(a) 第1層の剛体球の配列，(b) 第1層ならびに第2層の剛体球の配列，(c) 六方最密充塡．第3層の剛体球は第1層の剛体球の真上に位置する，(d) 立方最密充塡．第3層の剛体球は第1層の剛体球の真上にない．(c)と(d)では八面体間隙と四面体間隙の位置も示した（図4・7参照）

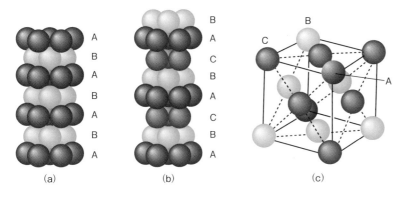

図4・6　**六方最密充塡(a)と立方最密充塡(b)を充塡の方向と垂直な向きから眺めた図，および面心立方格子(c)**　これは立方最密充塡構造と等価である

と(d)に示した剛体球の相対的な位置にもとづいて各層をA，B，Cの記号で区別すると，六方最密充塡（図4・6a）ではABABAB…のように2種類の層が繰返され，立方最密充塡（図4・6b）はABCABC…のように3種類の層が繰返される構造となる．立方最密充塡の配列は図4・4に示した面心立方格子における格子点の配列と等価である．図4・6(c)は面心立方格子を描いたものであるが，同時に立方最密充塡におけるA，B，C層に対応する格子点（剛体球）の位置も示した．面心立方格子において立方体の最も離れた頂点同士を結ぶ直線は，立方最密充塡において各層が重なる方向に平行（各層に対して垂直）である．

　六方最密充塡，立方最密充塡のいずれにおいても，一つの剛体球は隣接する12個の剛体球に取囲まれている[*]．実際の結晶において，一つの原子やイオンを取囲む隣接した原子やイオンの個数を**配位数**という．また，2種類の最密充塡構造において，剛体球の存在しない空隙が存在する．この空隙は2種類ある．これ

[*]　たとえば下図のように，図4・6(b) のA層の中心の原子はそのまわりを6個の原子に囲まれ，その上下をそれぞれ3個の原子に囲まれている．

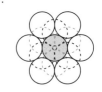

配位数
（coordination number）

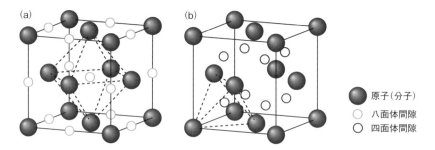

(a)　　　　　　　　　　(b)

● 原子（分子）
○ 八面体間隙
○ 四面体間隙

図 4・7　**面心立方格子における八面体間隙 (a) と四面体間隙 (b)**

八面体間隙 (octahedral hole)
四面体間隙 (tetrahedral hole)

らは，図 4・7(a) に示すように 6 個の剛体球に囲まれた空隙と図 4・7(b) のように 4 個の剛体球に囲まれた空隙であって，前者は正八面体，後者は正四面体の構造となる．これらをそれぞれ，**八面体間隙，四面体間隙**という．間隙の位置は図 4・5(c) および (d) にも示した．

例題 4・1　立方最密充填構造（面心立方格子）において，格子点の数，八面体間隙の数，四面体間隙の数の比が 1：1：2 となることを示せ．

解　図 4・7 に面心立方格子と八面体間隙の位置（図 4・7a）および四面体間隙の位置（図 4・7b）が示されている．この単位格子では頂点に 8 個，面心に 6 個の格子点があり，前者は 8 個の単位格子に，後者は 2 個の単位格子に共有されるので，この単位格子に含まれる格子点の数は，

$$8 個 \times \frac{1}{8} + 6 個 \times \frac{1}{2} = 4 個$$

である．一方，八面体間隙は，体心の位置に 1 個，稜の中点にあるものが 12 個となり，後者は 4 個の単位格子に共有されるので，

$$1 個 + 12 個 \times \frac{1}{4} = 4 個$$

となる．四面体間隙はすべて単位格子の内部にあり，全部で 8 個存在する．以上から，格子点の数，八面体間隙の数，四面体間隙の数の比は 1：1：2 となる．

　例題 4・1 の結論は六方最密充填構造でも成り立つ．後述するようにイオン結晶では陰イオンが最密充填配列をとり，その間隙を陽イオンが占める例が多く見られ，化合物の組成とイオンの価数に応じて陽イオンによって占められる間隙の割合が決まる．

4・2　金属結合と金属結晶
4・2・1　金属結合

　金属単体からなる結晶では，金属原子（陽イオン）が規則正しく配列し，その間に電子が介在して金属結合を形成している．化学の立場から**金属結合**を考察する場合，分子軌道の概念を拡張する方法が直感的に最もわかりやすい．典型的

金属結合 (metallic bond)

な金属の一種であるリチウムについて考えよう。Li₂ 分子の分子軌道エネルギー準位図は図 3・21 に示したようになり、二つの 2s 軌道から二つの分子軌道（$1\sigma_g$ と $1\sigma_u$）が形成され、2 個の電子は結合性軌道（$1\sigma_g$）を占め、反結合性軌道（$1\sigma_u$）は空になって分子は安定化する。Li 原子が 4 個集まってつくられる原子の集合状態（これを**クラスター**という）を仮定すると、原子軌道の数とそれらの線形結合で表現される分子軌道の数は等しいから、図 4・8(a) に示すように 4 個の 2s 軌道から四つの分子軌道ができる。4 個の電子はエネルギーの低い二つの分子軌道を占めるので、このクラスターは安定に存在できる*。

クラスター（cluster）

＊ 4 個の Li 原子の配列が変わればエネルギー準位も変化するはずであるが、ここでは化学結合の詳細には立ち入らず、分子軌道を通じて Li₄ という原子クラスターが、実際に存在するかどうかは別にして、安定に存在してもおかしくないことを示している。

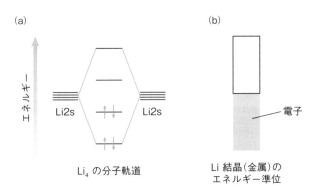

図 4・8 **Li₄ の分子軌道エネルギー準位図(a) および Li 結晶において 2s 軌道からつくられるエネルギー準位(b)** 準位は事実上、無数にあり、エネルギーは連続的となる。図中の青色の箇所は電子が占有している状態であり、それ以外は準位があるものの空である

　このような考え方をリチウムの結晶にまで拡張すると、そこにはアボガドロ定数の値ほどの Li 原子が含まれるので、それらの 2s 軌道からつくられる分子軌道も無数にあるといってよく、図 4・8(b) のように一定のエネルギー間隔内に事実上、連続的にエネルギー準位が現れる。この無数の準位のうちエネルギーの低い下半分を電子が占めるため、結晶は安定に存在すると解釈できる。リチウムにおいて 2s 軌道の電子はいわゆる "自由電子" であり、これらは結晶に電場が加えられれば結晶内を動き回って電気伝導を起こす。このように、金属結合では非局在化した自由電子が多くの金属原子（正確には自由電子を放出した陽イオン）を結びつける役割を担う。このような金属における電子の振舞いについては 4・7・1 節でも述べる。

4・2・2　金属単体と合金の構造

　周期表を占める 100 を超える元素は、単体が常温・常圧で金属となるものが多い。金属単体の結晶構造を表 4・2 にまとめた。多くの金属は最密充塡構造あるいは体心立方構造をとる。結晶構造は温度や圧力によって変化する。たとえば、大気圧下において鉄は室温で体心立方構造をとるが、912 ℃で面心立方構造に変化し、1394 ℃以上で再び体心立方構造に変わる。これらの鉄の結晶相は低温か

表 4・2　いくつかの金属の単体の結晶構造

結晶構造	金属単体の例
立方最密充填構造	Ca, Al, Ni, Cu, Sr, Rh, Pd, Ag, Pb
六方最密充填構造	Be, Mg, Ti, Zn, Y, Zr, Ru, Cd, La, Tl
体心立方構造	Li, Na, K, V, Cr, Fe, Nb, Mo, Cs, Ba, W

多形（polymorphism）

合金（alloy）

＊1　溶鉱炉で工業的に製造される鉄は，3〜4％のCのほか，Si, P, Sといった元素を微量含んでいる.

金属間化合物
（intermetallic compound）

＊2　この構造は，4・3・2節で述べる塩化セシウム型構造と等価である.

ら順に，α-Fe，γ-Fe，δ-Fe と名づけられている. 温度や圧力によって結晶構造が変化する現象は単体のみならず化合物でも見られる. このように化学組成が同じでありながら異なる結晶構造が存在する現象，あるいは結晶構造の異なる相を**多形**とよぶ.

　異なる種類の金属同士あるいは金属と非金属からなる "固溶体" および "金属間化合物" を**合金**という. 固溶体については 4・5 節で詳しく述べるが，これは，一つの種類の結晶に他の種類の元素が溶け込んだものである. たとえば，上で例示した鉄は工業的には鉄鉱石（酸化鉄）をコークス（炭素）で還元してつくられるが，製造の過程で Fe の結晶中に C 原子が入り込む＊1. α-Fe では固溶した C 原子は体心立方格子の面心の位置を占める.

　金属間化合物は種類の異なる原子が一定の比率で規則的に配列した結晶構造をもち，単体の金属と同様，原子の最密充填構造あるいは体心立方構造をとるものが多く見られる. 体心立方構造では，2 種類の原子からなる金属間化合物の場合，図 4・9 に示したように種類の異なる原子がそれぞれ立方格子の頂点と体心を占める. この構造は，真鍮や黄銅として実用化されている Cu と Zn の合金のうち，原子の比率が 1:1 である化合物 CuZn（この組成をβ-黄銅という）や，形状記憶合金として知られている TiNi などで見られる（6・11・3 節）＊2.

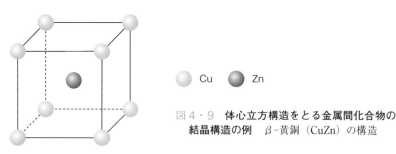

Cu　Zn

図 4・9　**体心立方構造をとる金属間化合物の結晶構造の例**　β-黄銅（CuZn）の構造

ヒューム-ロザリー則
（Hume-Rothery rules）

　金属間化合物では結晶を構成する原子の数と価電子の数とに興味深い相関が見られるものがある. 主として 11 族元素と，2 族，12 族，13 族，または 14 族元素とからなる金属間化合物では，同じ結晶構造であれば，価電子の総数を構成原子の総数で割った値が一定になる場合が多い. この現象は**ヒューム-ロザリー則**とよばれ，具体的な価電子の数と原子の数の比は，3/2(= 21/14)，21/13，7/4(= 21/12)の 3 通りが知られている. これらに対応する化合物はそれぞれ，β相，γ相，ε相とよばれ，β相は塩化セシウム型構造（4・3・2 節），γ相はγ-黄銅（Cu_5Zn_8）型とよばれる構造，ε相は六方最密充填構造をとる. これらの金属間化合物は，

電子化合物あるいはヒューム−ロザリー相と総称される.

電子化合物
(electron compound)

4・3 イオン結合とイオン結晶

4・3・1 イオン半径比と配位数

イオン結晶を構成する陽イオンと陰イオンは静電的な力により結合している. これをイオン結合という. ここで, 陰イオンと陽イオンを互いに大きさの異なる剛体球とみなしたとき, これらのイオン半径の比から, 安定な構造となりうるイオンの"配位数"を見積もることができる. たとえば, 最密充填構造でふれた八面体間隙の場合, 最密充填している陰イオンのイオン半径を r_a, その八面体間隙にちょうど収まる陽イオンのイオン半径を r_c としたとき, 陽イオンと陰イオンの幾何学的な配置は図4・10のようになるから, つぎの関係が成り立つ.

イオン結合 (ionic bond)

$$2(r_a + r_c) = 2r_a \times \sqrt{2} \qquad (4・1)$$

したがって, 陰イオンに対する陽イオンのイオン半径の比は,

$$\frac{r_c}{r_a} = \sqrt{2} - 1 = 0.414 \qquad (4・2)$$

となる. 陽イオンのイオン半径がこの比に対応する値より小さくなると, 陰イオン同士の静電的な反発力が陽イオンと陰イオンの間の引力に打ち勝ち, 構造は不安定化する. すなわち, 陽イオンの配位数は6より小さくなり, 4配位の四面体形となる. 逆に陽イオンのイオン半径が (4・2) 式より大きくなる場合, その程度が小さければ八面体形の配位は安定に保たれるが, 陽イオンが大きくなりすぎると, 配位する陰イオンの数が増えるほうが安定になるため, 8配位の構造に変わる.

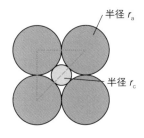

半径 r_a

半径 r_c

図4・10 **陰イオンが最密充填構造をとる場合の八面体間隙にちょうど収まる陽イオンの幾何学的な配置** 陰イオンと陽イオンのイオン半径はそれぞれ r_a と r_c である

例題 4・2 陰イオンの最密充填構造において四面体間隙にちょうど収まる陽イオンと陰イオンのイオン半径の比を求めよ.

解 図4・11のように, 陰イオンが立方体の四つの頂点を, 陽イオンが立方体の体

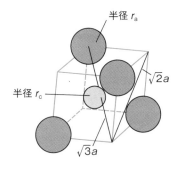

半径 r_a

半径 r_c

$\sqrt{2}a$

$\sqrt{3}a$

図4・11 **陰イオンの四面体配置** 実際には四つの陰イオンはすべて互いに接しているが, 図を見やすくするため互いに離れた状態として描いている

心の位置を占めるように配置すると, 陰イオンは正四面体配置をとる. 陰イオンと陽イオンのイオン半径をそれぞれ, r_a, r_c とおき, 立方体の辺の長さを a とすれば,

$$2r_a = \sqrt{2}a \qquad (4・3)$$
$$2(r_a + r_c) = \sqrt{3}a \qquad (4・4)$$

が成り立つ. これらから,

$$\frac{r_c}{r_a} = \sqrt{\frac{3}{2}} - 1 = 0.225 \qquad (4 \cdot 5)$$

が得られる.

このようにして, 四面体配位が安定な陽イオンと陰イオンのイオン半径の比は,

$$0.225 \leq \frac{r_c}{r_a} < 0.414 \qquad (4 \cdot 6)$$

となることがわかる. 他の配位状態も含め, 構造が安定化するイオン半径の比の範囲を表 4・3 にまとめた. 表にはイオン半径比から予想される配位数と配位多面体[*]の構造も示した.

＊ 中心にある陽イオンに一定の数の陰イオンが結合して取囲み, 特徴的な幾何学構造を形成した状態を "配位多面体" とよぶ.

表 4・3 **イオン結晶における陽イオンと陰イオンの比の範囲と, それに対応して予想される安定な配位多面体の構造と配位数**

r_c/r_a	配位数	配位多面体の構造
0～0.155	2	直　線
0.155～0.225	3	正三角形
0.225～0.414	4	正四面体
0.414～0.732	4	平面四角形
0.414～0.732	6	正八面体
0.732～	8	立方体

4・3・2 代表的なイオン結晶

イオン結晶では陰イオンが最密充填構造を形成し, その八面体間隙あるいは四面体間隙を陽イオンが占める構造がよく見られる. また, 陰イオンが単純格子を組み, その間隙に陽イオンが入る構造もある. 以下では, 陽イオンと陰イオンがいずれも 1 種類である化合物に見られる典型的な構造について述べたあと, 陰イオンが 1 種類で陽イオンが 2 種類の化合物についても紹介する. あらかじめ, 表 4・4 に典型的なイオン結晶の構造とその特徴, およびその構造をもつ代表的な化合物をまとめておく.

a. 塩化ナトリウム型構造 (岩塩型構造)

NaCl をはじめ多くのハロゲン化アルカリ金属結晶は**塩化ナトリウム型構造(岩塩型構造)** をとる. 結晶構造を図 4・12 に示す. この構造では陰イオンが立方最密充填となり, すべての八面体間隙を陽イオンが占める. すなわち, 陽イオンの配位数は 6 である.

b. 塩化セシウム型構造

CsCl や CsBr のようにイオン半径の大きい陽イオンを含むハロゲン化アルカリ金属結晶は**塩化セシウム型構造**をとる. 図 4・13 に結晶構造を示す. 立方体の頂点に陰イオンがあり, 体心の位置を陽イオンが占める. 陽イオンに隣接する陰

塩化ナトリウム型構造
(sodium chloride structure)
岩塩型構造
(rock salt structure)
Cs のようなイオン半径の大きいアルカリ金属元素を除くハロゲン化アルカリ金属のほか, 表 4・4 にあげた化合物などに見られる.

塩化セシウム型構造
(caesium chloride structure)

表4・4　イオン結晶の構造と代表的な化合物

結晶構造	構造の特徴	代表的な化合物
塩化ナトリウム型 (岩塩型)	陰イオン：立方最密充填 陽イオン：すべての八面体間隙	$NaCl$, NaF, $NaBr$, LiF, $LiCl$, KCl, KBr, $RbCl$, AgF, $AgCl$, MgO, CaO, FeO, CoO, NiO, CuO, CaS, SrS, BaS, $CaSe$, $CaTe$, TiN, ZrN
塩化セシウム型	陰イオン：単純立方 陽イオン：8配位	$CsCl$, $CsBr$, CsI, NH_4Cl, $RbCl$（高温高圧相）, $RbBr$（高温高圧相）
セン(閃)亜鉛鉱型	陰イオン：立方最密充填 陽イオン：四面体間隙の1/2	ZnS, CdS, HgS, $CuCl$, $GaAs$
ウルツ鉱型	陰イオン：六方最密充填 陽イオン：四面体間隙の1/2	ZnS（高温相）, ZnO, BeO, AlN, GaN
ヒ化ニッケル型	陰イオン：六方最密充填 陽イオン：すべての八面体間隙	$NiAs$, $MnAs$, $MnBi$, FeS, CoS, NiS, $FeSe$, $FeTe$
コランダム型	陰イオン：六方最密充填 陽イオン：八面体間隙の2/3	$\alpha\text{-}Al_2O_3$, $\alpha\text{-}Fe_2O_3$, Cr_2O_3
ルチル型	陰イオン：(歪んだ)六方最密充填 陽イオン：八面体間隙	TiO_2, CrO_2, GeO_2, SnO_2, PbO_2, MgF_2, MnF_2, FeF_2, ZnF_2
ホタル(蛍)石型	陽イオン：立方最密充填 陰イオン：すべての四面体間隙	CaF_2, SrF_2, BaF_2, ZrO_2, CeO_2, UO_2
逆ホタル(蛍)石型	陰イオン：立方最密充填 陽イオン：すべての四面体間隙	Li_2O, Na_2O, Li_2S, Na_2S, Cu_2S, Cu_2Se
スピネル型	陰イオン：立方最密充填 陽イオン：2種類，四面体間隙と八面体間隙を占める（比は主として1：2）	$MgAl_2O_4$, $ZnAl_2O_4$, $ZnFe_2O_4$, $MgCr_2O_4$, $FeCr_2O_4$, $MgFe_2O_4$, Fe_3O_4, $NiFe_2O_4$, $\gamma\text{-}Al_2O_3$, $\gamma\text{-}Fe_2O_3$, $LiAl_5O_8$, $LiFe_5O_8$, Li_2MgCl_4, Li_2MnCl_4
ペロブスカイト型	陰イオン：面心の位置 小さい陽イオン：体心の位置 大きい陽イオン：頂点の位置	$CaTiO_3$, $SrTiO_3$, $BaTiO_3$, $PbTiO_3$, $KNbO_3$, $YAlO_3$, $YBa_2Cu_3O_7$, $KMgF_3$, $KNiF_3$

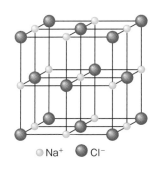

○ Na⁺　● Cl⁻　　　　　○ Cs⁺　● Cl⁻

図4・12　塩化ナトリウム型構造　　図4・13　塩化セシウム型構造
　　（岩塩型構造）

イオンの個数は8であり，塩化ナトリウム型構造の6より大きい．これは陰イオンに対する陽イオンの相対的な大きさを反映したものである（4・3・1節）．

c. セン(閃)亜鉛鉱型構造

　陰イオンが立方最密充填構造をとり，四面体間隙の半分を規則的に陽イオンが占める構造を**セン(閃)亜鉛鉱型構造**という．図4・14に構造を示す．四面体間隙の数は立方最密充填の陰イオンの数の2倍であるから，この化合物は陽イオンと陰イオンの比が1：1となる組成をもつ．

セン(閃)亜鉛鉱型構造
（zinc blend structure）
ZnS, CdS, HgS, $CuCl$,
$GaAs$ などに見られる．

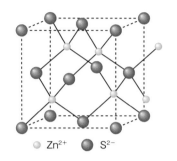

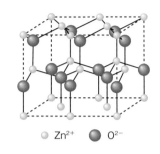

図 4・14　セン(閃)亜鉛鉱型構造　　　図 4・15　ウルツ鉱型構造

d. ウ ル ツ 鉱 型 構 造

　陰イオンが六方最密充填構造をとり，四面体間隙の半分を規則的に陽イオンが占める構造を**ウルツ鉱型構造**という．陰イオンの最密充填の違いを除けばセン亜鉛鉱型に類似した構造である．結晶構造を図 4・15 に示す．

ウルツ鉱型構造
(wurtzite structure)
ZnS の高温相，ZnO，BeO，
AlN，GaN などに見られる．

e. ヒ 化 ニ ッ ケ ル 型 構 造

　陰イオンが六方最密充填を形成し，その八面体間隙のすべてを陽イオンが占める構造を**ヒ化ニッケル型構造**という．文字通り，NiAs で見られる結晶構造である．陰イオンの最密充填構造のすべての八面体間隙を陽イオンが占有するという点では塩化ナトリウム型構造に似ているが，塩化ナトリウム型構造をもつ結晶の多くがイオン結晶であるのに対し，ヒ化ニッケル型構造では共有結合性が強くなる．結晶構造を図 4・16 に示す．Ni 原子は As 原子のつくる八面体間隙を占め，As 原子は 6 個の Ni 原子からなる三角柱に含まれる．

ヒ化ニッケル型構造
(nickel arsenide structure)
遷移元素と 15 族の化合物や
遷移元素のカルコゲン化物な
どがこの構造をとる．

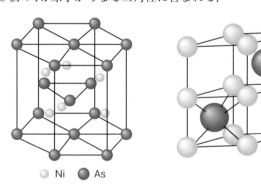

図 4・16　ヒ化ニッケル型構造

f. コ ラ ン ダ ム 型 構 造

　陰イオンが六方最密充填で，陽イオンが八面体間隙の 3 分の 2 を規則的に占めた構造を**コランダム型構造**という．図 4・17 に結晶構造における陰イオンと陽イオンの配列を示す．八面体間隙のうち隣合う二つの位置を陽イオンが占め，それらの隣に陽イオンの存在しない位置が現れる．このような配列が長距離にわたって繰返される．コランダムは元来，$\alpha\text{-}Al_2O_3$ を主成分とする鉱物の名称である．

コランダム型構造
(corundum structure)
$\alpha\text{-}Al_2O_3$, $\alpha\text{-}Fe_2O_3$, Cr_2O_3 など
の酸化物がこの構造をとる．

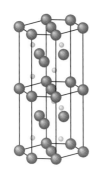

O²⁻　　Al³⁺

図 4・17　**コランダム型構造**

g.　ル チ ル 型 構 造

　ルチル型構造は，陰イオンが歪んだ六方最密充塡構造をとり，八面体間隙に陽イオンが存在する．これは正方晶系の結晶であり，図 4・18 に示すように直方体の体心の位置にある陽イオンに配位する 6 個の陰イオンのうち，2 個が上側の底面，2 個が下側の底面にあって，残りの 2 個は直方体の内部に含まれる．また，陰イオンは 3 個の陽イオンに取囲まれ，平面三角形の配位構造となる．ルチルは鉱物の一種であり，TiO_2 の多形の一つである（6・11・3 節）．

ルチル型構造
（rutile structure）
TiO_2 のほかに，CrO_2, GeO_2, SnO_2, PbO_2 のような酸化物，MgF_2, MnF_2, FeF_2, ZnF_2 のようなフッ化物で見られる．

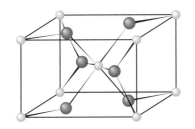

O²⁻　　Ti⁴⁺

図 4・18　**ルチル型構造**

h.　ホタル（蛍）石型構造と逆ホタル（蛍）石型構造

　これまで述べた結晶構造とは異なり，**ホタル（蛍）石型構造**では陽イオンが最密充塡構造を形成する．ホタル石は CaF_2 を主成分とする鉱物である．この化合物では F^- イオンよりも Ca^{2+} イオンのほうが大きいため，Ca^{2+} が立方最密充塡構造を形成し，すべての四面体間隙を F^- が占める．結晶構造を図 4・19 に示す．見方を変えると，図 4・13 の塩化セシウム型構造において陽イオンを一つおきに除いた構造ととらえることもできる．

　ホタル石型構造の陽イオンと陰イオンを完全に入れ替えた構造が**逆ホタル（蛍）石型構造**である．陰イオンが立方最密充塡構造をとり，陽イオンがすべての四面体間隙を占める．この点ではセン亜鉛鉱型構造に類似している．

ホタル（蛍）石型構造
（fluorite structure）
CaF_2 のほかに，SrF_2, BaF_2, ZrO_2, CeO_2, UO_2 などで見られる．

逆ホタル（蛍）石型構造
（antifluorite structure）
Li_2O, Na_2O, Li_2S, Na_2S, Cu_2S, Cu_2Se などに見られる．

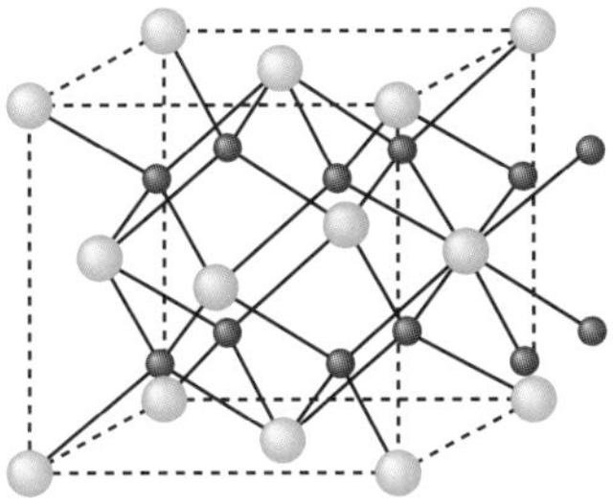

F⁻　　Ca²⁺

図 4・19　**ホタル（蛍）石型構造**

スピネル型構造
（spinel structure）
2価と3価の陽イオンを1：2の比で含む多くの酸化物で見られる.
また, γ-Al_2O_3, γ-Fe_2O_3のような3価の陽イオンのみを含む酸化物や, $LiAl_5O_8$, $LiFe_5O_8$のように1価と3価の陽イオンを1：5の比で含む酸化物もスピネル型構造をもつ. さらに, 1価と2価の陽イオンを2：1の比で含むハロゲン化物でも観察される.

i. スピネル型構造

2種類の陽イオンを含む代表的なイオン結晶の一つとして**スピネル型構造**を取上げる. スピネルは$MgAl_2O_4$を主成分として含む鉱物の一種であり, 尖晶石ともよばれる. 結晶構造の一部を図4・20(a)に示す. 陰イオンは立方最密充填構造をとり, 四面体間隙の8分の1と八面体間隙の4分の1を規則的に陽イオンが占める. 四面体間隙と八面体間隙の陽イオンを含む構造単位は図4・20(b)のように配列する. $MgAl_2O_4$では酸化物イオンの立方最密充填構造において2価の陽イオンであるMg^{2+}が四面体間隙を占有し, 3価の陽イオンであるAl^{3+}が八面体間隙を占める.

これに対し, たとえば$NiFe_2O_4$の場合, 3価の陽イオンであるFe^{3+}の半分が四面体間隙を占め, Fe^{3+}の残りの半分と2価のNi^{2+}が八面体間隙に入る. $MgAl_2O_4$のような陽イオンの配列をもつ構造を正スピネル型構造, $NiFe_2O_4$のような陽イオンの配列をもつ構造を逆スピネル型構造という.

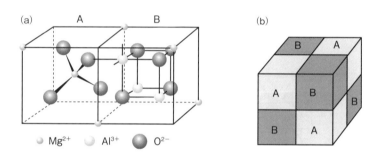

図4・20　**スピネル型構造**　(a) 陽イオンが占める四面体間隙と八面体間隙の位置, (b) 単位格子の模式図. 図中のAとBは(a)のAとBに対応する

ペロブスカイト型構造
（perovskite structure）
$CaTiO_3$のほかに, $SrTiO_3$, $BaTiO_3$, $PbTiO_3$, $PbZrO_3$, $KNbO_3$, $YAlO_3$, $LaMnO_3$のような酸化物, $KMgF_3$, $KNiF_3$のようなフッ化物で見られる.

＊1　常温・常圧における$CaTiO_3$の構造は図4・21に描かれたような立方晶ではなく, 直方晶となる.

＊2　たとえば$BaTiO_3$は常温・常圧で正方晶であり, Ti^{4+}が重心の位置からずれることによって結晶の内部に電気双極子を生じる. 電気双極子の向きは外から電場を加えることによって変えることができる. このような性質を示す物質を"強誘電体"という.

j. ペロブスカイト型構造

2種類の陽イオンを含むイオン結晶のうち, スピネル型構造と並んで有名なものに**ペロブスカイト型構造**がある. ペロブスカイトは鉱物の一種で, ペロブスキー石ともよばれる. その主成分は$CaTiO_3$であり, この化合物のとる結晶構造をペロブスカイト型構造という. 基本的にはABX_3（AとBは陽イオン, Xは陰イオン）の化学式をもつ化合物であり, 理想的には図4・21に描いたような立方晶系の構造となる[＊1]. 2種類の陽イオンのうち, Aはイオン半径が大きく, Bは小さい. Bイオンは6個の陰イオンが配位した八面体位置に入る（図4・21の体心の位置）. 陰イオンは六つの面心にあり, Aイオンは立方体の頂点を占め, 12個の陰イオンに囲まれる.

ペロブスカイト型構造の酸化物には超伝導体（6・5・2節参照）のほか, 誘電体[＊2]や磁性体（6・11・7節参照）として興味深い性質や実用的に優れた特性をもつ化合物が多い. たとえば, 高温超伝導体として有名な$YBa_2Cu_3O_7$の構造もペロブスカイト型構造の一種である. 図4・22に示すように, $YBa_2Cu_3O_7$はAイオンがY^{3+}とBa^{2+}の2種類であり, これらが規則的に配列している. また,

一部の酸化物イオンが抜けて空格子点（4・6節）となっている.

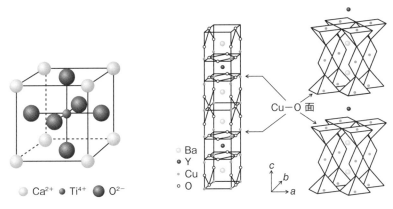

図4・21　ペロブスカイト型構造

○ Ca²⁺　● Ti⁴⁺　● O²⁻

図4・22　高温超伝導体の一種である YBa₂Cu₃O₇ の構造

Cu−O面

○ Ba　● Y　・ Cu　○ O

4・3・3　格子エネルギーとマーデルング定数

イオン結晶を安定化する力は陽イオンと陰イオンの間に働くクーロン引力であり，これがイオン結合の本質である．例として NaCl を考えよう．図4・23に示

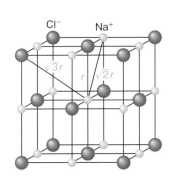

Cl⁻　Na⁺

$\sqrt{3}r$　r　$\sqrt{2}r$

図4・23　NaCl の結晶構造と，一つの Na⁺イオンから Cl⁻イオンおよび他の Na⁺イオンまでの距離　イオン間のクーロン引力と反発力を考えることにより，NaClの格子エネルギーを見積もることができる

すように，構造中の一つの Na⁺イオンに着目すると，これは隣接する6個の Cl⁻イオンから引力を受ける．これら Na⁺と Cl⁻のイオン間距離を r とおくと，クーロン引力にもとづくポテンシャルエネルギーは，

$$U_1 = -\frac{6e^2}{4\pi\varepsilon_0 r} \tag{4・7}$$

と表される．ここで，e は電気素量，ε_0 は真空の誘電率である．注目している Na⁺から見て，つぎに近い位置にあるイオンは12個の Na⁺であり，両者の距離は $\sqrt{2}r$ で，互いに反発力が働くから，そのポテンシャルエネルギーは，

$$U_2 = \frac{12e^2}{4\pi\varepsilon_0 \sqrt{2}r} \tag{4・8}$$

となる．同様にして，すべてのクーロン引力と反発力を考慮すれば，Na⁺が受けるポテンシャルエネルギーは，

$$U_{\mathrm{a}} = U_1 + U_2 + \cdots = -\frac{e^2}{4\pi\varepsilon_0 r}\left(\frac{6}{1} - \frac{12}{\sqrt{2}} + \frac{8}{\sqrt{3}} - \frac{6}{2} + \cdots\right) \quad (4\cdot9)$$

と表すことができる. 一つの Cl^- に着目して同じ計算を行っても (4・9) 式とまったく同じ結果が得られるので NaCl としてのポテンシャルエネルギーは (4・9) 式の2倍となるが, ここでの計算では同じイオン対を2回ずつ数えていることになるので, 結局, NaCl の構造を形成しているエネルギーは (4・9)式で表現できることになる. この式で, 無限に続く級数

$$M = \frac{6}{1} - \frac{12}{\sqrt{2}} + \frac{8}{\sqrt{3}} - \frac{6}{2} + \cdots \quad (4\cdot10)$$

は一定の値 1.747558… に収束することが知られている. 一般のイオン結晶では, 陽イオンと陰イオンの電荷を $Z_{\mathrm{c}}e$, $-Z_{\mathrm{a}}e$ (Z_{c} と Z_{a} はイオンの価数で正の値) とおけば,

$$U_{\mathrm{a}} = -\frac{Z_{\mathrm{c}}Z_{\mathrm{a}}e^2}{4\pi\varepsilon_0 r}M \quad (4\cdot11)$$

によってポテンシャルエネルギーを表現できる. M は結晶構造にのみ依存する量で, **マーデルング定数**とよばれる. 表4・5にはさまざまな結晶構造に対するマーデルング定数を示した.

マーデルング定数
（Madelung constant）

表4・5　さまざまな結晶構造に対するマーデルング定数

結晶構造	マーデルング定数
塩化ナトリウム型	1.74756
塩化セシウム型	1.76267
セン亜鉛鉱型	1.63806
ウルツ鉱型	1.64132
ホタル石型	2.51939
ルチル型	2.408
コランダム型	4.1719

a) 小玉剛二, 中沢 浩 訳, 「ヒューイ無機化学 （上）」, p.63, 東京化学同人 (1984) より.

　陽イオンと陰イオンの間に働く相互作用は静電的な引力であるが, 両者が接近すると, 3・2・1節で述べたことと同じ理由で反発力が支配的になる. この反発力にもとづくポテンシャルエネルギーは, 経験的に,

$$U_{\mathrm{r}} = \frac{Be^2}{r^n} \quad (4\cdot12)$$

ボルン指数（Born exponent）

のように表すことができる. B と n は定数で, 特に n は**ボルン指数**とよばれる. (4・11)式と (4・12)式から, 1 mol のイオン結晶ではイオン間に働くポテンシャルエネルギーは,

$$U = N_{\mathrm{A}}\left(-\frac{MZ_{\mathrm{c}}Z_{\mathrm{a}}e^2}{4\pi\varepsilon_0 r} + \frac{Be^2}{r^n}\right) \quad (4\cdot13)$$

と書ける. ここで, N_{A} はアボガドロ定数である. イオン結晶はポテンシャルエ

ネルギーが最小となるとき最も安定である.

$$\frac{\mathrm{d}U}{\mathrm{d}r} = 0 \qquad (4 \cdot 14)$$

の条件から, ポテンシャルエネルギーの最小値は,

$$U_0 = -\frac{N_A M Z_c Z_a e^2}{4\pi\varepsilon_0 r_e}\left(1 - \frac{1}{n}\right) \qquad (4 \cdot 15)$$

と計算できる. ここで r_e は (4・14)式を満たす r の値であり, 平衡イオン間距離とよばれる. また, (4・15)式を**ボルン-ランデの式**という.

　(4・15)式は, 絶対零度においてクーロン力によりイオン結晶を安定に保つエネルギーに当たる. つまり, イオン結晶を壊して個々のイオンに分解するために必要なエネルギーは $-U_0$ である. これを**格子エネルギー**とよぶ. 先に例示したNaCl に対して, 平衡イオン間距離を用いて計算した値は $-U_0 = 755 \ \mathrm{kJ \ mol^{-1}}$ となる. (4・15)式からわかるとおり(あるいは, 静電引力を考えれば当然であるが), イオンの価数が大きく, イオン間距離が短いほど格子エネルギーは高くなる*.

　例題 4・3　ボルン-ランデの式 ((4・15)式) を導け.
　解　(4・13)式より,

$$\frac{\mathrm{d}U}{\mathrm{d}r} = \frac{MZ_c Z_a e^2}{4\pi\varepsilon_0 r^2} - n\frac{Be^2}{r^{n+1}} \qquad (4 \cdot 16)$$

$r = r_e$ に対して (4・14)式が成り立つから,

$$\frac{Be^2}{r_e^n} = \frac{MZ_c Z_a e^2}{4\pi\varepsilon_0 r_e n} \qquad (4 \cdot 17)$$

となり, これを (4・13)式に代入すれば (4・15)式が得られる.

4・3・4　ボルン-ハーバーサイクル

　標準状態 (圧力が 10^5 Pa, 温度が 25 ℃) においてイオン結晶が個々の陽イオンと陰イオンに解離する反応のエンタルピー変化を**格子エンタルピー**という. NaCl 結晶を例にとれば,

$$\mathrm{NaCl(s)} \longrightarrow \mathrm{Na^+(g)} + \mathrm{Cl^-(g)} \qquad (4 \cdot 18)$$

のエンタルピー変化に当たる.

　4・3・3節で述べた格子エネルギーは 0 K においてイオン結晶を個々の陽イオンと陰イオンに分解するために必要なエネルギーであるから, 格子エンタルピーと格子エネルギー ($-U_0$) の差は, (4・18)式の反応にともなう定圧熱容量の変化を ΔC_p, 格子エンタルピーを ΔH_L とおけば, T を温度として,

$$\Delta H_L - (-U_0) = \int_0^{273\,\mathrm{K}} \Delta C_p \,\mathrm{d}T \qquad (4 \cdot 19)$$

と表現される. この式の右辺は, R を気体定数として $RT \sim$ 数 $\mathrm{kJ \ mol^{-1}}$ ほどであり*, 前節で述べた格子エネルギーと比べると無視できる程度に小さい.

ボルン-ランデの式
(Born-Land equation)
(4・13)式の反発力によるエネルギー項は指数関数を用いることにより, さらに高い精度で表すことができる (練習問題4・4参照).

格子エネルギー
(lattice energy)

＊　たとえば, 2価のイオンからなる MgO の格子エネルギーは 3938 $\mathrm{kJ \ mol^{-1}}$ 程度であり, NaCl に比べるとかなり高い.
このことは2・5・3節で述べた O^{2-} や S^{2-} を含む結晶が安定である理由としてあげられる.

格子エンタルピー
(lattice enthalpy)

＊　結晶の定容熱容量 (体積一定のもとでの熱容量) は十分に温度が高いと 1 mol あたり $3R$ となることが知られている. また, 結晶の定圧熱容量と定容熱容量の差はたかだか数 $\mathrm{J \ K^{-1} \ mol^{-1}}$ で, R と同じオーダーある. 一方, 単分子理想気体の定圧熱容量は 1 mol あたり $(5/2)R$ である. よって, (4・18)式の右辺を理想気体とみなせば, この反応における定圧熱容量の変化は $\Delta C_p \sim R$ ほどであり, エンタルピーの差は $\Delta C_p T \sim RT$ 程度となる. $T = 298$ K であれば, $RT = 2.48 \ \mathrm{kJ \ mol^{-1}}$ となる.

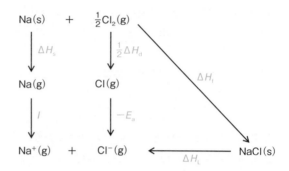

図 4・24　**NaCl のボルン-ハーバーサイクル**　この図から NaCl の
格子エンタルピーを計算することができる

格子エンタルピー ΔH_L は実験によって直接測定はできないが，反応過程よっ
て生じるエンタルピー変化から見積もられる．具体的には，図 4・24 に示した**ボ
ルン-ハーバーサイクル**を利用して求められ，各反応とそのエンタルピー変化は
以下のようである．

- Na 結晶の昇華：$\mathrm{Na(s)} \longrightarrow \mathrm{Na(g)}$　　　ΔH_s
- $\mathrm{Cl_2}$ 分子の解離：$\mathrm{Cl_2(g)} \longrightarrow 2\mathrm{Cl(g)}$　　　ΔH_d
- Na 原子のイオン化：$\mathrm{Na(g)} \longrightarrow \mathrm{Na^+(g)} + \mathrm{e^-(g)}$　　　I
- Cl 原子の電子取得：$\mathrm{Cl(g)} + \mathrm{e^-(g)} \longrightarrow \mathrm{Cl^-(g)}$　　　$-E_a$
- NaCl 結晶の生成：$\mathrm{Na(s)} + \dfrac{1}{2}\mathrm{Cl_2(g)} \longrightarrow \mathrm{NaCl(s)}$　　　ΔH_f

ここで，ΔH_s は Na(s) の昇華熱，ΔH_d は $\mathrm{Cl_2}$ の解離エネルギー，I は Na の第
一イオン化エネルギー，E_a は Cl の第一電子親和力[*1]，ΔH_f は NaCl 結晶の生成
エンタルピーである．ヘスの法則[*2]より，

$$\Delta H_L = \Delta H_s + \frac{1}{2}\Delta H_d + I - E_a - \Delta H_f \tag{4・20}$$

が成り立つので，これらの値がわかれば格子エンタルピーが見積もられる．

ボルン-ハーバーサイクル
（Born-Haber cycle）

*1　イオン化エネルギーと
電子親和力は 0 K での値とし
て定義されるが，格子エネル
ギーと格子エンタルピーの差
に関する議論がここでも成り
立ち，たとえば標準状態にお
いて原子から電子を抜き取る
ために必要なエネルギー（イ
オン化エンタルピー）は，お
およそイオン化エネルギーに
等しい．

*2　化学反応において，反
応物から生成物への変化に際
して出入りする熱,すなわち,
エンタルピー変化は反応の経
路によらず一定である．これ
をヘスの法則という．

例題 4・4　次の熱化学データを用いて NaCl の格子エンタルピーを求めよ.
　Na(s) の昇華熱：$108\ \mathrm{kJ\ mol^{-1}}$
　$\mathrm{Cl_2}$ の解離エンタルピー：$242\ \mathrm{kJ\ mol^{-1}}$
　Na の第一イオン化エネルギー：$496\ \mathrm{kJ\ mol^{-1}}$
　Cl の第一電子親和力：$349\ \mathrm{kJ\ mol^{-1}}$
　NaCl(s) の生成エンタルピー：$-411\ \mathrm{kJ\ mol^{-1}}$
解　ボルン-ハーバーサイクルを用いて，
$$\Delta H_L = \Delta H_s + \frac{1}{2}\Delta H_d + I - E_a - \Delta H_f$$
$$= \left(108 + \frac{1}{2} \times 242 + 496 - 349 + 411\right)\ \mathrm{kJ\ mol^{-1}} = 787\ \mathrm{kJ\ mol^{-1}}$$

と見積もられる．

例題4・4から明らかなように，ボルン-ハーバーサイクルから見積もられる格子エンタルピーはボルン-ランデの式を用いて計算した値とよく一致する．

4・4 分 子 結 晶

分子間力で凝集した結晶を**分子結晶**という．貴ガス原子，H_2，O_2，I_2などの等核二原子分子，H_2O，CO_2，CCl_4，フラーレン（C_{60}）などのほか，多くの有機化合物の分子結晶が知られている．貴ガスの Ne，Ar，Kr，Xe や CO_2，I_2，C_{60} の結晶は面心格子の構造をとる．また，H_2 の結晶は六方最密充填構造である．ここであげた結晶は主としてファンデルワールス力で結びついている[*]．球形に近い分子の CCl_4 や C_{60} の結晶では分子の平衡位置は固定されているものの，おのおのの分子は平衡位置で自由に回転することができ，分子の配向という点では規則性が失われている．このような結晶を**柔粘性結晶**とよぶ．

H_2O の結晶（氷）では分子間に水素結合も働いている．日常的に目にする氷は I_h 相とよばれる．I_h 相の結晶構造を図4・25(a)に示す．この相は六方晶に属し，4・3・2節で述べたウルツ鉱型と類似の構造となる．図4・25(b)に示すように，一つの O 原子のまわりには四つの O 原子があり，これらは正四面体を形成する．また，二つの水分子同士では二つの O 原子間には一つの H 原子があり，一方の O 原子とは共有結合で，もう一方の O 原子とは水素結合で結びついている．このように二つの O 原子間には H 原子のとりうる位置が二つあり，また，O 原子の正四面体の 3 次元的な配列も複数のものがあるため，氷には I_h 相をはじめ，たくさんの多形が存在する．

分子結晶（molecular crystal）

[*] このため，分子結晶は一般に融点が低く昇華しやすく，壊れやすいなどの特徴をもつ．
CO_2 の分子結晶であるドライアイスを思い浮かべてみるとよい．

柔粘性結晶（plastic crystal）

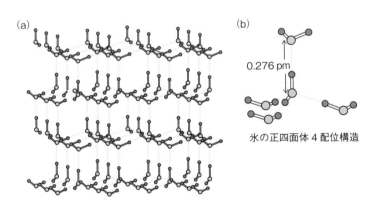

(a)   (b)

0.276 pm

氷の正四面体 4 配位構造

図4・25 **氷（I_h相）の結晶構造**　(a) 水素結合により H_2O 分子が互いに結合して規則的に配列した様子，(b) 結晶構造において，一つの O 原子のまわりには四つの O 原子が存在して正四面体形の構造をつくる

4・5 固 溶 体

4・2・2節でふれたが，液体に固体が溶解するのと同様に，一つの理想的な構造をもつ結晶に異なる種類の元素が溶け込む現象が多くの金属結晶やイオン結晶

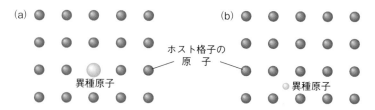

図4・26　置換型固溶体(a)と侵入型固溶体(b)

固溶体（solid solution）

で観察されている．このような現象を"固溶"とよび，この種の固体物質を**固溶体**という．固溶体には"置換型固溶体"と"侵入型固溶体"の2種類がある（図4・26）．

置換型固溶体（substitutional solid solution）

　置換型固溶体では一つの結晶（固溶体では，これを"ホスト格子"とよぶ）の原子やイオンの位置を種類の異なる原子やイオンが占有している．この種の固溶体は，元素の種類は異なるものの同じ結晶構造をもつ単体や化合物の間でよく観察される．たとえば，CoO と NiO はいずれも塩化ナトリウム型構造の酸化物結晶であり，この結晶構造を保ちながら CoO の Co^{2+} の一部を Ni^{2+} が置換して固溶体を形成することができる．このとき，Ni^{2+} の分布は無秩序になる．また，同じ体心立方構造をもつ Fe（α-Fe）と Cr の間にも置換型固溶体が見られる．

侵入型固溶体（interstitial solid solution）

　侵入型固溶体は，相対的に大きな原子が結晶格子（ホスト格子）を組み，その間隙に小さい原子が入り込むことによって形成される．すでに4・2・2節でふれたような C 原子を含む Fe 結晶はこの種の固溶体の一例である．また，原子半径の小さい H 原子も容易に金属結晶格子の間隙に入り込み，$TiH_{1.73}$，$LaH_{2.76}$ などの固溶体を生成する．これらの固溶体は，一般的な化合物と異なり，組成を構成元素の簡単な整数比で表すことができない．このような化合物を，**不定比化合物**あるいは**非化学量論化合物**とよぶ．

不定比化合物あるいは**非化学量論化合物**（nonstoichiometric compound）

4・6 欠　陥

　4・2節や4・3節では，原子やイオンの配列が完全な秩序をもつ理想的な構造の結晶について主として話を進めたが，実在の結晶では，理想的な構造からのわずかな逸脱が見られることが多い．これは，規則的な原子やイオンの配列に乱れをもちこむとエントロピーが増加するために起こる現象である[*]．わずかな逸脱とは，本来は原子やイオンが存在すべき位置が空であったり，逆に，原子やイオンが本来は存在すべきでない位置を占めていたりするものをさす．前者は**原子空孔**あるいは**空格子点**とよばれる．総じてこの種の理想的な結晶構造からの逸脱を**欠陥**あるいは**格子欠陥**とよぶ．なかには一つの格子面が結晶内のある範囲で抜け落ちているようなものもある．このような欠陥を**線欠陥**あるいは**転位**とよぶ．これに対して，基本的に1個の原子やイオンが関わる欠陥を**点欠陥**とよぶ．

　前述の固溶体において，一つの結晶のごく一部の原子やイオンを異種原子やイオンが置換した状態や，異種原子やイオンが結晶格子の間隙に侵入した状態も，

[*]　熱力学において，ギブズエネルギー G はエンタルピー H とエントロピー S を用いて，$G = H - TS$ と表される．T は温度である．G が減少する過程は自発的に進む．すなわち，H の減少と S の増加は自発的な変化に有利に働く．

原子空孔あるいは**空格子点**（lattice vacancy）

欠陥あるいは**格子欠陥**（lattice defect）

線欠陥（line defect）
転位（dislocation）

点欠陥（point defect）

理想的な結晶構造と比べてエントロピーが高い．固溶している原子やイオンの濃度がきわめて低い場合，これらは点欠陥の一種とみなすことができる．これを**不純物中心**とよぶ．不純物中心は結晶に実用的に重要な特性をもたらすことも多い．有名な例をあげよう．$\alpha\text{-}Al_2O_3$ と Cr_2O_3 はいずれもコランダム型構造であるため，互いに置換型固溶体を形成できるが，特に $\alpha\text{-}Al_2O_3$ 単結晶のごく一部の Al^{3+} を Cr^{3+} が置換した化合物は"ルビー"とよばれ，宝石の一種であるとともに，世界で初めてレーザー発振が観察された物質としても知られている（7章のコラム参照）．また，Si は半導体としてエレクトロニクス産業を支える重要な物質であるが，Si 原子のごく一部を B 原子や P 原子で置換した物質では，電気伝導率[*]が向上するだけでなく，電気的な特性も大きく変化する．詳細については 4・7・2 節で述べる．

典型的な点欠陥として 2 種類のものが知られている．イオン結晶を例にとると，図 4・27(a) に示すように陽イオンと陰イオンが結晶構造から対になって抜けて空格子点を生じるような**ショットキー欠陥**と，図 4・27(b) のように陽イオンあるいは陰イオンが本来の位置から移動して格子の間隙を占めているような**フレンケル欠陥**がある．フレンケル欠陥は，間隙の大きな構造をもつ結晶が小さい原子

不純物中心（impurity center）

[*]　物質の電気抵抗は，その物質を流れる電流の方向の長さに比例し，電流の向きに垂直な断面積に反比例する．比例定数を比抵抗あるいは電気抵抗率とよび，その逆数を**電気伝導率**あるいは**電気伝導度**という．

ショットキー欠陥（Schottky defect）
フレンケル欠陥（Frenkel defect）

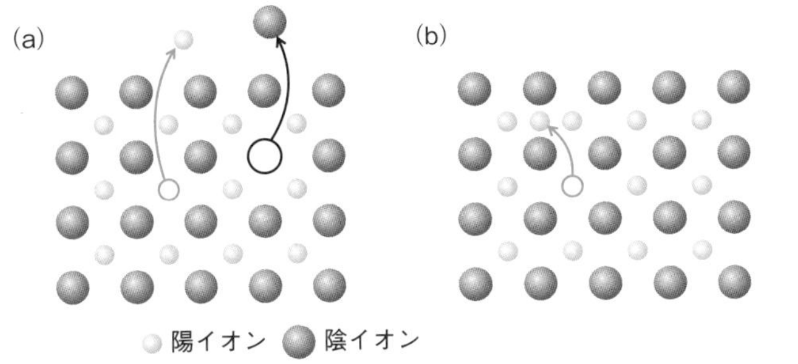

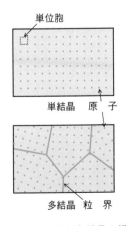

（a）　　　　　　　　　　　　　（b）

○ 陽イオン　● 陰イオン

図 4・27　**イオン結晶におけるショットキー欠陥(a)とフレンケル欠陥(b)**
同様の欠陥は金属結晶でも見られる

単　結　晶　と　多　結　晶

結晶は単結晶と多結晶に大きく分類できる．**単結晶**（single crystal）は固体の一つの塊が一つの結晶でできているもので，4・6 節でふれたルビーやエレクトロニクス用の素子として用いられる Si などがその範ちゅうに入る．**多結晶**（polycrystal）は，固体の一つの塊が複数の微細な結晶の集合体であり，個々の結晶同士は化学結合で強固に結びついている．食器に利用される陶磁器や建造物に使われる鉄鋼など，身のまわりの多くの固体物質にその例を見ることができる．図 1 は単結晶と多結晶の微視的な構造を模式的に示したものである．多結晶における微細な結晶同士の界面を"粒界"とよぶ．

単位胞

単結晶　原子

多結晶　粒界

図 1　**単結晶と多結晶の模式図**

やイオンから構成される場合に観察される．ショットキー欠陥とフレンケル欠陥は金属結晶でも見られる．

4・7　結晶の電子構造
4・7・1　金属のバンド構造

　金属結合を共有結合の延長として捉えられることを4・2・1節で述べた．リチウム結晶の場合，図4・8(b) に模式的に描いたように，最外殻の2s軌道が連続的に分布するエネルギー準位を形成すると近似できる．無数のエネルギー準位がほぼ連続的に分布する状態は結晶に特徴的なものであり，このような状態を**バンド**（band）

バンド理論（band theory）

バンド構造（band structure）

伝導帯（conduction band）

禁止帯（forbidden band）

ンドという．結晶を構成する原子の原子軌道から形成される複数のバンドにもとづいて結晶中の電子の挙動を考察する概念を**バンド理論**とよび，対象とする構造を**バンド構造**という．電子がバンドをどのように占有するかによって結晶の電気的性質などが大きく変化する．金属の一般的なバンド構造は，模式的に描くと図4・28のようになる．図中の青色で示した箇所は電子が占有している状態であることを表す．完全に電子で占められたバンドと，それよりエネルギーの高い位置に，**伝導帯**とよばれる電子による占有が不完全なバンドが存在する．また，電子は図中の二つのバンドの間のエネルギーをとることができない．これは，原子や分子において電子のエネルギー準位が離散的であることに対応する．電子が存在できないエネルギーの状態を**禁止帯**という．

　金属では，伝導帯において最もエネルギーの高い電子のすぐ上に空の準位があるため，電子はこの準位を利用して結晶中を動くことができる．電子は運動量をもっているが，金属に電場が加えられると，図4・29に模式的に示したように正極に向かう電子の数は負極に向かう電子の数より増える．このように電子の数が不均等になりうるのは，伝導帯に電子が占有していない空の準位が存在するためである．総じて電子は正極に向かって移動することになり，これが電流として観察される．すなわち，伝導帯に存在する電子が自由電子として振舞い，金属に高い電気伝導率をもたらす．

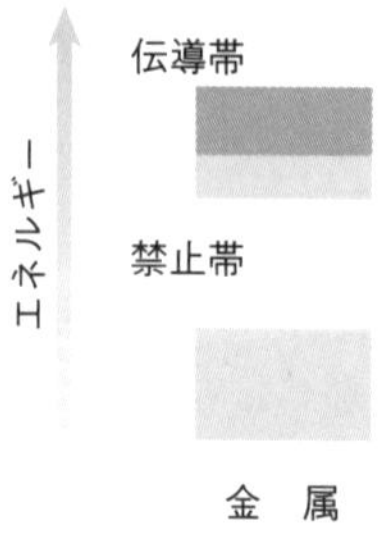

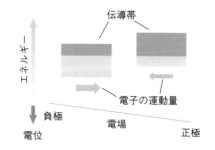

図4・28　**金属のバンド構造**　青色の部分は電子が占有している状態を表す

図4・29　**金属における電気伝導の機構**　電場が加えられると，正極に向かう運動量をもつ電子のエネルギーが低下するため，その向きの運動量をもつ電子の数が増え，全体として電子は負極から正極に向かって動くことになる

4・7・2 半導体と絶縁体

結晶のなかには MgO や Al$_2$O$_3$ のように電気を通さない物質がある．これらは**絶縁体**とよばれる．また，Si や Ge のように，電気伝導率が金属と絶縁体の中間的な値となるものがある．これらは**半導体**とよばれる．

半導体と絶縁体のバンド構造は類似しており，図4・30(a) に示すように，**価電子帯**とよばれる電子で完全に占められたバンドと，完全に空のバンドからなっている（図中の青色が電子を表す）．後者は金属のバンド構造でふれた伝導帯である．価電子帯の最もエネルギーの高い準位と伝導帯の最もエネルギーの低い準位のエネルギーの差を**エネルギーギャップ**あるいは**バンドギャップ**という．半導体と絶縁体はエネルギーギャップの大きさで区別することができ，エネルギーギャップが大きい物質が絶縁体，小さい物質が半導体である．たとえば Al$_2$O$_3$ のエネルギーギャップは 7 eV 程度であるのに対して，Si では 1 eV ほどである．図4・30(b) に示すように，半導体ではエネルギーギャップが小さいため，温度が上がると価電子帯の電子が熱エネルギーを得て伝導帯に遷移する．この電子は金属の自由電子と同様の状態となるため，電気伝導に寄与する．また，価電子帯から電子が抜けた状態は，相対的に正電荷をもつ粒子のように振舞う．これを**正孔**という．正孔も電気伝導をもたらす．

絶縁体（insulator）
半導体（semiconductor）
価電子帯（valence band）
エネルギーギャップ（energy gap）
バンドギャップ（band gap）
正孔（positive hole）

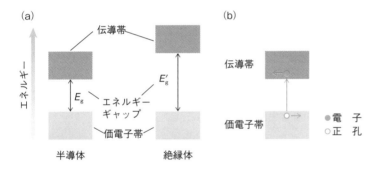

図4・30 **バンド構造と電気伝導** (a) 半導体と絶縁体のバンド構造．価電子帯は完全に電子で占められ，伝導帯は完全に空である．エネルギーギャップの大きさは，$E_g < E_g'$ である，(b) 半導体における電気伝導の機構

代表的な半導体の Si はダイヤモンド型構造（6・6・1節参照）の結晶であり，各 Si 原子は sp^3 混成軌道により四つの Si 原子と共有結合を形成して四面体形の構造をつくる．Si に微量の B のような 13 族元素が添加された結晶では，B 原子は Si 原子の入るべき位置を占め，置換型固溶体を生じる．Si は 14 族元素であるから 4 個の価電子をもつのに対し，13 族元素は価電子が 3 個であるから四つの共有結合を形成するうえで 1 個の電子が不足している（図4・31a）．これは，電子があるべき位置に存在しないため，1 個の"正孔"が生じていると考えてよい．このようにして 13 族元素によってもたらされる正孔は，Si 結晶に電場が加えられると結晶中を移動することによって電気伝導をひき起こす．実際，微量の B や Al が添加された Si 結晶は純粋な Si 結晶に比べて高い電気伝導率をもつ．

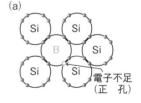
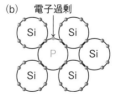

図4・31 **ホウ素を添加した p 型半導体(a)およびリンを添加した n 型半導体(b)**

この種の半導体を **p 型半導体**という[1]．一方，Si に微量の P や As のような 15 族元素が加えられても，15 族の原子は結晶中の Si 原子の一部を置換して四つの Si 原子と共有結合をつくる．15 族の原子は価電子が 5 個であるため，この場合は共有結合に四つが使われて，1 個の電子が余る（図4・31b）．この過剰な電子が結晶中を移動することによって電気伝導率が上昇する．このような半導体は **n 型半導体**とよばれる[2]．

このように不純物を含む p 型および n 型の半導体を合わせて**不純物半導体**といい，それと区別するため純粋な Si のような半導体を**真性半導体**という．

一般的な p 型半導体と n 型半導体のバンド構造を図4・32 に示す．図4・32 の p 型半導体では禁止帯において価電子帯のすぐ上の領域に離散的な空の準位ができる．これを**アクセプター準位**とよぶ．アクセプター準位は価電子帯とのエネルギー差が小さいため，価電子帯の電子は容易にアクセプター準位に励起される．その結果，価電子帯に"正孔"が生じ，これが電気伝導に寄与する．一方，図4・32 の n 型半導体では，伝導帯のすぐ下の領域に電子によって占められた準位ができる．この準位は**ドナー準位**とよばれる．伝導帯とドナー準位とのエネルギー差も小さいため，ドナー準位の電子は空の準位からなる伝導帯に容易に遷移し，電気伝導をひき起こす．このように p 型半導体と n 型半導体は真性半導体と比べると電気伝導率が高く，また，電気伝導に寄与する粒子の電荷が異なる．このような性質を利用して，p 型半導体と n 型半導体の貼り合わせ[3]によりダイオードやトランジスターとよばれるエレクトロニクス素子がつくられている．前者の素子は，電気信号を一方向にのみ伝搬する，後者は電気信号を増幅する性能などをもつため，パーソナルコンピューターや携帯電話をはじめ多くの電子機器に利用され，私たちの日常生活を支えている．

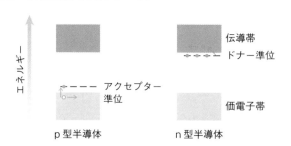

図4・32　p 型半導体と n 型半導体のバンド構造と電気伝導の機構

例題 4・5　GaAs[4] は半導体の一種である．この化合物に少量の Si が加えられた結晶はどのような種類の不純物半導体となるか．理由も述べよ．

解　Si は 4 価の陽イオンとして Ga^{3+} を置換する．つまり，正電荷がもとの +3 から +4 に増えるので，電気的なつり合いをとるために，同時に過剰な電子がもち込まれる．この電子が電気伝導に寄与するため，Si を添加した GaAs は n 型半導体となる．

結晶とも液体とも異なる凝縮系

固体や液体のように原子や分子が相互作用（引力）によって結びついて集合した状態を**凝縮系**という．固体の多くは結晶であり，4・1節で述べたように，結晶を構成する原子，イオン，分子は3次元空間において規則的に配列し，結晶構造には長距離秩序，周期性，並進対称性が存在する．一方で一般的な液体では原子や分子の相互作用は結晶と比べると弱く，それらの配列には長距離秩序や並進対称性は見られず，無秩序な構造となっている．また，液体は一定の体積を保つが流動性も示す．この点も結晶とは大きく異なる特徴の一つである．

固体のなかには構造や性質の観点から結晶と液体の中間的な状態をとるものがある．**非晶質固体**（amorphous solid）がその代表例であり，"ガラス"や"ゲル"がその範ちゅうに含まれる．広く実用化されている酸化物ガラスは，SiO_2 や Na_2CO_3 などの混合物を 1000 ℃ を超える高温で溶融し，融液を冷却することによって製造される．一般に液体を冷却すれば凝固点（融点）で結晶に相転移する．一方，ガラスを生成する液体を冷却した場合，構成成分の凝固点においても結晶は析出せず，凝固点より低い温度でも液体の状態が保たれる．これは**過冷却液体**（supercooled liquid）とよばれる．さらに温度が下がれば，最終的に液体の流動性が失われ，固化した状態になる．これを**ガラス状態**（vitreous state）という．**ガラス**（glass）は，流動性がないという点

では固体であるが，液体の構造を反映したまま凍結しているため，原子や分子の配列には長距離秩序や並進対称性は存在しない．**ゲル**（gel）は，溶媒を含んだままコロイド粒子が凝集したり，高分子が絡み合った構造をとった状態の固体である．乾燥剤として使われるシリカゲルや，ゼラチン，寒天，豆腐などの食品はゲルの代表的な例である．ゲルも固体の一種でありながら，長距離秩序や並進対称性をもたない．

非晶質固体のように並進対称性が欠如しているものの，原子の配列には一定の秩序と対称性が存在する固体が 1984 年に発見されている．3章のコラムで分子の対称性について述べたが，結晶構造も，原子や分子の規則的な配列にもとづく特徴的な対称性によって記述することができる．一般的な結晶では，3回，4回，6回の回転対称性は存在するものの，5回回転対称性はありえない．これは，同じ大きさの正三角形，正方形，正六角形を用いて2次元平面を完全に埋め尽くすことができるのに対し，図1に示すように正五角形ではこれが不可能であることからも想像できる．ところが，一部の合金は5回回転対称性をもつ．たとえば，図2に示した Al-Co-Ni 系の合金の構造には，正五角形および正十角形の原子配列が存在する．このような固体は**準結晶**（quasicrystal）と総称されている．準結晶の発見は 2011 年のノーベル化学賞の対象となった．

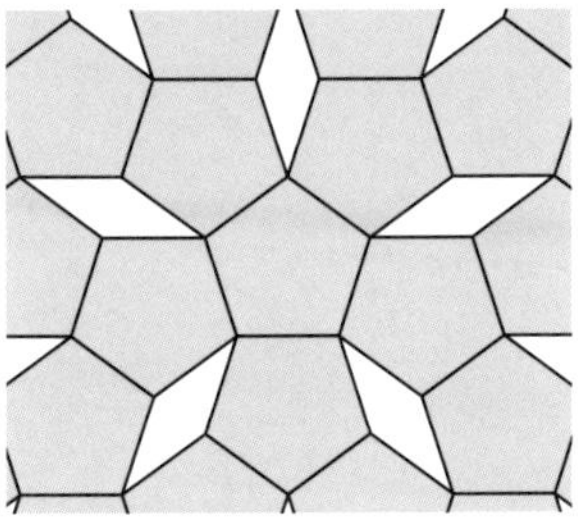

図1　2次元結晶と5回対称性
正五角形で2次元平面を完全に埋め尽くすことはできない．並進対称性をもつ結晶には5回回転対称性は存在しない

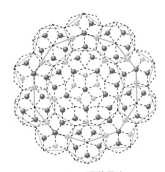

● Al　● 遷移元素

図2　準結晶の一種である Al-Co-Ni 系合金の構造　正五角形および正十角形の原子配列が見られる

4・1   図4・4に示すように正方晶には面心格子が存在しない. なぜか.

4・2   剛体球の六方最密充填構造を考え, 剛体球が3次元空間を占める割合を計算せよ.

4・3   以下のa)とb)に関し, それぞれの二つの結晶構造の類似点と相違点を説明せよ. a) 塩化セシウム型構造とホタル石型構造, b) セン亜鉛鉱型構造と逆ホタル石型構造

4・4   格子エネルギーの計算において, イオン間の反発力の表現として (4・12) 式の代わりに,

$$U_r \,=\, B' \exp\!\left(-\frac{r}{\rho}\right)$$

を使うこともできる. ここでB'とρは原子の種類に依存する定数である. この式を用いて格子エネルギーを表す式を導け. 得られる式は, **ボルン-マイヤー式** とよばれる.

ボルン-マイヤー式
(Born–Mayer equation)

4・5   Mgの結晶では3s軌道と3p軌道がバンドを形成する. Mg原子の基底状態の電子配置は$[\mathrm{Ne}](3\mathrm{s})^2$であるから, 3s軌道のバンドが完全に電子で占められ, 3p軌道のバンドが完全に空になるように見えるが, これは半導体や絶縁体のバンド構造であり, Mgが金属であることと矛盾する. Mg結晶のバンド構造と電子分布を考察し, Mgが金属であることを示せ.

4・6   次の酸化物はp型半導体, n型半導体のいずれであるか. 理由も述べよ.
a) 少量のAl^{3+}を添加したZnO, b) 少量のLi^+を添加したNiO

5 無機物質の反応——
酸・塩基と酸化・還元

　3章および4章では化学結合の観点も踏まえながら分子ならびに結晶の構造について述べた．構造と並んで化学の重要な概念の一つに反応がある．特に無機物質では異なる元素の性質の違いに応じて多様な化学反応が観察される．各元素に特徴的な反応は主として6章で述べることにして，この章では無機物質に見られる反応を普遍的な考え方にもとづいて整理する．一つは酸と塩基，もう一つは酸化と還元の概念である．

5・1 酸・塩基の概念

　歴史的に見れば，**アレニウス**（Arrhenius）の考え方が初期の酸と塩基の定義である．

• **酸**とは水中で電離して水素イオン（H^+）を放出する物質である．

酸（acid）

• **塩基**とは水中で電離して水酸化物イオン（OH^-）を放出する物質である．

塩基（base）

酸の代表的なものは塩酸，硫酸，硝酸，リン酸などで，たとえば塩酸は水に塩化水素が溶けたものであり，HClは水中では次のようにほぼ完全に電離している．

$$HCl(g) \longrightarrow H^+(aq) + Cl^-(aq) \qquad (5・1)$$

また，代表的な塩基は水酸化ナトリウム，水酸化カリウム，水酸化カルシウムなどで，水酸化ナトリウムは水に溶けるとほぼ完全に電離して，

$$NaOH(s) \longrightarrow Na^+(aq) + OH^-(aq) \qquad (5・2)$$

のように OH^- を放出する．

　一方，**ブレンステッド**（Brønsted）と**ローリー**（Lowry）は，アレニウスの考え方を拡張して，酸と塩基を次のように定義した．

• **酸**とは H^+ を与える物質である．

• **塩基**とは H^+ を受取る物質である．

したがって，酸と塩基の反応は一つの物質から他の物質への水素イオンの移動であると考えられる[*]．ブレンステッドとローリーの定義を使えば，構造中に水酸化物イオンを含まない物質であっても塩基としての性質を明らかにすることができる．たとえば，アンモニアが水に溶けると水溶液は塩基性である．アンモニアの加水分解反応

$$NH_3(g) + H_2O(l) \rightleftharpoons NH_4^+(aq) + OH^-(aq) \qquad (5・3)$$

において NH_3 は H^+ を受取ってアンモニウムイオン（NH_4^+）に変わっているの

[*] この定義は，水を溶媒としない系や溶媒が存在しない場合の反応に対しても適用できる．

で塩基であるといえる. NH_3 に H^+ を与えている H_2O は定義に従えば酸である. (5・3)式の反応は右から左へも進む. その観点からすれば, NH_4^+ は酸, OH^- は塩基である. これらは特に**共役酸**, **共役塩基**とよばれ, NH_4^+ は塩基である NH_3 の"共役酸", OH^- は酸である H_2O の"共役塩基"であると表現される. ブレンステッド–ローリーの定義にもとづく酸と塩基は, それぞれ, **ブレンステッド酸**, **ブレンステッド塩基**とよばれる.

共役酸（conjugate acid）
共役塩基（conjugate base）

　酸・塩基の概念をさらに広くとらえたものが**ルイス**(Lewis)による定義である.

　• **酸**とは電子対を受取る物質である.

　• **塩基**とは電子対を与える物質である.

この定義では H^+ や OH^- といった特定の化学種は現れないため, より一般的な概念であるとみなせる. ルイスの定義を用いれば, たとえば水溶液中で Ag^+ と Cl^- から塩化銀の沈殿が生じる反応

$$Ag^+(aq) \,+\, Cl^-(aq) \,\longrightarrow\, AgCl(s) \qquad\qquad (5\cdot4)$$

も酸塩基反応とみなすことができる. Ag^+ および Cl^- の基底状態での電子配置は, それぞれ, $[Kr](4d)^{10}$, $[Ne](3s)^2(3p)^6$ であるため, Cl^- は相手に供与できる電子対を最外殻にもち, Ag^+ は空の $5s$ 軌道に電子対を受入れることができる. したがって, Cl^- は塩基, Ag^+ は酸である. ルイスの定義による酸と塩基は, それぞれ, **ルイス酸**, **ルイス塩基**とよばれる.

例題 5・1　次の反応において下線を付した化学種はブレンステッド酸・塩基のいずれか. 理由も示せ.

① $\underline{HF}(g) \,+\, H_2O(l) \,\longrightarrow\, H_3O^+(aq) \,+\, F^-(aq)$

② $\underline{B(OH)_3}(s) \,+\, 2H_2O(l) \,\longrightarrow\, B(OH)_4^-(aq) \,+\, H_3O^+(aq)$

　解　① H_2O は HF から H^+ を受取るからブレンステッド塩基である. H^+ を与えるほうの HF はブレンステッド酸であり, F^- はその共役塩基として働く.

　② $B(OH)_3$ は H_2O に H^+ を与えているのでブレンステッド酸である.

（5・3)式では H_2O は酸として働いているが, 例題 5・1 の ① では塩基である. すなわち, H_2O は酸と同時に塩基としても作用する. このように酸と塩基のどちらにもなる性質を**両性**という. 例題 5・1 の ② では, 厳密にいえば, $B(OH)_3$（ホウ酸あるいはオルトホウ酸）はまず B 原子の空の $2p$ 軌道に H_2O の O 原子に存在する電子対を受入れるのでルイス酸として作用している. 続いて, 結合した H_2O から H^+ をもう一つの H_2O に移動させて H_3O^+ を生じる. この過程ではブレンステッド酸として働いている. H_3O^+ はオキソニウムイオンとよばれ, それを含む塩の結晶構造解析により, 図 5・1 のような分子構造をもつことが知ら

両性（amphoteric）

図 5・1 のオキソニウムイオンの構造において, 三つの H は等価で正三角形の頂点に配置され, O は三つの H がつくる面から少しずれ, 全体として三角錐の構造をしている.

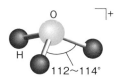

図 5・1　**オキソニウムイオン** (H_3O^+) **の構造**

れている*.

＊　水中で H_3O^+ は単独の
イオンとして存在している
わけではなく, いくつかの
H_2O 分子が水素結合した状
態で存在している.

　例題 5・2　次の反応において下線を付した化学種はルイス酸・塩基のいずれか.
理由も示せ.

① $HCl(g)$ + $\underline{H_2O}(l)$ $\longrightarrow$ $H_3O^+(aq)$ + $Cl^-(aq)$

② $NH_3(g)$ + $\underline{H_2O}(l)$ $\longrightarrow$ $NH_4^+(aq)$ + $OH^-(aq)$

　解　① H_2O は O 原子に存在する非共有電子対を HCl の電離で生じる H^+ に与えて
H_3O^+ を生じているので, ルイス塩基である.

　② NH_3 は N 原子に存在する非共有電子対を H_2O が起源となる H^+ に与えて NH_4^+
を生じているので, ルイス塩基である.

　例題 5・1 の ① と 5・2 の ① はいずれもハロゲン化水素（HF, HCl）が水に
溶けて酸性を示す反応であるが, ここでは H_2O はブレンステッド塩基であると
同時にルイス塩基でもある. このような例では, ブレンステッド–ローリーの定
義とルイスの定義は互いに矛盾しないものとなっている.

5・2　ブレンステッド酸・塩基の平衡論

5・2・1　酸解離定数・塩基解離定数と水素イオン指数

　H 原子を含むブレンステッド酸を一般に HA と表現し, これが H 原子を含む
溶媒 HSol に溶けて H^+ を放出する過程を

$$HA + HSol \rightleftharpoons H_2Sol^+ + A^- \tag{5・5}$$

と書くことにしよう. 典型的な溶媒は水であって, その場合は HSol＝H_2O であ
る. (5・5)式の反応は右から左へも進み, 化学平衡が成り立っているとすると,
平衡定数は,

$$K_1 = \frac{a_{H_2Sol^+} a_{A^-}}{a_{HA} a_{HSol}} \tag{5・6}$$

と表せる. ここで, a は各化学種の**活量**である. 平衡定数は濃度を用いて表現さ
れることも多いが, 厳密には濃度に置き換わる量として活量を用いる必要がある.
これは, 特に溶液の濃度が高いとき, 溶質間の相互作用が無視できなくなること
から, 溶液の性質を単純な濃度（つまり, 溶媒に対する溶質の相対的な物質量）
では表現できないためである. すなわち, 活量は, 実在溶液の濃度を反映した物
理量である. また, 溶質同士の相互作用がないと仮定した理想的な溶液の濃度に
対応している. いい換えれば, 後述するように希釈な溶液では活量は濃度と等し
いとおいても差し支えない. (5・6)式に戻ると, 活量は次元をもたない物理量で
あるから, 平衡定数も無次元である. 一般に溶媒は溶質と比べて多量に存在する
ため, その活量は一定とみなしてよい. そこで, a_{HSol} も定数に含め,

$$K_a \equiv K_1 a_{HSol} = \frac{a_{H_2Sol^+} a_{A^-}}{a_{HA}} \tag{5・7}$$

と書けば, K_a が電離した H^+ の活量を反映した平衡定数を与える. K_a を**酸解離**

活量（activity）

酸解離定数
(acid dissociation constant)

定数といい，無次元の量として与えられる．また，K_a の逆数の常用対数を pK_a と書く．すなわち，

$$pK_a = -\log K_a \qquad (5・8)$$

＊1　本書では常用対数を $\log X$ で表す．

＊1 対数であるので，pK_a の値が 1 違えば，酸の強さは 10 倍違うことになる．

である[*1]．酸解離定数あるいは pK_a は "酸の強さの指標" となる．強酸では多くの場合，$K_a \gg 1$ である．すなわち，pK_a が小さいほど強酸となる．表 5・1 にいくつかの強酸と弱酸の 25 ℃ 水溶液中における酸解離定数の値（pK_a の値）を示した．さまざまなブレンステッド酸のうち，塩酸，臭化水素酸，ヨウ化水素酸，硫酸，硝酸などは強酸である．一方，酢酸，フッ化水素酸，炭酸，リン酸などは弱酸として分類される．

また，酸の強さは溶液中の水素イオンの活量で測ることもできる．そこで，

$$pH = -\log a_{H^+}(= -\log a_{H_3O^+}) \qquad (5・9)$$

水素イオン指数
（hydrogen ion exponent）

によって，溶液の酸性・塩基性を評価できる．(5・9)式を**水素イオン指数**といい，**pH**（ピーエッチ）という記号で表される．

表 5・1　ブレンステッド酸となる化学種の水溶液中での酸解離定数[a]

酸	酸の化学式	共役塩基の化学式	pK_a
ヨウ化水素酸	HI	I^-	-9.5
臭化水素酸	HBr	Br^-	-8.8
塩　　酸	HCl	Cl^-	-5.9
硫　　酸	H_2SO_4	HSO_4^-	-3.29
硝　　酸	HNO_3	NO_3^-	-1.43
オキソニウムイオン	H_3O^+	H_2O	0.0
リン酸	H_3PO_4	$H_2PO_4^-$	1.83
フッ化水素酸	HF	F^-	2.97
酢　　酸	CH_3COOH	CH_3COO^-	4.76
炭　　酸	H_2CO_3	HCO_3^-	6.35
硫化水素	H_2S	HS^-	6.90

a)　日本化学会編，「化学便覧 基礎編 改訂 6 版」，丸善(2021)より．多塩基酸(5・2・2節参照)である H_2SO_4，H_3PO_4，H_2CO_3，H_2S は，水素イオンを放出する第 1 段階の反応に対する酸解離定数の値が掲載されている．

＊2　紛らわしいが，ホウ素の元素記号と区別せよ．

同様にして，ブレンステッド塩基を B と表すと[*2]，これが溶媒に溶けて H^+ を受取る反応は，

$$B + HSol \rightleftharpoons BH^+ + Sol^- \qquad (5・10)$$

と書けるので，ここでも反応は右から左へも進行し，化学平衡が成り立っているとすれば，その平衡定数 K_2 を用いて，(5・7)式と同様に，

塩基解離定数
（base dissociation constant）

＊3　塩基の強さは塩基の共役酸の K_a を使って表すことが多い．
$$BH^+ \rightleftharpoons B + H^+$$
$$K_a = \frac{a_B a_{H^+}}{a_{BH^+}}$$
ここでは，pK_a が大きいほど強塩基となる．

$$K_b \equiv K_2 a_{HSol} = \frac{a_{BH^+} a_{Sol^-}}{a_B} \qquad (5・11)$$

を定義することができる．(5・11)式の物理量を**塩基解離定数**という．また，K_b の逆数の常用対数を pK_b と書く[*3]，すなわち，

$$pK_b = -\log K_b \qquad (5・12)$$

である. pK_b の値が小さいほど強塩基となる.

H 原子を含む溶媒では,

$$HSol + HSol \rightleftharpoons H_2Sol^+ + Sol^- \qquad (5 \cdot 13)$$

のように自ら解離してH^+を放出する過程に関して化学平衡が成り立っている. この現象を**自己プロトリシス**とよび,ここでも溶媒の活量は一定であると考えて導かれる平衡定数を定義する.

$$K_{HSol} = a_{H_2Sol^+} a_{Sol^-} \qquad (5 \cdot 14)$$

(5・14)式をこの溶媒の**自己プロトリシス定数**という. 酸 HA の pK_a と共役塩基 A^- の pK_b ならびに自己プロトリシス定数との間には,

$$K_a K_b = \frac{a_{H_2Sol^+} a_{A^-}}{a_{HA}} \cdot \frac{a_{HA} a_{Sol^-}}{a_{A^-}} = K_{HSol} \qquad (5 \cdot 15)$$

の関係がある. すなわち,

$$pK_{HSol} \equiv -\log K_{HSol} = pK_a + pK_b \qquad (5 \cdot 16)$$

が成り立つ.

ここまでは化学種の活量を用いて酸と塩基の反応における平衡定数を表したが,実際の実験などでは活量ではなく濃度を用いて考察することが多い. 濃度の低い溶液では活量は濃度にほぼ等しい. 活量ではなく濃度を用いて表した平衡定数は**濃度平衡定数**とよばれる. たとえば,溶媒が水である場合の自己プロトリシス定数 K_W は,水素イオンの濃度 $[H_3O^+]$ あるいは $[H^+]$ と水酸化物イオンの濃度 $[OH^-]$ を用いて,近似的に,

$$K_W = a_{H_3O^+} a_{OH^-} = a_{H^+} a_{OH^-} \approx [H_3O^+][OH^-] = [H^+][OH^-] \qquad (5 \cdot 17)$$

と表現される. K_W は**水のイオン積**とよばれ,25℃において $1.008 \times 10^{-14} \, mol^2 \, L^{-2}$ の値をとる. また,(5・9)式の水素イオンの活量をモル濃度で近似して,水素イオン指数を次のように表すことが多い[*].

$$pH = -\log([H^+]/mol \, L^{-1}) \qquad (5 \cdot 18)$$

自己プロトリシス (autoprotolysis)

自己プロトリシス定数 (autoprotolysis constant)

濃度平衡定数 (concentration equilibrium constant)

水のイオン積 (ion product of water)

[*] $[H^+]$ は $[H_3O^+]$ と書いてもよい.

例題 5・3 濃度が c の酢酸水溶液の酸解離定数を K_a とおく.
① 溶液中の化学種の濃度について,物質の収支を表す式を示せ.
② 溶液中の化学種の濃度について,電気的中性が保持されることから導かれる関係式を示せ.
③ 次式が成り立つことを示せ. ただし,K_W は水のイオン積である.

$$[H_3O^+]^3 + K_a[H_3O^+]^2 - (cK_a + K_W)[H_3O^+] - K_a K_W = 0 \qquad (5 \cdot 19)$$

解 ① 酢酸は弱酸であるから,溶解した酢酸は,一部は分子として,一部は H^+ を放出した陰イオンとして存在する. したがって,次の関係が成り立つ.

$$[CH_3COOH] + [CH_3COO^-] = c \qquad (5 \cdot 20)$$

② 陰イオンとして CH_3COO^- と OH^-,陽イオンとして H_3O^+ が存在するから,

$$[CH_3COO^-] + [OH^-] = [H_3O^+] \qquad (5 \cdot 21)$$

が成り立つ.

③ (5・17)式より $[OH^-] = K_W/[H_3O^+]$ であるから,② の結果に代入すれば,

$$[CH_3COO^-] = [H_3O^+] - K_W/[H_3O^+] \qquad (5・22)$$

であり，これを ① の結果に代入すると，

$$[CH_3COOH] = c - [H_3O^+] + K_W/[H_3O^+] \qquad (5・23)$$

が得られる．(5・22)式と (5・23)式を

$$K_a = \frac{[CH_3COO^-][H_3O^+]}{[CH_3COOH]} \qquad (5・24)$$

に代入して整理すれば (5・19)式が導かれる．

　酢酸は弱酸であるから，近似を用いて水素イオン濃度を算出できる．まず，酸であることから OH^- の濃度は H_3O^+ や CH_3COO^- の濃度より十分小さい．よって，(5・22)式と (5・23)式においていずれも最後の項を無視し，得られる結果を (5・24)式に代入すれば，

$$K_a = \frac{[H_3O^+]^2}{c - [H_3O^+]} \qquad (5・25)$$

が導かれ，さらに弱酸であることを考慮すれば，水素イオンの濃度は，これは最初に溶かした酢酸の濃度より十分小さいので，

$$[H_3O^+] = \sqrt{cK_a} \qquad (5・26)$$

で与えられる．25 ℃における酢酸の酸解離定数 K_a は 1.74×10^{-5} mol L^{-1} であるので，たとえば濃度 c が 1.00×10^{-2} mol L^{-1} の酢酸水溶液の水素イオン指数は pH = 3.38 と計算できる．

5・2・2 オ キ ソ 酸

　水中では特徴的なブレンステッド酸が存在する．多くは，金属イオンや非金属元素の原子に水分子，ヒドロキシ基，オキソ基[*1]が結合した化学種で，水中では構造中の H 原子を H^+ イオンとして放出している．このような酸は**オキソ酸**と総称される．たとえば，水中に溶解した Fe^{3+} イオンには 6 個の H_2O 分子が配位してアクアイオンを形成している[*2]．これは，次の反応によりブレンステッド酸として作用する．

$$[Fe(H_2O)_6]^{3+}(aq) + H_2O(l) \rightleftharpoons [Fe(H_2O)_5(OH)]^{2+}(aq) + H_3O^+(aq)$$
$$(5・27)$$

　例題 5・1 で示したホウ酸や，硫酸，硝酸，リン酸，ケイ酸などもこの種のブレンステッド酸である．用語として，

　アクア酸：Fe^{3+} の例のように水分子が配位した化学種

　ヒドロキソ酸：オルトケイ酸 $Si(OH)_4$ のようにヒドロキシ基のみからなる酸

　オキソ酸：硫酸，硝酸，リン酸のようにヒドロキシ基とオキソ基を含むものとよんで区別する場合もあるが，本書ではこれらをすべてまとめてオキソ酸とよぶ[*3]．ホウ酸は $B(OH)_3$ と書けるのでこれらの分類ではヒドロキソ酸に属すると考えてよいが，例題 5・1 で見たように水中ではルイス酸として H_2O と結合し

*1　分子の中心にある原子と二重結合を形成している酸素原子(=O)を**オキソ基**という．

オキソ酸（oxoacid）

*2　「配位」という術語は配位数や配位多面体として 4 章ですでにふれた．一方，配位結合については 5・3・1 節で簡単に説明するが，配位結合にもとづく分子，すなわち，錯体については 7 章で解説する．(5・27)式の $[Fe(H_2O)_6]^{3+}$ のような錯体を意味する表記も 7 章で述べる．

*3　IUPAC（International Union of Pure and Applied Chemistry，国際純正・応用化学連合）の定義はこのようになる．

表 5・2　いくつかのオキソ酸と構造　x はオキソ基の数

$x = 0$	$x = 1$		$x = 2$		$x = 3$
Cl—OH HClO	HO–C(=O)–OH H_2CO_3	HO–P(=O)(H)–OH H_3PO_3	O_2N–OH HNO_3	Cl(=O)–OH $HClO_3$	Cl(=O)$_2$–OH $HClO_4$
(HO)$_3$Si–OH $Si(OH)_4$	HO–P(=O)(OH)–OH H_3PO_4	Cl(=O)–OH $HClO_2$	S(=O)$_2$(OH)–OH H_2SO_4		
(HO)$_2$B–OH $B(OH)_3$					

ており，これがブレンステッド酸として働く．表 5・2 にいくつかのオキソ酸をその構造とともに示した．ここでは分子に存在するオキソ基の数によってオキソ酸を区別した．

　オキソ基の数とヒドロキシ基の数は"酸の強さ"に関係する．オキソ基の O 原子は電気陰性度が大きく中心の原子から電子を引き寄せるため，ヒドロキシ基の O 原子は電子不足となり，H^+ との結合に寄与する静電引力が弱くなって，容易に H^+ を放出する．したがって，<u>オキソ基の数が増えるほど酸性が強くなる</u>．また，H^+ を放出することによって生じる共役塩基の安定性も重要である．たとえば，H_2SO_4 と H_2SO_3 の共役塩基はそれぞれ，HSO_4^-，HSO_3^- であり，それらの構造は，

$$O=S(=O)(O^-)–OH \qquad O=S(OH)(O^-)–OH$$

である（左が HSO_4^-，右が HSO_3^-）．HSO_4^- では中心の S 原子に二重結合を介して二つの O 原子が結合し，もう一つの O 原子が単結合で結合して負電荷をもつように描かれているが，二重結合に寄与する π 電子はこれら三つの結合全体にわたって"非局在化"している．<u>この電子状態は分子を安定化する</u>．HSO_4^- と HSO_3^- を比較すると，S 原子と O 原子の結合が少ない HSO_3^- では非局在化の度合いが小さく，HSO_4^- よりも安定性が低い．このため，H_2SO_4 と H_2SO_3 では前者のほうが H^+ を放出しやすく，強い酸であると解釈できる．

　オキソ酸におけるオキソ基の数を x，ヒドロキシ基の数を y とすると，オキソ酸の強さに関して，

- pK_a は $8 - 5x$ で近似できる．
- y が 2 以上で H^+ を多段階で放出する酸[*]では，H^+ の放出が起こるごとに K_a の値は 5 桁だけ減少する．すなわち，pK_a は 5 だけ増加する．

[*]　これを<u>多塩基酸</u>という．

となることが知られている. これらを**ポーリング**（Pauling）**の規則**という. たとえば, 硫酸 H_2SO_4 では $x = 2$, $y = 2$ であるから,

$$H_2SO_4(l) + H_2O(l) \rightleftharpoons H_3O^+(aq) + HSO_4^-(aq) \qquad (5 \cdot 28)$$

$$HSO_4^-(aq) + H_2O(l) \rightleftharpoons H_3O^+(aq) + SO_4^{2-}(aq) \qquad (5 \cdot 29)$$

の 2 段階の解離に対して, pK_a は (5・28) 式と (5・29) 式に対して, それぞれ, -2, $+3$ と予想される. 実測値は, 前者が -3.29, 後者が $+1.987$ であり, いずれも規則からはややずれた値となっているものの, 両者の差はおおよそ 5 であり, このことは規則とよく合う.

　水分子が配位した金属イオン（いわゆるアクア酸）の場合, <u>中心金属イオンの価数（正電荷）が高く, イオン半径が小さいほど強い酸となる</u>傾向がある. たとえば, Mg^{2+}, Ca^{2+}, Sr^{2+}, Ba^{2+} のそれぞれのアクアイオンでは, 酸としての強さは, $Mg^{2+} > Ca^{2+} > Sr^{2+} > Ba^{2+}$ の順となる. 結合のイオン性のみを考慮すれば, 正電荷が大きく, イオン半径の小さい陽イオンほど, 結合している O 原子から電子を引き寄せる力は大きく, そのため O 原子は電子不足になって H^+ を放出しやすいと解釈できる. ただし, 結合に共有性が現れるとこの傾向は成り立たなくなる[*].

※ 実際, Cd^{2+}, Sn^{2+}, Hg^{2+}, Tl^{3+} などのアクアイオンは電荷とイオン半径から予想されるよりも強い酸性を示す.

例題 5・4 次の a), b) のそれぞれに示した 2 種類の酸のうち, どちらが強い酸であるか. 根拠も示せ.

a) HNO_3 と H_3PO_4 　　b) $[Fe(H_2O)_6]^{3+}$ と $[Fe(H_2O)_6]^{2+}$

解 a) オキソ基の数は HNO_3 が 2, H_3PO_4 が 1 であるので, ポーリングの規則より, オキソ基の数が多い HNO_3 のほうが強い酸である.

　b) 同じ元素の陽イオンでは, 価数が大きいほどイオン半径は小さくなるから, Fe^{3+} は Fe^{2+} と比べて正電荷が高く, イオン半径が小さいことになり, 水和する H_2O 分子の酸素の負電荷を強く引き付け, 結果として H^+ が放出されやすい状態である. よって, $[Fe(H_2O)_6]^{3+}$ のほうが強い酸である.

5・2・3 水平化効果

　ブレンステッド酸の強さは pK_a の値で評価できるが, この指標は酸となる化学種と溶媒との反応に対して定義されたものであるから, 当然, <u>溶媒の種類が変われば pK_a の値も変化する</u>. 溶媒が H_2O であるときの pK_a の値は表 5・1 に示したとおりであるが, HI, HBr, HCl を水に溶かした場合, これらの分子はほぼ完全に H^+ とハロゲン化物イオンに解離しているため, 化合物間の酸性の強弱を区別することはできない. いい換えると, 水中では,

$$HX + H_2O(l) \longrightarrow H_3O^+(aq) + X^-(aq) \qquad (5 \cdot 30)$$

の反応が完全に進行し（ここで, X は Cl, Br, I）, これらのハロゲン化水素の<u>酸としての強さはすべて H_3O^+ の酸性度と同じようになる</u>. つまり, 同じ強さの<u>酸として働く</u>. このような現象を**水平化効果**という. 塩基についても同様であり, (5・10) 式と同様に塩基を B で表すと, これが強塩基であれば, 水に溶けて,

水平化効果（leveling effect）

$$B + H_2O(l) \longrightarrow BH^+(aq) + OH^-(aq) \qquad (5 \cdot 31)$$

の反応が完全に進み，水溶液中で最も強い塩基は B の種類によらず OH^- となる．これも水平化効果の一つである．

このように溶媒が H_2O であるとき，$K_a \gg 1$，すなわち $pK_a < 0$ であるような酸，および $K_b \gg 1$，すなわち $pK_b < 0$ である塩基は水平化される．また，$K_a K_b = K_W = 1.008 \times 10^{-14}\ mol^2\ L^{-2}$ であるから，

$$0 < pK_a < 14 \qquad (5・32)$$

を満たす酸あるいは塩基の共役酸であれば，これらの酸と塩基の強度は水中で区別することができる．

H_2O が溶媒である場合に水平化効果によって区別できない酸の強さは，H^+ を受取る能力が H_2O より低い物質を溶媒として用いれば，その違いを明らかにすることができる．いい換えると H_2O より弱い塩基を用いればよい．たとえば，pK_a が負である HI，HBr，HCl は水中ではすべて水平化されるが，溶媒として HF を用いれば，これら 3 種類の酸の強さを判別できる．なぜなら，HF は水に溶けると水溶液が酸性を示すことから，H_2O より弱い塩基であるためである．

また，酢酸は水溶液中では弱酸であるが，HF に溶解すると，

$$CH_3COOH(l) + 2HF(l) \rightleftharpoons CH_3COOH_2^+(sol) + HF_2^-(sol) \quad (5・33)$$

のように水素イオンを受取るため，ブレンステッド塩基として作用する*．このように溶媒の酸性・塩基性が変化すると，それに溶解する物質の酸・塩基としての強さや性質も変わる．

※ (5・33)式中の化学種の後に付けられた sol は溶媒（この場合は HF）に溶けた状態であることを意味する．

5・3 ルイス酸とルイス塩基
5・3・1 ルイス酸・塩基の反応

ルイス酸とルイス塩基の反応は，後者から前者に電子対が供与されて両者に化学結合が生じる過程とみなせる．この種の結合を**配位結合**という．いい換えると，ルイスの概念にもとづく酸塩基反応は錯体（7 章）の生成過程である．この反応が進行する理由は図 5・2 の分子軌道エネルギー準位図にもとづいて説明することができる．

配位結合 (coordinate bond)

図には，ルイス酸，ルイス塩基それぞれの分子軌道（あるいは原子軌道）と，

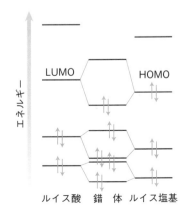

図 5・2 **ルイス酸，ルイス塩基，それらの酸塩基反応で生じる錯体の分子軌道(原子軌道)エネルギー準位図**

両者が錯体を形成した場合の結合に相当する分子軌道の各準位とエネルギーが示されている. 反応にあずかる電子対はルイス塩基の最高被占軌道（HOMO）にあり, それを受入れるルイス酸の分子（原子）軌道は最低空軌道（LUMO）であるから, 反応が進行するということは, これらの分子（原子）軌道からつくられる結合性軌道を電子対が占めて配位結合が安定化することを意味する.

配位結合の観点からすれば, 5・2・2 節で述べた金属元素のアクアイオンはブレンステッドとローリーの定義からは酸であるが, これはルイス酸である金属イオンとルイス塩基である H_2O 分子が酸塩基反応を起こした状態であると見ることもできる. 同様にブレンステッド酸である HCl はルイス酸である H^+ とルイス塩基である Cl^- が配位結合を形成したものと考えることができる. 一方, ブレンステッド塩基である NH_3 は N 原子の非共有電子対を相手に与えることができるのでルイス塩基でもある.

以下では, いくつかのルイス酸・塩基の反応例とその傾向を見てみよう.

13 族元素である B や Al の三ハロゲン化物は平面三角形の構造をとり, 中心にある B や Al が空の p 軌道をもつため, これに電子対を受入れることが可能で, ルイス酸として働く. たとえばルイス塩基である $N(CH_3)_3$（トリメチルアミン）との反応は次のように進む. Me はメチル基 CH_3 を表す.

$$\tag{5・34}$$

ここでは N 原子の非共有電子対が B 原子の空の 2p 軌道に与えられて両原子間に結合が生じる.

原子価結合理論の観点から上記の反応をとらえると, 三ハロゲン化ホウ素において B 原子は sp^2 混成軌道を形成しているが, 反応後は sp^3 混成軌道により四つの原子（三つのハロゲン原子と一つの N 原子）と結合した四面体形の分子に変わる. 反応系の正三角形の分子では, B 原子の原子軌道のうち sp^2 混成軌道に寄与しない 2p 軌道がハロゲン原子の p 軌道と π 結合をつくり, ハロゲン原子の p 軌道にある電子が B 原子の空の 2p 軌道に流れ込むことによって安定化している（図 5・3）. このような π 結合による安定性は B 原子との結合距離の短い F 原子で最も大きく, B 原子とハロゲン原子の結合距離が長くなるほど安定性は下がる. つまり, BF_3 は $N(CH_3)_3$ と最も反応しにくいことになり, ルイス酸としての強さは, $BF_3 < BCl_3 < BBr_3$ の順となる.

これに対して 14 族元素のハロゲン化物のルイス酸としての強さは, $SiF_4 > SiCl_4 > SiBr_4 > SiI_4$, また, $SnF_4 > SnCl_4 > SnBr_4 > SnI_4$ のようになり, 13 族元素の場合とはまったく逆の傾向を示す. これはハロゲン元素の電気陰性度の違いで説明できる. すなわち, 電気陰性度は F が最も大きく, I が最も小さいため, 中心の 14 族元素の電子密度は F 原子と結合しているときに最も低く, I 原子と結合しているときに最も高い. よって, F 原子と結合している Si 原子や Sn 原子

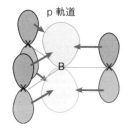

図 5・3 B 原子とハロゲン原子（図中の X）の p 軌道同士の π 結合

はルイス塩基との反応で電子対を最も受入れやすく，他のハロゲン原子と結合している場合と比較してルイス酸としての強さが大きくなる．

　工業的に硫酸を製造する過程では SO_3 が原料として使われる．SO_3 は水に直接溶かすのではなく，まず，硫酸に溶かしたあと，水を加えて硫酸がつくられる．これらの反応は，

$$SO_3(s) + H_2SO_4(l) \longrightarrow H_2S_2O_7(l) \tag{5・35}$$

$$H_2S_2O_7(l) + H_2O(l) \longrightarrow 2H_2SO_4(l) \tag{5・36}$$

と書くことができる．(5・35)式の反応の生成物は発煙硫酸[*1]とよばれる．発煙硫酸が生じる過程はルイス酸とルイス塩基の反応として理解できる．電子対の移動は次のようになる．

＊1　SO_3 の揮発により空気中で白煙を生じるためこの名称がある．

$$\tag{5・37}$$

すなわち，SO_3 はルイス酸であり，硫酸はルイス塩基として作用する．

　例題 5・5　ヨウ素の結晶は水に溶けにくいが，ヨウ化カリウムが溶けている水溶液に対しては溶解度が高い．ルイス酸・塩基の観点からこの反応を説明せよ．
　解　水溶液中での反応は次のように書ける．

$$I_2(s) + I^-(aq) \longrightarrow I_3^-(aq) \tag{5・38}$$

この反応で，I_2 はルイス酸，I^- はルイス塩基である．

5・3・2　硬い酸・塩基と軟らかい酸・塩基

　ルイス酸とルイス塩基には "硬さ" という概念がある．陽イオンと陰イオンはそれぞれルイス酸とルイス塩基の代表例であるが，以下のように定義される．陽イオンでは，

- **硬い酸**：イオン半径が小さく，正電荷が大きく，分極しにくい
- **軟らかい酸**：イオン半径が大きく，正電荷が小さく，分極しやすい

陰イオンでは，

- **硬い塩基**：イオン半径が小さく，負電荷の絶対値が小さく，分極しにくい
- **軟らかい塩基**：イオン半径が大きく，負電荷の絶対値が大きく，分極しやすい

また，分子も同じように分類することができる．分子においても，分極率の低い酸や塩基は硬く，逆に分極率の高い酸や塩基は軟らかい．硬い酸・塩基と軟らかい酸・塩基の例を表5・3に示す．

　硬い酸は硬い塩基と安定な結合をつくり，軟らかい酸は軟らかい塩基と安定な結合をつくりやすい．これを **HSAB 則**（hard and soft acids and bases principle）という[*2]．硬い酸は陽イオンであれば正電荷の密度が高く，また，電気的に中性の分子であっても，BF_3 のように反応にあずかる原子（この場合は B 原子）は電気陰性度の大きな原子（F 原子）と結合しており，正電荷が高い状態である．

硬い酸（hard acid）
軟らかい酸（soft acid）

硬い塩基（hard base）
軟らかい塩基（soft base）

＊2　HSAB 則にもとづく錯体の安定性については7・4・1節で述べる．

表 5・3　硬い酸と塩基ならびに軟らかい酸と塩基の例

硬い酸	中間的な酸	軟らかい酸
H^+, Li^+, Na^+, K^+, Be^{2+}, Mg^{2+}, Ca^{2+}, Al^{3+}, Ti^{4+}, Cr^{3+}, Fe^{3+}, BF_3, SO_3	Fe^{2+}, Co^{2+}, Ni^{2+}, Cu^{2+}, Zn^{2+}, Pb^{2+}, BBr_3, SO_2	Cu^+, Ag^+, Au^+, Pd^{2+}, Pt^{2+}, Cd^{2+}, Hg^{2+}, Tl^+, BH_3

硬い塩基	中間的な塩基	軟らかい塩基
F^-, Cl^-, O^{2-}, OH^-, CO_3^{2-}, NO_3^-, PO_4^{3-}, SO_4^{2-}, ClO_4^-, CH_3COO^-, H_2O, NH_3	Br^-, NO_2^-, SO_3^{2-}, N_3^-, N_2	H^-, I^-, S^{2-}, CN^-, CO

一方，硬い塩基は陰イオンであれば負電荷の密度が高く，分子であれば，たとえば NH_3 のように反応にあずかる原子は高い負電荷をもつ．このため，硬い酸と硬い塩基は互いに静電的な相互作用にもとづく引力が強く，両者に生じる結合は安定なものとなる．

　一方，軟らかい酸は正電荷の密度が低く，軟らかい塩基は負電荷の密度が低いため，静電的な引力では反応性を説明できない．5・3・1節で見たように，ルイス酸は空の原子軌道（あるいは分子軌道）をもち，これが塩基の電子対を受入れて酸塩基反応を起こす（図5・2）．軟らかい酸は硬い酸と比べるとイオン半径や原子半径が大きく，その原子軌道は外側まで広がっており，反応する相手の化学種から電子を受取りやすい．いい換えると，最低空軌道（LUMO）のエネルギーが低い．一方，軟らかい塩基は硬い塩基に比べて原子軌道の広がりが大きいことから，相手に容易に電子を与えることができる．すなわち，最高被占軌道（HOMO）のエネルギーが高い．したがって，軟らかい酸と軟らかい塩基は前者の最低空軌道と後者の最高被占軌道の間で電子のやりとりが容易に起こり，反応が進行しやすい．

　例題 5・6　次のうち，最もアクアイオンをつくりやすい金属イオンはどれか．理由も述べよ．
　a) Al^{3+}，b) Fe^{2+}，c) Ag^+
　解　H_2O は硬い塩基である．与えられた金属イオンのうち，Al^{3+} は硬い酸，Ag^+ は軟らかい酸で，Fe^{2+} はその中間にあるから，H_2O と安定なアクアイオンをつくりやすいのは Al^{3+} である．

　水溶液中の金属イオンの定性分析の一つに硫化物イオンを用いた金属イオンの沈殿生成の反応がある．硫化物イオンの供給に利用される化合物に硫化水素がある．これはブレンステッド酸であり，水に溶けて，

$$H_2S(g) \rightleftharpoons H^+(aq) + HS^-(aq) \qquad (5 \cdot 39)$$

$$HS^-(aq) \rightleftharpoons H^+(aq) + S^{2-}(aq) \qquad (5 \cdot 40)$$

の反応により硫化物イオンを生じる．(5・39)式と (5・40)式からわかるように，酸性水溶液では平衡は左に移動するため，S^{2-} の濃度は低い．このような状況で

酸塩基の硬さ・軟らかさと鉱物

　地殻中に存在する鉱物の組成には酸・塩基の概念が関わっている．16族元素をカルコゲンとよぶことは，すでに2章で述べた．このカルコゲンという言葉は，銅を意味するギリシア語の khalkos に由来している．これは，銅を含む鉱物にカルコゲンの代表的な元素である硫黄を含むものが多いことによる．とりわけ，Cu_2S を主成分とする鉱物は輝銅鉱とよばれるが[*1]，その英語名は chalcocite（カルコサイト）である．硫黄が銅と安定な結晶を生成し鉱物として産出されるという事実は，5・3・2節で述べた HSAB 則で説明できる．表5・3に示すように，S^{2-} は軟らかい塩基であり，Cu^+ は軟らかい酸である．また，Cu^{2+} は中間的な酸に分類される．このことから，Cu_2S や CuS は安定な結晶として自然界に存在すると解釈できる．中間的な酸や軟らかい酸に帰属できる Pb^{2+} や Hg^{2+} の鉱物もカルコゲン化物（特に硫化物）であることが多い[*2]．

　一方，Mg^{2+}，Al^{3+}，Ti^{4+}，Cr^{3+} などの陽イオンは硬い酸であり，これらは硬い塩基である O^{2-} と結合しやすいため，これらの元素は酸化物の鉱物に含まれることが多い．たとえば，尖晶石（スピネル，$MgAl_2O_4$），滑石（$Mg_3Si_4O_{10}(OH)_2$），チタン鉄鉱（イルメナイト，$FeTiO_3$），クロム鉄鉱（$FeCr_2O_4$），クロム苦土鉱（$MgCr_2O_4$）などが知られている．

　このように，鉱物の成分が，一見，何の関係もなさそうな酸塩基の概念にもとづいて説明できる点は興味深い．

*1　このほかにも銅藍（CuS）や黄銅鉱（$CuFeS_2$）など，銅と硫黄からなる鉱物が知られている．

*2　方鉛鉱（PbS），テルル鉛鉱（$PbTe$），辰砂（HgS）などがその例である．

　も硫化物の沈殿を生成するのは Cu^{2+}，Cd^{2+}，Hg^{2+} などであるが，これらはいずれも中間的な酸あるいは軟らかい酸であり，軟らかい塩基である S^{2-} と安定な化合物をつくりやすいことから，このような現象が見られると解釈できる．

5・4　酸化還元反応

5・4・1　酸化数と酸化・還元の定義

　分子や結晶中で一つの原子がそれと結合している原子からどの程度の割合で電子を引き寄せているか，あるいは逆に相手に供与しているかは，2章や3章で議論した電気陰性度をもとに考えることができる．特に3・2・2節で述べたように，化学結合は，それに寄与する電子の分布によって共有結合，イオン結合，極性共有結合に大別できるが，ダイヤモンドや酸素分子のように単体に見られる理想的な共有結合を除き，異なる元素の原子間の結合をあたかも完全なイオン結合のように扱い，化合物中の各原子における電子が単体の場合と比べてどの程度過剰か，あるいは逆に不足しているかを数値化することができる．これを**酸化数**という．また，原子が酸化された程度を**酸化状態**というが，酸化数そのものを酸化状態とよぶこともある．酸化数は基本的にローマ数字[*3]を用いて表すことになっているが，本書ではアラビア数字も併用する．

　酸化数は次のような規則にもとづいて見積もられる．

酸化数（oxidation number）

酸化状態（oxidation state）

*3　ローマ数字は特に無機化合物の命名において用いられる（例題5・7参照）．

- 単体中の原子の酸化数は 0 である．この場合はローマ数字を用いない．
- 電気的に中性の化合物では，それを構成する原子の酸化数の総和はゼロである．分子がイオンとして電荷をもつ場合，その分子を構成する原子の酸化数の総和は，符号も考慮した分子の電荷に等しい．
- イオン結晶のような結合がイオン性の化合物では，酸化数はイオンの価数と等しい．陽イオンは正，陰イオンは負の値となる．
- 共有結合性の化合物では，結合にあずかる電子対を，共有結合を形成する原子のうち電気陰性度の大きい原子にすべて割り当て，その結果として得られる各原子の電荷にもとづいて酸化数を計算する．
- F の酸化数はあらゆる化合物において $-I$ である．
- H は，水素化物においては $-I$ であり，陽イオンとして存在するときは $+I$ （あるいは，単に I）となる．

例題 5・7　次の化学式で表される化合物において，下線を付した元素の酸化数を求めよ．また，e) と f) について化合物の名称を記せ．

a) $C\underline{O}$,　b) $H_2\underline{S}$,　c) $H\underline{S}O_4^-$,　d) $H_2\underline{O}_2$,　e) $\underline{Sn}O$,　f) $\underline{Sn}O_2$

解　酸化数については以下のように求められる．

a) 電気陰性度の大きい O の酸化数が $-II$ であるから，C は $+II$ である．
b) H の酸化数が $+I$ であるから，S は $-II$ である．
c) H の酸化数が $+I$，O の酸化数が $-II$ であるから，S は $+VI$ である．
d) H の酸化数が $+I$ であるから，O は $-I$ である．
e) O の酸化数が $-II$ であるから，Sn は $+II$ である．
f) O の酸化数が $-II$ であるから，Sn は $+IV$ である．

また，SnO と SnO_2 の名称は，それぞれ，酸化スズ(II)，酸化スズ(IV) である．

　例題 5・7 からわかるように，同じ元素であっても化合物の種類が違えば酸化状態が異なることもある．特に，遷移元素，O を除くカルコゲン，F を除くハロゲンは，多くの酸化状態をとりうる．酸化スズのように元素が同じでも酸化数の異なる複数の化合物が存在する場合，名称の後に酸化数をローマ数字で示してこれらの化合物を区別する．

　物質を構成する原子やイオンの酸化状態（酸化数）が反応の前後で変化するような化学反応を**酸化還元反応**という．酸化状態の変化は，異なる元素間で電子の授受が起こるために生じる．このような場合に，酸化・還元という用語は以下のような定義で用いられる．

酸化還元反応
（oxidation–reduction reaction）

- 反応において物質が相手に電子を与える場合，この物質は**酸化される**と表現される．また，このような物質は相手を還元するので**還元剤**とよばれる．

還元剤（reducing reagent）

- 反応において物質が相手から電子を得る場合，この物質は**還元される**と表現され，このような物質は相手を酸化するので**酸化剤**という．

酸化剤（oxidizing reagent）

酸化力（oxidizing power）

- 酸化剤は相手を酸化する能力をもつ物質であり，その能力はその物質の**酸化力**とよばれる．逆に還元剤は相手を還元する能力をもつ物質であり，この能力を

還元力という.

還元力（reducing power）

5・4・2 電気分解

酸化還元反応が関わる重要な例として電気分解と電池[*1]にふれておこう.

一対の電極を電解質溶液などに挿入して，外部電源から電流を流して化学反応を起こすことを**電気分解**あるいは**電解**という. たとえば，白金を陽極と陰極に用いて NaCl 水溶液を電気分解すると，陽極では，塩化物イオンが酸化される反応

$$Cl^-(aq) \longrightarrow \frac{1}{2}Cl_2(g) + e^- \tag{5・41}$$

により塩素の単体が生じ，陰極では水素イオンの還元反応(5・42) が，ナトリウムイオンが還元される反応(5・43) より優先的に起こる[*2].

$$H^+(aq) + e^- \longrightarrow \frac{1}{2}H_2(g) \tag{5・42}$$

$$Na^+(aq) + e^- \longrightarrow Na(s) \tag{5・43}$$

ここで e^- は電子を表す. (5・42)式の反応が (5・43)式の反応より容易に起こるという事実は，ナトリウムと水素の酸化還元種の相対的な安定性にもとづいて解釈できる. これについては5・5節以降で定量的に考察する. ここで述べた NaCl 水溶液の電気分解の過程は，工業的に塩素を製造する方法として用いられている.

また，図5・4に示すように陽イオン交換膜[*3]を設けた電解槽[*4]の陽極側に NaCl 水溶液，陰極側に NaOH 水溶液を入れて電気分解を行うと，陰極側では (5・42)式の反応のため水溶液中の OH^- イオンの濃度が増し，陽極側の Na^+ は陽イオン交換膜を通って陰極側に達することができるため，NaOH 水溶液の濃度が上昇する. これは工業的に利用される NaOH の製造プロセスである. OH^- と Cl^- は陽イオン交換膜を通り抜けることができないため，陰極側では OH^- の濃度が保たれると同時に，Cl^- が陰極側に入り込まないため，純度の高い NaOH をつくることができる.

アルミニウムの工業的な製造にも電気分解が利用される. 原料のボーキサイ

*1 電池については5・4・3節で述べる.

電気分解あるいは**電解**（electrolysis）

*2 電気分解では陽極（アノード）と陰極（カソード）を用いる場合が多い. 酸化反応が起こるのが陽極であり，還元反応が起こるのが陰極である.
一方，後述する電池では正極と負極という呼び方をする.

*3 陰イオンを通さず，陽イオンのみが透過できる膜を"陽イオン交換膜"という. スルホ化されたテトラフルオロエチレンにもとづく樹脂であるナフィオンなどが知られている.

*4 電解槽とは電気分解に用いる容器であり，電極や電解質などから構成される.

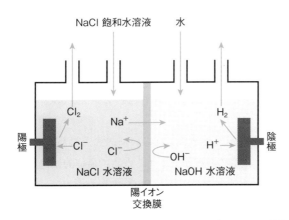

図5・4 **NaCl 水溶液の電気分解と Cl₂ および NaOH の製造**

トは Al_2O_3, $Al(OH)_3$, $AlO(OH)$ などを含んだ岩石であり，これを加熱しながら $NaOH$ 水溶液で洗浄すると，

$$Al_2O_3(s) + 2OH^-(aq) + 3H_2O(l) \longrightarrow 2[Al(OH)_4]^-(aq) \qquad (5\cdot44)$$

の反応で Al^{3+} を含む水溶液が得られる．ボーキサイトに含まれる他の成分は溶解しないため，ろ過によって取除くことができる．この溶液を冷却すると $Al(OH)_3$ が沈殿するので，これを 1050 ℃で加熱すると，

$$2Al(OH)_3(s) \longrightarrow Al_2O_3(s) + 3H_2O(g) \qquad (5\cdot45)$$

の反応により Al_2O_3 が生じる．このようにして Al_2O_3 を製造する過程を**バイヤー**(Buyer) **法**という．

　次に，Al_2O_3 を氷晶石（Na_3AlF_6）の融液に溶かし，炭素電極を用いて電気分解すると，陰極では Al^{3+} が還元されて Al に変わり，陽極では O^{2-} が O_2 に酸化される．発生した O_2 は炭素電極と反応して CO_2 を生成し，CO_2 はさらに炭素電極と反応して CO を生じる．したがって，全体の反応は次のように書くことができる．

$$Al_2O_3(s) + 3C(s) \longrightarrow 2Al(s) + 3CO(g) \qquad (5\cdot46)$$

このようにしてアルミニウムを工業的に製造する方法を**ホール–エルー**（Hall–Héroult）**法**とよび，アルミニウムの製造プロセスとして唯一実用化されている方法である[*]．

＊　この方法は多量の電力を消費する点が短所であり，このためアルミニウムは電気の缶詰と表現されることがある．

5・4・3 電　池

電池（cell, battery）

一次電池（primary cell）

二次電池（secondary cell）

電池は化学エネルギーなどを直接電気エネルギーに変えるデバイスであり，化学反応が完全に進行すれば電池としての機能が失われる**一次電池**と，充電により繰返し利用できる**二次電池**に大別される．

　　一次電池：アルカリマンガン乾電池，酸化銀電池，燃料電池など
　　二次電池：鉛蓄電池，リチウムイオン二次電池，ニッケル・カドミウム蓄電池，ニッケル・水素電池，ナトリウム・硫黄電池など

鉛蓄電池
（lead storage battery）

鉛蓄電池は古くから実用化されている二次電池の一種であり，正極として PbO_2，負極として Pb を用い，これらを希硫酸に浸した構造をもつ．放電の過程では，負極において，

$$Pb(s) + SO_4^{2-}(aq) \longrightarrow PbSO_4(s) + 2e^- \qquad (5\cdot47)$$

の反応が起こり，発生した電子は外部回路を通って正極に達する．正極では PbO_2 電極がこの電子を受取り，

$$PbO_2(s) + 4H^+(aq) + SO_4^{2-}(aq) + 2e^- \longrightarrow PbSO_4(s) + 2H_2O(l)$$
$$(5\cdot48)$$

の反応が起こる．放電が進むと，これらの反応式からわかるように $PbSO_4$ が負極と正極に析出し，硫酸の濃度が低下するため，最終的に電池として働かなくなる．放電した後に，直流電源の正極と PbO_2 電極をつなぎ，電源の負極と Pb 電極を結んで外部から電流を流すと，(5・47)式と (5・48)式の逆反応が起こって電池が再生される．この過程を充電という．

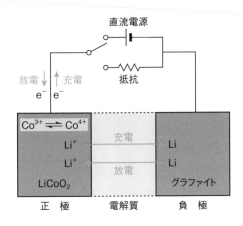

図5・5　正極が LiCoO₂, 負極が グラファイトであるリチウムイオ ン二次電池の模式的な構造と充放 電の過程

リチウムイオン二次電池[*1]は，正極に $LiCoO_2$, $LiMn_2O_4$, $LiFePO_4$, $LiNi_{1/3}$-$Mn_{1/3}Co_{1/3}O_2$ などの Li を含む遷移金属酸化物を，負極にグラファイト（6・6・1節）のような炭素系材料や $Li_4Ti_5O_{12}$ などの遷移金属酸化物を用いる．電解質には $LiPF_6$ などのリチウム塩を溶かした有機溶媒が使われる[*2]．電池の模式図を図 5・5 に示す．正極が $LiCoO_2$, 負極がグラファイトの場合，充電過程では正極から Li^+ が抜けるとともに Co^{3+} の一部が Co^{4+} に酸化される．このとき電子が発生し，外部回路を通って電源に達する．Li^+ は電解質を通って負極に到達し，電源から負極に達した電子を受取り，Li 原子としてグラファイトの層間に挿入される[*3]．充電過程における正極での反応は次のようになる．

$$LiCoO_2(s) \longrightarrow Li_{1-x}CoO_2(s) + xLi^+(aq) + xe^- \qquad (5・49)$$

放電では，まったく逆の反応

$$Li_{1-x}CoO_2(s) + xLi^+(aq) + xe^- \longrightarrow LiCoO_2(s) \qquad (5・50)$$

が起こり，約 4 V の“起電力”[*4]が発生する．このようなリチウムイオン二次電池は容量が大きく，小型で軽量であるため，携帯電話，ノート型パソコン，デジタルカメラなどに広く利用されている．

酸化還元反応を担う物質として H_2 と O_2 を使う**燃料電池**では，負極では H_2 が供給され，H_2 は酸化されて電子を放出する．たとえば電解質が KOH 水溶液であれば，負極では，

$$H_2(g) + 2OH^-(aq) \longrightarrow 2H_2O(l) + 2e^- \qquad (5・51)$$

の反応が進む．一方，正極には O_2 が供給され，O_2 は外部回路を通じて正極に達した電子によって還元される．この反応は，

$$O_2(g) + 2H_2O(l) + 4e^- \longrightarrow 4OH^-(aq) \qquad (5・52)$$

である．したがって，正味の反応は，

$$2H_2(g) + O_2(g) \longrightarrow 2H_2O(l) \qquad (5・53)$$

のように，水素と酸素から水ができるよく知られたものであり，この化学反応で生じるエネルギーを電気エネルギーの形で制御して取出すシステムが燃料電池である．この系の燃料電池では理想的な起電力は 1.23 V である．電池の起電力の定量的な扱いについては次節で見ていくことにしよう．

リチウムイオン二次電池 (lithium ion secondary battery)

[*1] 2019 年のノーベル化学賞の対象となり，ジョン・B・グッドイナフ，M・スタンリー・ウィッティンガム，吉野彰が受賞した．

[*2] 電解質に有機溶媒が用いられているが，液漏れや発火・爆発などの危険性があり，安全性などの観点から，電解質として固体を用いた“全固体電池”の開発が進められている．

[*3] この現象は“インターカレーション”とよばれ，グラファイトのような層状化合物に特徴的に見られる（6 章参照）．

[*4] 電池で得られる電位差のこと．

燃料電池 (fuel cell)

例題 5・8 アルカリマンガン乾電池は，正極に MnO_2，負極に Zn を用い，電解質として KOH 水溶液を使用する．電池の正極および負極における反応式を記せ．

解 正極：$2MnO_2(s) + H_2O(l) + 2e^- \longrightarrow Mn_2O_3(s) + 2OH^-(aq)$

　　　負極：$Zn(s) + 2OH^-(aq) \longrightarrow ZnO(s) + H_2O(l) + 2e^-$

5・5 標 準 電 極 電 位
5・5・1 標準電極電位の概念

化学種の酸化力あるいは還元力は，酸化還元反応にともなうギブズエネルギーの変化にもとづいて見積もることができる．たとえば，金属の亜鉛が酸に溶けて水素を発生する反応

$$Zn(s) + 2H^+(aq) \longrightarrow Zn^{2+}(aq) + H_2(g) \tag{5・54}$$

では，亜鉛が酸化され，水素が還元されているので，亜鉛と水素の単体を比較したとき，亜鉛の還元力（すなわち，亜鉛の酸化されやすさ）は水素より強いことになる．(5・54)式の反応は自発的に進むものの，その逆反応はそうではない．これは，この反応がギブズエネルギーの低下をともなうことを意味する．5・4・2節に記した (5・42)式の反応と，

$$Zn^{2+}(aq) + 2e^- \longrightarrow Zn(s) \tag{5・55}$$

の二つの反応を考えれば，それぞれの反応のギブズエネルギー変化の大小関係で全体の酸化還元反応が進む方向が決まることになる．このような電子の移動をともなう化学反応のギブズエネルギー変化は，電荷をもつ粒子を動かすための電気化学的な仕事と等価であるから，特に標準状態では，

$$\Delta G° = -nFE° \tag{5・56}$$

と表すことができる[*1]．ここで，F はファラデー定数（$9.6485 \times 10^4\,C\,mol^{-1}$），$n$ は反応式に現れる電子の係数であり，たとえば(5・55)式では $n = 2$ となる．また，$E°$ は**標準電極電位**とよばれ（**電極電位**あるいは**標準還元電位**[*2]ともよばれる），(5・55)式の場合，活量が 1 である Zn^{2+} の水溶液中に単体の Zn が浸された状態での Zn 単体と Zn^{2+} 水溶液との電位差である．ただし，この電位差は測定することができない．

直接測定することができない標準電極電位を求めるために，以下のような考え方を用いる．(5・42)式や (5・55)式のような反応に対応する標準電極電位が与えられれば，(5・56)式にもとづいて個々の反応の標準ギブズエネルギー変化が得られる．しかし，ここで知りたいことは，(5・54)式の反応が自発的に進むかどうかである．上述のとおり，これは個々の反応の標準ギブズエネルギー変化の差で議論できる．そこで，各反応の標準ギブズエネルギー変化ならびに標準電極電位は，特定の化学種の反応を基準に考えればよいことになる．電気化学の分野では，すべての温度において水素イオンの活量が 1，H_2 の圧力が 1 bar であるときの (5・42)式の反応の標準電極電位を基準として，これをゼロとおき，他の化学種の還元反応の標準電極電位を表現する．

[*1] $\Delta G < 0$ つまり $E° > 0$ のとき，反応は自発的に進む．

標準電極電位（standard electrode potential）
標準還元電位（standard reduction potential）

[*2] (5・42)式や (5・55)式では左辺の化学種が還元されて右辺の化学種が生じる表現となっているため，この変化に対応する電位を標準"還元"電位という．

ただし，このような手法で一つの還元反応の標準電極電位を求めるためには，異なる2種類の溶液（ここでは H^+ の水溶液と Zn^{2+} の水溶液）に電位差が生じない工夫が必要であり，図5・6に示すように溶液間を"塩橋"[*1]で結ぶなどしてこの条件を満たすようにする．この図の左側に描かれた電極は電極電位の基準となるものであり，**標準水素電極**とよばれる．(5・54)式の例では，この反応が自発的に進むことから標準ギブズエネルギー変化 $\Delta G°$ は負であり，その逆反応である (5・55)式の $\Delta G°$ は正，すなわち，標準電極電位 $E°$ は負[*2]になることがわかる．いくつかの化学種の25℃における標準電極電位を，対応する還元反応とともに表5・4に示した．この値を用いれば，さまざまな酸化還元反応の起こりやすさを評価できる．また，一つの元素に関して酸化状態の安定性を議論できる．次の例題で具体的な例を見ることにしよう．標準電極電位を用いた議論は以降の節でも行う．

*1 U字形などをした管に高濃度の電解質（KClなど）を満たしたもので，液が漏れないように管の両端をろ紙などで栓をしたり，寒天などで固めたりする．

標準水素電極（standard hydrogen electrode）

*2 実際，表5・4に示したように，(5・55)式の還元反応に対応する標準電極電位は負である．つまり，この反応は H^+ の還元より起こりにくい．負の値が大きいほど酸化されやすい（強い還元剤）．

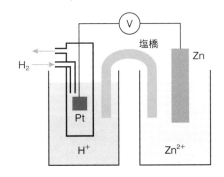

図5・6 **標準水素電極を用いた** $Zn^{2+}+2e^- \rightarrow Zn$ **の電極電位の測定**

表5・4 **25℃における標準電極電位**[a]

還元反応[b]	$E°/V$	還元反応[b]	$E°/V$
酸性水溶液		$I_3^- + 2e^- \rightleftharpoons 3I^-$	+0.536
$Li^+ + e^- \rightleftharpoons Li$	−3.040	$Fe^{3+} + e^- \rightleftharpoons Fe^{2+}$	+0.77
$K^+ + e^- \rightleftharpoons K$	−2.936	$Ag^+ + e^- \rightleftharpoons Ag$	+0.80
$Rb^+ + e^- \rightleftharpoons Rb$	−2.923	$NO_3^- + 4H^+ + 3e^- \rightleftharpoons NO + H_2O$	+0.96
$Cs^+ + e^- \rightleftharpoons Cs$	−3.026	$Br_2(l) + 2e^- \rightleftharpoons 2Br^-$	+1.065
$Ba^{2+} + 2e^- \rightleftharpoons Ba$	−2.91	$O_2 + 4H^+ + 4e^- \rightleftharpoons 2H_2O(l)$	+1.23
$Sr^{2+} + 2e^- \rightleftharpoons Sr$	−2.89	$Cr_2O_7^{2-} + 14H^+ + 6e^- \rightleftharpoons 2Cr^{3+} + 7H_2O$	+1.38
$Ca^{2+} + 2e^- \rightleftharpoons Ca$	−2.87	$Cl_2 + 2e^- \rightleftharpoons 2Cl^-$	+1.358
$Na^+ + e^- \rightleftharpoons Na$	−2.714	$PbO_2 + 4H^+ + 2e^- \rightleftharpoons Pb^{2+} + 2H_2O$	+1.46
$Mg^{2+} + 2e^- \rightleftharpoons Mg$	−2.36	$MnO_4^- + 8H^+ + 5e^- \rightleftharpoons Mn^{2+} + 4H_2O$	+1.51
$Al^{3+} + 3e^- \rightleftharpoons Al$	−1.676	$Ce^{4+} + e^- \rightleftharpoons Ce^{3+}$	+1.76
$Mn^{2+} + 2e^- \rightleftharpoons Mn$	−1.18	**塩基性水溶液**	
$Zn^{2+} + 2e^- \rightleftharpoons Zn$	−0.762	$Mg(OH)_2 + 2e^- \rightleftharpoons Mg + 2OH^-$	−2.687
$Fe^{2+} + 2e^- \rightleftharpoons Fe$	−0.44	$Al(OH)_4^- + 3e^- \rightleftharpoons Al + 4OH^-$	−2.31
$H_3PO_4(aq) + 2H^+ + 2e^- \rightleftharpoons H_3PO_3(aq) + H_2O$	−0.276	$Zn(OH)_2 + 2e^- \rightleftharpoons Zn + 2OH^-$	−1.246
$2SO_4^{2-} + 4H^+ + 2e^- \rightleftharpoons S_2O_6^{2-} + 2H_2O$	−0.253	$Te + 2e^- \rightleftharpoons Te^{2-}$	−1.143
$Pb^{2+} + 2e^- \rightleftharpoons Pb$	−0.125	$Se + 2e^- \rightleftharpoons Se^{2-}$	−0.67
$2H^+ + 2e^- \rightleftharpoons H_2$（標準水素電極）	0.000	$S + 2e^- \rightleftharpoons S^{2-}$	−0.447
$Cu^{2+} + 2e^- \rightleftharpoons Cu$	+0.340	$O_2 + 2H_2O + 4e^- \rightleftharpoons 4OH^-$	+0.401
$I_2(s) + 2e^- \rightleftharpoons 2I^-$	+0.535	$F_2(g) + 2e^- \rightleftharpoons 2F^-$	+2.866

a) 田中勝久ら訳，「シュライバー・アトキンス無機化学（下）第6版」，付録3，東京化学同人（2017）をもとに作成．
b) 酸化状態と還元状態の化学種が平衡状態にあるとの観点から $\rightleftharpoons$ の記号を用いて表している．

　ダニエル（Daniell）電池は，それを構成する Cu, Zn, CuSO$_4$, ZnSO$_4$ を用いて，

$$(-)\,|\,Zn\,|\,ZnSO_4(aq) \,\vdots\, CuSO_4(aq)\,|\,Cu\,|\,(+)$$

のように表される（図5・7）．表5・4の値からわかるように，正極では銅の還元反応，負極では亜鉛の酸化反応が起こっている．負極と正極はそれぞれ左側と右側におく．また，縦線が1本のときは両側の相に電位差があることを表し，縦線が2本の破線の場合はそれを挟む二つの相が“塩橋”などで結ばれ，電位差が生じていないことを意味する．

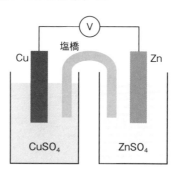

図5・7　ダニエル電池

　酸化還元反応において，酸化数の高い状態を酸化体，低い状態を還元体という．一般に物質が電子を受取って酸化体（Ox）から還元体（Red）に変わる反応

$$Ox + e^- \longrightarrow Red \tag{5・57}$$

を Ox/Red 系のように表現し，その標準電極電位を $E°(Ox/Red)$ と表す．

例題 5・9　表5・4の値を用いて，図5・7に示したダニエル電池の標準状態での起電力を求めよ．
　解　表5・4より，(5・55)式および

$$Cu^{2+}(aq) + 2e^- \longrightarrow Cu(s) \tag{5・58}$$

の標準電極電位は，それぞれ，$E°(Zn^{2+}/Zn) = -0.762\ \mathrm{V}$, $E°(Cu^{2+}/Cu) = +0.340\ \mathrm{V}$ であるから，両極間に生じる起電力は，二つの半反応の差となる．

$$\begin{aligned}
E° &= E°(\text{正極}) - E°(\text{負極}) = E°(Cu^{2+}/Cu) - E°(Zn^{2+}/Zn) \\
&= +0.340\ \mathrm{V} - (-0.762\ \mathrm{V}) = 1.102\ \mathrm{V}
\end{aligned} \tag{5・59}$$

5・5・2　ネルンストの式

　標準電極電位に対応する酸化還元反応は一般に (5・57)式のように書くことができる．酸化体と還元体の活量をそれぞれ $a(\mathrm{Ox})$, $a(\mathrm{Red})$ と表すと，この反応が起こる電極側で，電極とそれが浸されている溶液との電位差 $\Delta\phi$ は，

$$\Delta\phi = C - \frac{RT}{nF}\ln\frac{a(\mathrm{Red})}{a(\mathrm{Ox})} \tag{5・60}$$

＊　$\ln X$ は自然対数を表す．

と書くことができる＊．ここで，C は定数，R は気体定数，T は絶対温度である．また，n と F については (5・56)式ですでに述べた．(5・60)式を**ネルンスト（Nernst）の式**という．しかし，前節で述べたように電極と溶液との電位差 $\Delta\phi$ は測定できない．そこで，前節の議論にもとづき，二つの電極が浸されてい

るそれぞれの溶液間に“塩橋”を設置するなどして2種類の溶液間の電位差をなくしたうえで，標準水素電極を基準に一つの電極での酸化還元系の電位を次のように表してもよい．

$$E(\text{Ox}/\text{Red}) = E°(\text{Ox}/\text{Red}) - \frac{RT}{nF} \ln \frac{a(\text{Red})}{a(\text{Ox})} \qquad (5・61)$$

この式もネルンストの式の一つの表現である．

例題 5・10　ダニエル電池において，$CuSO_4$ 水溶液と $ZnSO_4$ 水溶液の濃度がそれぞれ 1.00×10^{-3} mol L^{-1}，1.00×10^{-4} mol L^{-1} であるとき，25 ℃における起電力はいくらか．ただし，水溶液中の Cu^{2+} と Zn^{2+} の活量は濃度で近似できるものとする．

解　電池の反応は，

$$Cu^{2+}(\text{aq}) + Zn(\text{s}) \longrightarrow Cu(\text{s}) + Zn^{2+}(\text{aq}) \qquad (5・62)$$

であり，ネルンストの式として (5・61)式を用いると，(5・62)式の起電力は，

$$E = E(Cu^{2+}/Cu) - E(Zn^{2+}/Zn)$$

$$= \left[E°(Cu^{2+}/Cu) - \frac{RT}{nF} \ln \frac{a(\text{Cu})}{a(Cu^{2+})} \right] - \left[E°(Zn^{2+}/Zn) - \frac{RT}{nF} \ln \frac{a(\text{Zn})}{a(Zn^{2+})} \right]$$

$$= E°(Cu^{2+}/Cu) - E°(Zn^{2+}/Zn) - \frac{RT}{nF} \ln \frac{a(\text{Cu})\,a(Zn^{2+})}{a(Cu^{2+})\,a(\text{Zn})} \qquad (5・63)$$

と表すことができる．25 ℃では，

$$\frac{RT}{nF} \ln X = \frac{0.0592}{n} \log X \qquad (5・64)$$

であり，(5・62)式では $n = 2$ である．標準電極電位は (5・59)式に与えられている．また，固体 (Cu と Zn) の活量は1であり，これらの金属イオンの活量は濃度に等しいので，起電力は，

$$E = 1.102\,\text{V} + 0.0296\,\text{V} = 1.132\,\text{V} \qquad (5・65)$$

例題 5・10 からわかるように，酸化還元反応に関わる化学種の水溶液中での濃度を変えることにより電池の起電力を増大させることが可能である．したがって，二つの電極において酸化還元反応に寄与する物質が同じ元素であっても，電極間でその圧力や濃度が異なれば起電力が発生する．たとえばダニエル電池のように電極が金属 M であって水溶液中の金属イオン M^{n+} との間に，

$$M^{n+}(\text{aq}) + ne^- \longrightarrow M(\text{s}) \qquad (5・66)$$

の酸化還元反応が生じる場合，それぞれの電極における溶液中の金属イオンの活量が $a_1(M^{n+})$ と $a_2(M^{n+})$ で，$a_1(M^{n+}) > a_2(M^{n+})$ であれば，以下の式で表される起電力が生じる．

$$E = \frac{RT}{nF} \ln \frac{a_1(M^{n+})}{a_2(M^{n+})} \qquad (5・67)$$

この種の電池を**濃淡電池**という．濃淡電池の原理は金属の腐食の機構に関係する．空気中で金属の一部が水に接触して溶解が起こっている場合，水中に溶けた金属イオンや空気中の O_2 の濃度が場所によって異なると，その箇所に濃淡電池が形成され，金属イオンの濃度が低い箇所や O_2 の濃度が高い箇所では酸化反応が進

濃淡電池
(concentration cell)

行して金属は溶解し，腐食が進むことになる．

5・6　酸化還元種の安定性
5・6・1　ラ チ マ ー 図

一つの元素について酸化状態の異なる化学種の安定性を議論する方法がいくつか知られている．一つは，図5・8において塩素について例示したように，酸化

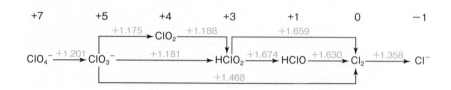

図5・8　酸性水溶液中での塩素のラチマー図

ラチマー図
(Latimer diagram)

数の異なる状態を，左側ほど酸化数が高くなるように順番に並べ，異なる酸化状態間の標準電極電位を，Vを単位とした数値で表す方法である．これを**ラチマー図**という．図5・8で最上部に記載されている数字は各化学種における塩素の酸化状態を表し，たとえば，

$$\text{ClO}_4{}^- \xrightarrow{+1.201} \text{ClO}_3{}^-$$

とあるのは，

$$\text{ClO}_4{}^-(\text{aq}) + 2\text{H}^+(\text{aq}) + 2\text{e}^- \longrightarrow \text{ClO}_3{}^-(\text{aq}) + \text{H}_2\text{O}(\text{l}) \quad (5\cdot68)$$

の反応の標準電極電位が +1.201 V であることを表す．この図では隣接していない酸化還元種の間の標準電極電位を以下のようにして求めることができる．たとえば，

$$\text{HClO}_2(\text{aq}) + 2\text{H}^+(\text{aq}) + 2\text{e}^- \longrightarrow \text{HClO}(\text{aq}) + \text{H}_2\text{O}(\text{l}) \quad (5\cdot69)$$

$$2\text{HClO}(\text{aq}) + 2\text{H}^+(\text{aq}) + 2\text{e}^- \longrightarrow \text{Cl}_2(\text{g}) + 2\text{H}_2\text{O}(\text{l}) \quad (5\cdot70)$$

の反応の標準電極電位は，それぞれ，$E°(\text{HClO}_2/\text{HClO}) = 1.674$ V，$E°(\text{HClO}/\text{Cl}_2) = 1.630$ V であるが，これらに対応した標準ギブズエネルギー変化は，それぞれ，$\Delta G°(\text{HClO}_2/\text{HClO}) = -3.348$ V $\times F$，$\Delta G°(\text{HClO}/\text{Cl}_2) = -3.260$ V $\times F$ となるので，反応

$$2\text{HClO}_2(\text{aq}) + 6\text{H}^+(\text{aq}) + 6\text{e}^- \longrightarrow \text{Cl}_2(\text{g}) + 4\text{H}_2\text{O}(\text{l}) \quad (5\cdot71)$$

の標準ギブズエネルギー変化は，

$$\begin{aligned} \Delta G°(\text{HClO}_2/\text{Cl}_2) &= 2\Delta G°(\text{HClO}_2/\text{HClO}) + \Delta G°(\text{HClO}/\text{Cl}_2) \\ &= -9.956 \text{ V} \times F \end{aligned} \quad (5\cdot72)$$

である．この変化に対応する標準電極電位は，(5・56)式より，

$$E°(\text{HClO}_2/\text{Cl}_2) = -\frac{-9.956 \text{ V} \times F}{6F} = 1.659 \text{ V} \quad (5\cdot73)$$

となることがわかる．

一般に,ある元素に対して三つの酸化状態 Ox_1, Ox_2, Ox_3 があり,それぞれの酸化数が n_1, n_2, n_3 (ただし,$n_1 > n_2 > n_3$ とする)である場合,

$$Ox_1 + (n_1 - n_2)e^- \longrightarrow Ox_2 \tag{5・74}$$

$$Ox_2 + (n_2 - n_3)e^- \longrightarrow Ox_3 \tag{5・75}$$

の標準電極電位がそれぞれ $E°(Ox_1/Ox_2)$, $E°(Ox_2/Ox_3)$ と表されるとき,標準ギブズエネルギー変化を考えることにより,

$$Ox_1 + (n_1 - n_3)e^- \longrightarrow Ox_3 \tag{5・76}$$

の標準電極電位は,

$$E°(Ox_1/Ox_3) = \frac{(n_1 - n_2)E°(Ox_1/Ox_2) + (n_2 - n_3)E°(Ox_2/Ox_3)}{n_1 - n_3} \tag{5・77}$$

と表現できる.

例題 5・11 下図はクロムのラチマー図の一部である.空欄 ア に当てはまる数値を求めよ.

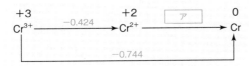

解 (5・77)式を用いる.

$$E°(Cr^{3+}/Cr) = \frac{E°(Cr^{3+}/Cr^{2+}) + 2E°(Cr^{2+}/Cr)}{3} \tag{5・78}$$

であるから,$E°(Cr^{3+}/Cr) = -0.744$ V, $E°(Cr^{3+}/Cr^{2+}) = -0.424$ V を代入して,$E°(Cr^{2+}/Cr) = -0.904$ V が得られる.

5・6・2 フロスト図

元素の一つの酸化状態から酸化数が 0 の状態(すなわち,単体)まで変化する際の電極電位を $E°$,これを化学反応式で表したときの電子の係数を n として,各状態の酸化数と $nE°$ との関係を示した図を**フロスト図**という.ここで,考えている化学種の酸化数が正であれば $n > 0$,逆に化学種の酸化数が負であれば $n < 0$ である.

たとえば,ある酸化還元系に対して図5・9のようなフロスト図が得られた

フロスト図(Frost diagram)

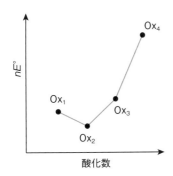

図5・9 **模式的に描いたフロスト図**
この図では Ox_2 の酸化状態が最も安定である

としよう．酸化状態の異なる化学種を酸化数の小さいものから順に Ox_1，Ox_2，Ox_3，Ox_4 と表すと，$nE°$ が最も低い Ox_2 は単体に変化するときの標準ギブズエネルギーの低下分が他の三つの状態と比べて少ない（場合によっては標準ギブズエネルギーが増加する）．いい換えると Ox_2 は他の三つの酸化状態のどれよりも単体に変化しにくいわけで，酸化数の異なる四つの状態のうち最も安定である．このように，フロスト図で下にある酸化状態ほど安定性が増す．

また，単体を Ox^0 と表すと，たとえば異なる二つの酸化状態 Ox_1 と Ox_3 について，それらの酸化数が n_1，n_3 であれば，

$$Ox_1 + n_1 e^- \longrightarrow Ox^0 \tag{5・79}$$

$$Ox_3 + n_3 e^- \longrightarrow Ox^0 \tag{5・80}$$

が成り立ち，これらの標準電極電位がそれぞれ，$E°(Ox_1/Ox^0)$，$E°(Ox_3/Ox^0)$ であれば，フロスト図の状態 Ox_1 と Ox_3 に対応する点を結ぶ直線の傾きは，

$$Ox_3 + (n_3 - n_1) e^- \longrightarrow Ox_1 \tag{5・81}$$

の標準電極電位である（例題 5・12 参照）．ただし，$n_3 - n_1 > 0$ である．図ではこの直線の傾きが正であるから，(5・81)式の反応は標準ギブズエネルギー変化が負であって，自発的に進む．このように，フロスト図のある 2 点を結ぶ直線の傾きが正か負かで，当該の酸化状態のいずれが安定かを判断できる．

- 傾きが正であれば，フロスト図における左側にある酸化状態が安定である．これは，酸化体より還元体が安定，すなわち，その酸化体は還元されやすい．
- 傾きが負であれば，右側の酸化状態のほうが安定である．つまり，対応する還元体は酸化されやすい．

また，傾きが大きいほど，二つの酸化状態の安定性の差は大きい．

例題 5・12　図 5・9 のフロスト図における二つの状態 Ox_1 と Ox_3 に対応する点を結ぶ直線の傾きが，(5・81)式に対応した標準電極電位に等しいことを示せ．

解　(5・79)式と (5・80)式の化学反応に対応する標準ギブズエネルギー変化は，それぞれ，

$$\Delta G°(Ox_1/Ox^0) = -n_1 F E°(Ox_1/Ox^0)$$

$$\Delta G°(Ox_3/Ox^0) = -n_3 F E°(Ox_3/Ox^0)$$

である．また，(5・81)式の反応の標準ギブズエネルギー変化は，

$$\Delta G°(Ox_3/Ox_1) = \Delta G°(Ox_3/Ox^0) - \Delta G°(Ox_1/Ox^0)$$

$$= -n_3 F E°(Ox_3/Ox^0) - [-n_1 F E°(Ox_1/Ox^0)] \tag{5・82}$$

となるので，(5・81)式の標準電極電位は，

$$E°(Ox_3/Ox_1) = \frac{n_3 E°(Ox_3/Ox^0) - n_1 E°(Ox_1/Ox^0)}{n_3 - n_1} \tag{5・83}$$

と表現できる．(5・83)式の右辺は，フロスト図における Ox_1 と Ox_3 に対応する点を結ぶ直線の傾きを表す．

続いて，三つの酸化状態に対して図 5・10(a) および (b) のような二つの場合を考えよう．三つの状態のうち，両端の点（図中の点 P と点 R）は同じ位置に

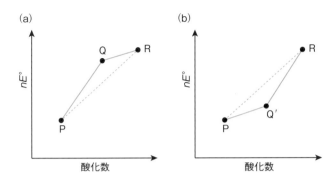

図 5・10 フロスト図を用いた異なる酸化状態の安定性の解釈
(a) 不均化が起こる場合, (b) 均質化が起こる場合

あるが, 真中の点の位置が (a) と (b) とで異なる. すなわち, (a) では真中の点 (点 Q) が両端の点を結ぶ直線の上部にあるのに対し, (b) では対応する点 (点 Q′) は下部にある. まず, (a) では, 直線 PQ が右上がりでその傾きが大きいため, Q から P への変化は進みやすい. この反応の標準ギブズエネルギー変化は, 傾きの小さい直線 QR の自発的でない変化 Q → R の標準ギブズエネルギーの増加分を十分補償する. そのため, 点 Q の酸化状態にある化学種は, より酸化数の低い P と酸化数の高い R の状態に分離する. このような過程を不均化という. 一方, 図 5・10(b) の場合, 直線 Q′R の傾きが大きいことから R から Q′ への変化は標準ギブズエネルギーの減少が十分に大きく, P から Q′ への標準ギブズエネルギーの増加分を上回るため, 酸化数の異なる P と R の化学種は反応によりいずれの酸化数とも異なる Q′ の状態へ変換される. このような過程を均等化という.

　具体例として, 図5・11に酸性の水溶液におけるマンガンのフロスト図を示す.

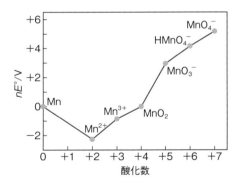

図 5・11 酸性の水溶液におけるマンガンのフロスト図

たとえば, Mn^{3+} に着目すると, その両隣にある Mn^{2+} と MnO_2 に対応する点を結ぶ直線に対して Mn^{3+} の点は上部にある. これは図5・10(a) の状態に相当する. つまり, 酸性の水溶液中で Mn^{3+} は不安定で Mn^{2+} と MnO_2 に不均化する. この反応は,

$$2Mn^{3+}(aq) + 2H_2O(l) \longrightarrow Mn^{2+}(aq) + MnO_2(s) + 4H^+(aq) \quad (5 \cdot 84)$$

のように進む．また，図5・11において最も安定な化学種は Mn^{2+} である．したがって，MnO_4^- が酸化剤として作用する反応，たとえば硫酸酸性水溶液中での過マンガン酸カリウムと過酸化水素との反応

$$2KMnO_4 + 5H_2O_2 + 3H_2SO_4 \longrightarrow 2MnSO_4 + 5O_2 + K_2SO_4 + 8H_2O$$
$$(5 \cdot 85)$$

ではマンガンは Mn^{2+} まで還元される．この反応では H_2O_2 が還元剤として働き，酸素の酸化数は $-I$ から 0 まで変わる．硫黄は酸化数が変化せず，酸化還元には寄与しない．

プールベ図

一つの元素のさまざまな化学種の安定性が酸化状態や水溶液の pH にどのように依存するかを表現した図を**プールベ図**（Pourbaix diagram）という．具体例として図1に鉄のプールベ図を示す．この図に

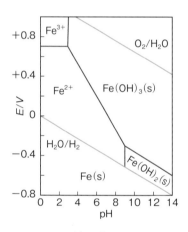

図1　鉄のプールベ図

見られるように，プールベ図では縦軸に電極電位，横軸に pH をとり，異なる化学種が安定に存在しうる領域を表現する．このため，プールベ図は**電位-pH図**ともよばれる．たとえば，鉄の関わる酸化還元反応として，

$$Fe^{3+}(aq) + e^- \rightleftharpoons Fe^{2+}(aq) \quad (1)$$

を考えることができる．この反応の標準電極電位は 0.77 V であり，この反応には水素イオンが関わらないため，図では Fe^{3+} と Fe^{2+} の存在領域の境界線は横軸に平行な線分となる．一方，

$$Fe^{3+}(aq) + 3H_2O(l) \rightleftharpoons$$
$$Fe(OH)_3(s) + 3H^+(aq) \quad (2)$$

のような反応では鉄の酸化数は変わらないが水素イオンが関与するため，Fe^{3+} と $Fe(OH)_3$ の境界線は電極電位によらず，縦軸に平行である．さらに，

$$Fe(OH)_3(s) + 3H^+(aq) + e^- \rightleftharpoons$$
$$Fe^{2+}(aq) + 3H_2O(l) \quad (3)$$

の反応は酸化還元反応であるとともに pH にも依存する．$Fe(OH)_3$ と H_2O の活量が 1 であると考えれば，ネルンストの式よりこの反応の電極電位は，

$$E = E^\circ(Fe(OH)_3/Fe^{2+})$$
$$- 0.0592\,V \times \log a(Fe^{2+}) - 0.178\,V \times pH$$
$$(4)$$

と表現されるため，境界線は傾きが -0.178 の直線で表される．

図1には H_2O が関与する酸化還元反応についての電位と pH の関係も示されている．

これらの反応は，

$$O_2(g) + 4H^+(aq) + 4e^- \rightleftharpoons 2H_2O(l) \quad (5)$$
$$H_2O(l) + e^- \rightleftharpoons \frac{1}{2}H_2(g) + OH^-(aq) \quad (6)$$

であるが，(5)式は (5・52)式と等価であり，(6)式は (5・51)式の逆反応である．(5)式の右から左への反応では O の酸化数が $-II$ から 0 まで増えており，これは H_2O が酸化される反応であるといえる．一方，(6)式では H の酸化数が I から 0 に減少しており，H_2O は還元されている．ネルンストの式から，これらの反応に対応する電位と pH の関係は，

$$E = 1.23\,V - 0.0592\,V \times pH \quad (7)$$
$$E = -0.0592\,V \times pH \quad (8)$$

であり，図1の中に描かれた二つの右下がりの直線

は（7）式と（8）式に対応する．これら二つの直線に挟まれた領域では，（5）式の反応は自発的に進み，また，（6）式の右から左への反応が自発的に進むため，H_2O は酸化も還元も受けず，安定に存在する．この領域では，酸性側では Fe^{2+} が安定な鉄の化学種であり，塩基性になると $Fe(OH)_3$ が固体として沈殿する．$Fe(OH)_3$ は加熱すると分解して H_2O を失い，α-Fe_2O_3 に変わるので，プールベ図において $Fe(OH)_3$ の領域を Fe_2O_3 などと表現していることもある．

Fe は地球上に豊富に存在する元素の一つであるが，図1を使えば，海水や湖水など自然界に存在する水中での Fe の化学的な状態を解釈することができる．自然界の水は空気中の CO_2 を溶解しているが，その量は水中の生物の"呼吸"や"光合成"（7・6節）によっても変化する．呼吸や光合成は O_2 の量も変える．したがって，これらの要因で水の pH や酸化還元状態が変化する．自然界に存在する水の pH はおおよそ4から9の間の値をとることが知られている．たとえば川や湖の表面は O_2 の溶解量が多く，鉄は $Fe(OH)_3$ や Fe_2O_3 の状態が安定であるが，有機物を多く含んだ水で浸された土壌であれば，鉄はほとんどが Fe^{2+} として水中に溶けていると考えられる．

練 習 問 題

5・1　次の反応をルイスの酸・塩基の概念にもとづいて解釈せよ．

a）$SO_3 + H_2O \longrightarrow H^+ + HSO_4^-$

b）$KH + H_2O \longrightarrow KOH + H_2$

c）$SbF_5 + 2HF \longrightarrow H_2F^+ + SbF_6^-$

5・2　濃度が c のアンモニア水溶液の塩基解離定数を K_b とおく．活量は濃度で近似できるとして，OH^- イオンの濃度と c および K_b との関係を式で表せ．必要であれば水のイオン積（K_W）を用いよ．

5・3　次の a）〜c）のそれぞれの記述に当てはまる化学種を括弧内から選び，その根拠も示せ．

a）最も強いオキソ酸（$HClO_2$，$HClO_3$，$HClO_4$）

b）最も強いアクア酸をつくる陽イオン（Ca^{2+}，Fe^{2+}，Cd^{2+}）

c）NH_3 と最も安定な錯体をつくる陽イオン（Co^{3+}，Pd^{2+}，Hg^{2+}）

5・4　次の化学式で表される化合物において，下線を施した元素の酸化数を求めよ．また，e）と f）について化合物の名称を記せ．

a）$\underline{O}F_2$，b）$K\underline{O}$，c）$Ca\underline{H}_2$，d）$I\underline{Cl}$，e）$\underline{Mn}O$，f）$\underline{Mn}O_2$

5・5　次の電池[*]について a）と b）に答えよ．

$$(-)|Pt|H_2(g)|H^+(aq)|Cl^-(aq)|Hg_2Cl_2(s)|Hg(l)|(+)$$

a）この電池の放電過程を化学反応式で表せ．

b）塩化物イオンは多量に存在し，その濃度は一定であると仮定して，この電池の起電力と pH との関係を表す式を導け．

[*]　この電池は標準水素電極とカロメル電極とからなり，pH 測定に利用される．カロメルは塩化水銀（I）の俗称である．甘汞（かんこう）ともよばれる．

5・6　下図は酸性の水溶液中における銅のラチマー図である．この図からフロスト図を作成し，水溶液中での各酸化状態の安定性について論じよ．

$$\underset{Cu^{2+}}{+2} \xrightarrow{+0.159} \underset{Cu^+}{+1} \xrightarrow{+0.520} \underset{Cu}{0}$$

6

元素とその化合物

　無機化学は周期表を埋める 100 を超える元素すべてを対象とする．2 章でも述べたとおり，現代の周期表は，各元素の原子番号に依存する電子配置にもとづいて元素を合理的に配列したものとなっている．特に，同じ族に含まれる元素は類似の電子配置をもつため化学的性質も似ている．また，d 軌道や f 軌道を順に電子が占める d ブロック元素や f ブロック元素はこれらの原子軌道に特徴づけられる独特の性質をもつ．この章では，元素の生成過程についてふれたあと，周期表の族あるいはブロックごとに元素の特徴を考察し，単体および化合物に見られる構造や性質の類似性と相違点を見ていこう．

6・1　元素の生成と核化学

　元素は宇宙の誕生から時を経てさまざまな機構で生成したことがわかっており，現在も宇宙のいたるところで元素の変換が起こっている．また，地球上で人工的につくられた元素も知られている．元素の生成や変換は基本的に原子核の反応（核反応）にもとづくものであり，この種の現象を対象とする学問領域を核化学という（1・4 節も参照のこと）．

*1　これを軽元素という．

核融合（nuclear fusion）

　原子番号の小さい元素[*1]は**核融合**によって生じる．太陽の内部では，

$$4\,{}^{1}_{1}\mathrm{H} \longrightarrow {}^{4}_{2}\mathrm{He} + 2\,{}^{0}_{1}\mathrm{e}^{+} + 2\nu_{e} + 2\gamma \tag{6・1}$$

の核融合反応が起こり，水素がヘリウムに変換されるとともに γ 線が放出される．γ 線は太陽の内部で可視光や熱に変えられ，地球に届く．また，(6・1)式で e^{+} は陽電子，ν_{e} は電子ニュートリノとよばれる素粒子で，陽電子は電子の反粒子[*2]である．原子核に電子が加わるとこれは陽子と反応して中性子を生じるので，原子番号は一つ減って質量数は不変であるため，電子については ${}^{0}_{-1}\mathrm{e}^{-}$ と書くことができ，陽電子は中性子と反応して陽子を生じるので ${}^{0}_{1}\mathrm{e}^{+}$ と表現できる．宇宙では核融合によって原子番号が 26 の鉄の付近の元素までがつくられている．

*2　ある素粒子に対して，質量やスピンが等しく，電荷など正負の性質が逆になった粒子を"反粒子"という．

*3　これを重元素という．

*4　原子核が β 線（すなわち，高速の電子の流れ）を放出して崩壊する過程を"β 壊変"という．

　原子番号の大きい元素[*3]が生じる過程にはいくつかの種類がある．そのうちの一つは，原子核による中性子捕獲とそれに続いて起こる β 壊変[*4]の過程であり，たとえば，恒星の終焉の形態の一つである超新星爆発ではこの種の反応が起こる．核反応の一例は次のようなものである．

$${}^{98}_{42}\mathrm{Mo} + {}^{1}_{0}\mathrm{n} \longrightarrow {}^{99}_{43}\mathrm{Tc} + {}^{0}_{-1}\mathrm{e}^{-} + \nu_{e} + \gamma \tag{6・2}$$

この反応ではモリブデンが原子番号の一つ大きいテクネチウムに変換される．テ

クネチウムは自然界から見つけられた元素ではなく，人工的につくられた最初の元素であり，重陽子線[*1]を照射したモリブデン箔から発見されている．

＊1 重陽子とは重水素の原子核であり，これの高速の流れを"重陽子線"という．

例題 6・1 核融合発電では重水素と三重水素からヘリウムが生成する反応で生じるエネルギーの利用が考えられている．この核融合反応を式で表せ．
解 次のようになる．

$$^2_1\text{H} + ^3_1\text{H} \longrightarrow ^4_2\text{He} + ^1_0\text{n} \qquad (6\cdot3)$$

(6・3)式の反応は，重水素(D)と三重水素(T)の原子核の反応であるから，**D-T反応**とよばれる．核融合によって生じるエネルギーは反応にともなう原子核の"質量欠損"((6・4)式)によるものであり，質量 m とエネルギー E は等価であるとするアインシュタインの式 $E = mc^2$ にもとづいて説明される．ここで c は真空中の光の速さである．例題6・1で述べた核融合では，(6・3)式の反応の結果，17.6 MeV ほどのエネルギーが放出される[*2]．

質量とエネルギーが等価であるとの概念から，原子核の安定性が議論できる．原子核の質量を m_N，原子核を構成する陽子と中性子の質量をそれぞれ，m_p，m_n，原子番号を Z，質量数を A とすれば，陽子と中性子が孤立した状態から原子核を構成することによる質量の減少分は，

$$\Delta m = Zm_p + (A - Z)m_n - m_N \qquad (6\cdot4)$$

となる．ここで Δm は**質量欠損**であり，陽子と中性子を結び付けて原子核を安定化させるエネルギーに等しい．(6・4)式に相当するエネルギーが大きい元素は鉄とニッケルである．すなわち，これらの元素は他の元素と比べて安定である．

＊2 核融合を実用的な発電に用いるための応用研究が進められている．すでに実用化されている核分裂を利用する原子力発電については6・12・2節で述べる．

質量欠損（mass defect）

6・2 水 素
6・2・1 元素と単体

水素は宇宙において最も豊富に存在する元素である．原子番号が1であるこの元素は最も単純な電子構造をもち，基底状態では 1s 軌道に1個のみの電子を有する．1s 電子は容易に放出され水素イオン H^+ を生じるが，逆に 1s 軌道が1個の電子を受取り，He と同じ閉殻となって安定化することもある．この場合は水素化物イオン H^- を生成する．

単体は二原子分子の H_2 であり，常温・常圧では気体である．気体は可燃性で，たとえば熱源が存在する環境では酸素とは爆発的に反応して，

$$2H_2(g) + O_2(g) \longrightarrow 2H_2O(l) \qquad (6\cdot5)$$

で示されるように水を生じる．実験室レベルでは，単体の水素は金属の亜鉛やアルミニウムを塩酸あるいは希硫酸に溶解してつくられる．亜鉛と酸との反応は5章で述べた酸化還元反応((5・54)式)である．亜鉛と希硫酸の反応であれば，

$$\text{Zn} + H_2SO_4 \longrightarrow H_2 + ZnSO_4 \qquad (6\cdot6)$$

と書くことができる．一方，工業的な水素の製造方法には，水性ガスの反応，石油や天然ガスの変性，水の電気分解などがある．水性ガスはコークス（炭素）と

水素（hydrogen）

水蒸気の高温での反応

$$C + H_2O \longrightarrow CO + H_2 \tag{6・7}$$

で得られる混合気体であり，この反応はさらに，

$$CO + H_2O \longrightarrow CO_2 + H_2 \tag{6・8}$$

のように進行する．また，石油や天然ガスの変性では，これらに含まれる炭化水素（たとえばメタン）と水の高温での反応

$$CH_4 + H_2O \longrightarrow CO + 3H_2 \tag{6・9}$$

水蒸気改質
（steam reforming）

が用いられる．(6・9)式のような過程は**水蒸気改質**とよばれる．水の電気分解（5・4・2節）では，たとえば水酸化ナトリウム水溶液や水酸化カリウム水溶液を用いれば，

$$陰極：2H_2O + 2e^- \longrightarrow 2OH^- + H_2 \tag{6・10}$$

$$陽極：4OH^- \longrightarrow 2H_2O + 4e^- + O_2 \tag{6・11}$$

の反応が起こり，陰極で水素が発生する．(6・10)式と (6・11)式の反応は (6・5)式の逆反応である．

　単体の水素は塩化水素やアンモニアの合成の原料となる．前者は光の照射下での H_2 と Cl_2 の直接の反応で生じる．後者はハーバー–ボッシュ法を用いて合成される（6・7・2節）．また，鉱物などの金属酸化物から金属を得る過程において還元剤として利用されている．加えて，水素は環境負荷の少ないエネルギー源として注目されている．5・4・3節で述べた燃料電池はその典型例である．

6・2・2 化 合 物

　水素は多くの元素と化合物をつくる．化合物中では水素は+Iの酸化状態をとることが多いが，水素化物イオンの状態で存在する化合物も少なからず存在する．典型的な例は，NaH，KH，CaH_2，SrH_2 のような1族あるいは2族元素との化合物である．この種の二元化合物※は電気陰性度の小さい1族元素や2族元素がHに電子を与えて陽イオンとして振舞い，水素化物イオンとイオン結合を形成する．このような化合物を**塩類似水素化物**という．塩類似水素化物は水と激しく反応して水素を発生する．たとえば，水素化ナトリウムであれば，

※　2種類の元素からなる化合物を"二元化合物"という．

塩類似水素化物
（saline hydride）

$$NaH + H_2O \longrightarrow NaOH + H_2 \tag{6・12}$$

の反応が進む．この反応では水素化物イオンが強い塩基として働いている．同時に還元剤としても作用している．

　1族や2族と同じ金属元素であっても，dブロック元素あるいはpブロック元素と水素との二元化合物は少し様相が異なる．水素と遷移元素との化合物では水素原子は1s軌道の電子を金属結晶の伝導帯に提供し，金属元素と同様に陽イオンとして存在する場合と，水素化物イオンとして金属イオンと結合する場合があると考えられている．また，この種の化合物は $TiH_{1.73}$，$ZrH_{1.92}$，$LaH_{2.76}$ など非化学量論組成となるものが多い．このような水素化物を**金属類似水素化物**とよぶ．

金属類似水素化物
（metallic hydride）

　さらに，非金属元素，メタロイド元素，pブロックの金属元素の一部は，水素

とおもに共有結合にもとづく化合物をつくる. これらは H_2O, NH_3 などのほか, ハロゲン化水素(HF, HCl, HBr, HI), 硫化水素(H_2S), ホスフィン(PH_3), シラン(SiH_4), ジボラン(B_2H_6) などであり, いずれも分子として安定に存在する. このような水素の化合物は**分子状水素化物**とよばれる.

分子状水素化物
(molecular hydride)

　二元系の水素化物の分類を図6・1に示す. 1族元素の水素化物はおおよそ塩類似水素化物として分類されるが, 2族元素のうち Be と Mg は塩類似水素化物と分子状水素化物の中間的な性質をもつ. 同じ金属元素でも遷移元素は一部が金属類似水素化物をつくるが, 水素との二元化合物が知られていない元素も多い. また, 貴ガスを除く非金属元素はすべて水素との二元化合物を形成し, いずれも分子状水素化物となる.

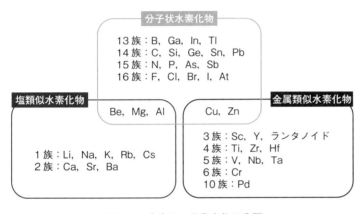

図6・1　**水素の二元化合物の分類**

　水素を含む化合物は, 水素結合を形成することが大きな特徴である. 3・6節で述べたように, これは融点や沸点に大きな影響をもたらす. 同じ族で比べた場合, H_2O をはじめ NH_3 や HF は他の元素の化合物より沸点が高い. 液体の水における H_2O 分子の凝集力や, 4・4節で述べた氷の構造を形成する分子間力は水素結合にもとづくものである.

6・3　アルカリ金属
6・3・1　元素と単体

　1族の元素のうち, **リチウム**(Li), **ナトリウム**(Na), **カリウム**(K), **ルビジウム**(Rb), **セシウム**(Cs), **フランシウム**(Fr) は**アルカリ金属**と総称される. 第 n 周期のアルカリ金属元素の原子は, 最外殻の ns 軌道に1個の電子をもち, この電子を放出して貴ガスと等電子配置の閉殻となりうるため, +Iの酸化数をとりやすい. Li は原子半径やイオン半径が他のアルカリ金属に比べて小さいことから, 化合物の生成などにおいて特異な性質を示す. 具体的な例については後述する. また, Li は周期表において斜め下にある Mg とよく似た性質を示すことが知られている. これは**対角関係**とよばれる. 同じような現象が, やはり周期表

リチウム（lithium）
ナトリウム（sodium）
カリウム（potassium）
ルビジウム（rubidium）
セシウム（caesium）
フランシウム（francium）

アルカリ金属（alkali metal）

対角関係
（diagonal relationship）

で斜めの位置にある Be と Al, B と Si, C と P, N と S, O と Cl にも見られる. これらの例も以下で述べよう. 対角関係が生じる理由は明確ではないが, 化学結合における原子の電子状態の元素による相違や類似性にもとづくとされている. たとえば, 1 族の Li は, 化学結合における電荷密度が周期表で隣の Be や下にある Na と比べ, 斜め下にある Mg に近いことが明らかになっている.

　アルカリ金属元素の単体はすべて常温・常圧で金属の固体であり, 反応性が高く, 水とは激しく反応して水素を発生する. たとえばナトリウムであれば反応は,

$$2Na + 2H_2O \longrightarrow 2NaOH + H_2 \qquad (6 \cdot 13)$$

のように進行する. 空気中では酸素や水分と容易に反応するため, 灯油などに入れて保管する.

6・3・2　化　合　物

　アルカリ金属のハロゲン化物は典型的なイオン結晶を形成し, 多くは塩化ナトリウム型構造をとる. イオン半径の大きい Cs^+ は配位数の大きい塩化セシウム型構造を形成する. ハロゲン化アルカリのなかで, NaCl は食塩としてなじみがあるほか, 冬期の道路の凍結防止などの用途もある. 工業的には海水からつくられ, ナトリウムや塩素を得るための原料となる. KCl は肥料などに用いられる. KI は酸化還元滴定の一種であるヨウ素滴定 (ヨードメトリー) に利用される (6・9 節参照).

　酸素との化合物として, 酸化物, 過酸化物, 超酸化物が知られている. ナトリウムを例にとれば, これらは Na_2O, Na_2O_2, NaO_2 という化学式をもつ. いずれも水とは容易に反応するが, 特に過酸化物と超酸化物は水に溶けて過酸化水素と水酸化ナトリウムを生じる. 反応は以下のようになる.

$$Na_2O_2 + 2H_2O \longrightarrow 2NaOH + H_2O_2 \qquad (6 \cdot 14)$$
$$2NaO_2 + 2H_2O \longrightarrow 2NaOH + H_2O_2 + O_2 \qquad (6 \cdot 15)$$

また, オゾン化物として, NaO_3, KO_3, RbO_3, CsO_3 が存在する.

　水酸化物の NaOH, KOH は典型的な強塩基であり, 水に溶けて水酸化物イオンを放出する. LiOH も強塩基であるが, 水への溶解度は NaOH や KOH と比べると低い. また, その塩基性は他のアルカリ金属水酸化物よりも弱い. これらは常温・常圧で固体であり, NaOH と KOH は加熱すると昇華するが, LiOH は加熱により分解して Li_2O と H_2O を生じる. これは Li が特異な性質を示す例の一つであり, その理由は以下のように説明できる.

　アルカリ金属元素を A と表すと, 水酸化物が熱により分解して酸化物となる反応は,

$$2AOH \longrightarrow A_2O + H_2O \qquad (6 \cdot 16)$$

と書ける. この反応の起こりやすさはエンタルピー変化により決まり, おおよそ, AOH と A_2O の格子エンタルピー (4・3・4 節) の差に比例する. ここで, イオン結晶の格子エンタルピーはイオン間距離に反比例する. このとき, Na や K のような Li と比べてイオン半径が相対的に大きい元素では, 水酸化物イオンから酸化物イオンに

変化したときのイオン間距離の変化はきわめて小さく，熱分解によるエンタルピーの
利得は少ない．一方，イオン半径の小さい Li^+ では，水酸化物イオンから酸化物イオ
ンへの変化にともなうイオン間距離の減少分は大きく，水酸化物から酸化物に変わ
るときのエンタルピー変化（これは負の値である）の絶対値は十分大きい．よって，
LiOH では (6・16) 式の熱分解反応は NaOH や KOH に比べると起こりやすい．

　オキソ酸塩には，炭酸塩，硝酸塩，ケイ酸塩，リン酸塩，硫酸塩，塩素酸塩，
臭素酸塩など，多くの種類の化合物がある．その例は，ナトリウムの化合物を対
象としても，表6・1に例示したとおり枚挙に暇がない．炭酸ナトリウム，硝酸
ナトリウム，硫酸ナトリウムといったよく知られたオキソ酸塩のほか，遷移元素
のオキソ酸との化合物，また，貴ガス元素を含むようなめずらしい化合物もある．
炭酸ナトリウムを工業的に製造する方法の一つに**ソルベー法（アンモニアソーダ
法）**がある．飽和塩化ナトリウム水溶液にアンモニアを吸収させ，二酸化炭素を
吹き込むと，炭酸水素ナトリウム[*]が沈殿する．これを加熱すると炭酸ナトリウ
ムが得られる．一連の反応は以下のとおりである．

$$NaCl + H_2O + NH_3 + CO_2 \longrightarrow NaHCO_3 + NH_4Cl \qquad (6・17)$$

$$2NaHCO_3 \longrightarrow Na_2CO_3 + H_2O + CO_2 \qquad (6・18)$$

また，工業的に塩素を製造する際に生じる水酸化ナトリウム（5・4・2節）と二
酸化炭素との反応によってもつくられるほか，炭酸ナトリウムが産出する天然の
鉱床も見つかっている．炭酸ナトリウムは石鹸のアルカリ助剤，浴用剤，ガラス
の原料などとしての用途がある．硝酸ナトリウムは塩化ナトリウムと硝酸銀の反
応で生じる（表6・1参照）．強い酸化力を反映して燃焼補助剤やロケットの固体
推進剤に用いられるほか，肥料や食品の発色剤として使われる．硝酸カリウムに
も同様の用途がある．

ソルベー法
(Solvay process)

[*]　重曹ともよばれ，ベーキ
ングパウダー（ふくらし粉）
の成分でもある．

表6・1　ナトリウムのオキソ酸塩

名　称	化学式	合成と反応
炭酸ナトリウム	Na_2CO_3	ソルベー法
炭酸水素ナトリウム	$NaHCO_3$	$NaOH + CO_2 \longrightarrow NaHCO_3$
硝酸ナトリウム	$NaNO_3$	$NaCl + AgNO_3 \longrightarrow NaNO_3 + AgCl$
ケイ酸ナトリウム	Na_2SiO_3	$Na_2CO_3 + SiO_2 \longrightarrow Na_2SiO_3 + CO_2$
リン酸三ナトリウム	Na_3PO_4	$3NaOH + H_3PO_4 \longrightarrow Na_3PO_4 + 3H_2O$
リン酸水素二ナトリウム	Na_2HPO_4	$2NaOH + H_3PO_4 \longrightarrow Na_2HPO_4 + 2H_2O$
リン酸二水素ナトリウム	NaH_2PO_4	$2NaH_2PO_4 \longrightarrow Na_2H_2P_2O_7 + H_2O$
硫酸ナトリウム	Na_2SO_4	$2NaCl + H_2SO_4 \longrightarrow Na_2SO_4 + HCl$
チオ硫酸ナトリウム	$Na_2S_2O_3$	$2Na_2S_2O_3 + AgBr \longrightarrow Na_3[Ag(S_2O_3)_2] + NaBr$
硫酸水素ナトリウム	$NaHSO_4$	$NaOH + H_2SO_4 \longrightarrow NaHSO_4 + H_2O$
塩素酸ナトリウム	$NaClO_3$	$3NaClO \longrightarrow NaClO_3 + 2NaCl$
ヨウ素酸ナトリウム	$NaIO_3$	$3I_2 + 6NaOH \longrightarrow NaIO_3 + 5NaI + 3H_2O$
クロム酸ナトリウム	Na_2CrO_4	$4Na_2CO_3 + 2Cr_2O_3 + 3O_2 \longrightarrow 4Na_2CrO_4 + 4CO_2$
マンガン酸ナトリウム	Na_2MnO_4	$4NaOH + 4NaMnO_4 \longrightarrow 4Na_2MnO_4 + 2H_2O + O_2$
過マンガン酸ナトリウム	$NaMnO_4$	$3Na_2MnO_4 + 2H_2O \longrightarrow 2NaMnO_4 + MnO_2 + 4NaOH$
タングステン酸ナトリウム	Na_2WO_4	$4NaOH + FeWO_4 \longrightarrow Na_2WO_4 + Na_2[Fe(OH)_4]$
過キセノン酸ナトリウム	Na_4XeO_6	$2XeF_6 + 4Na^+ + 16OH^- \longrightarrow Na_4XeO_6 + Xe + O_2 + 12F^- + 8H_2O$

このほか，アルカリ金属の窒化物や炭化物も知られている．金属リチウムは室温で窒素と反応して Li_3N を生じる．この反応は他のアルカリ金属では見られないが，金属マグネシウムでは同様の反応が起こり，Mg_3N_2 が生成する．前者は Li の特異な性質を示し，後者は Li と Mg における対角関係の一つの例である．また，リチウムとナトリウムが炭素との反応で Li_2C_2，Na_2C_2[*1] を生成するのに対し，カリウムなどではグラファイトの層間にアルカリ金属原子が挿入された層間化合物が生じる（6・6・3節参照）．

*1　これらの化合物はアセチリドとよばれる．

炎色反応（flame reaction）ある種の金属やその塩を炎の中に入れると金属に特有の色を発する現象のこと．

例題 6・2　アルカリ金属元素は**炎色反応**を示す．Na の炎色反応の機構を説明せよ．

解　Na の炎色反応では，Na の最外殻にある 3s 電子が熱によって 3p 軌道に励起されたのち，再び 3s 軌道に遷移する際に，二つの原子軌道のエネルギー差に相当する 589 nm の光を放つ．これが黄色を呈する．

他のアルカリ元素の炎色反応については，Li が深紅色，K が淡紫色，Rb が暗赤色，Cs が青紫色を呈する．Na の 3p から 3s への電子遷移で見られる黄色の発光はナトリウムランプとしても利用されている．

6・4　2 族 元 素
6・4・1　元 素 と 単 体

ベリリウム（beryllium）
マグネシウム（magnesium）
カルシウム（calcium）
ストロンチウム（strontium）
バリウム（barium）
ラジウム（radium）

アルカリ土類金属
(alkaline earth metal)

2 族元素には，**ベリリウム(Be)**，**マグネシウム(Mg)**，**カルシウム(Ca)**，**ストロンチウム(Sr)**，**バリウム(Ba)**，**ラジウム(Ra)** があり，**アルカリ土類金属**と総称される．第 n 周期の元素の原子は最外殻の ns 軌道に 2 個の電子をもち，これを失って閉殻となり安定化する．そのため，化合物中では通常は $+\mathrm{II}$ の酸化数をとる．アルカリ金属と同様，アルカリ土類金属も"炎色反応"を示す．その色は，Ca が橙赤色，Sr が深赤色，Ba が黄緑色，Ra が洋紅色である．Be と Mg は炎色反応を示さない．これは，アルカリ土類金属におけるベリリウムとマグネシウムの特異な性質の一つであるが，以下で例示するとおり，このことはベリリウムにおいてより顕著に見られる．Mg と Ca は生命にとっても必須な主要元素であり[*2]，植物の光合成に寄与する葉緑素（クロロフィル）は Mg^{2+} を含む（7・6節）．Ca は動物の骨や歯などの成分である．

*2　Na および K も同様であり，細胞の内外に存在して，浸透圧や酸塩基平衡の調節，筋収縮や神経系の情報伝達などに関与する．

単体はいずれも常温・常圧で金属の固体である．カルシウム，ストロンチウム，バリウムの単体は，アルカリ金属ほどではないものの反応性が高く，激しく水と反応して水素を発生する．マグネシウムは粉末状でなければ常温の水とは反応しないが，熱水や希釈された酸と反応して水素を生じる．

6・4・2　化 合 物

ハロゲン化物として MgF_2，CaF_2，$CaCl_2$，$BaCl_2$，$CaBr_2$ などがある．

アルカリ土類金属のハロゲン化物として，CaF_2 と $CaCl_2$ はともに常温・常圧で固体であるが，前者は水には不溶であり，酸にも溶けにくく，結晶はレンズな

どの光学材料としての用途がある．一方，$CaCl_2$ は水に溶けやすく，乾燥剤や道路などの凍結防止剤として利用される．$CaCl_2$ はソルベー法の副産物として得られる．

　酸化物はいずれも常温・常圧で固体であるが，MgO，CaO，SrO，BaO が塩化ナトリウム型の結晶であるのに対し，BeO はウルツ鉱型の結晶となる．水酸化物のうち $Sr(OH)_2$ と $Ba(OH)_2$ は水によく溶けて，その水溶液は強塩基性を示す．$Ca(OH)_2$ はやや水に溶けにくいが，水溶液はやはり強塩基性である．一方，$Mg(OH)_2$ は水に難溶であるが，水に溶けると弱塩基性となる．$Mg(OH)_2$ のこの性質は，$LiOH$ が他のアルカリ金属水酸化物より弱い塩基であることと似ており，対角関係の一つとみなせる．これらに対して $Be(OH)_2$ はアルカリ土類金属の水酸化物のなかで水への溶解度が最も低く*，また，両性であって，以下のように酸とも塩基とも反応する．

$$Be(OH)_2 + H_2SO_4 \longrightarrow BeSO_4 + 2H_2O \qquad (6・19)$$

$$Be(OH)_2 + 2NaOH \longrightarrow Na_2[Be(OH)_4] \qquad (6・20)$$

これらは Be のアルカリ土類金属における特異な性質の例である．

　アルカリ金属と同様，アルカリ土類金属にも多くのオキソ酸塩が存在する．炭酸カルシウムは鉱物や岩石である方解石や石灰岩の主成分であり，貝殻やサンゴにも含まれる．また，ガラスやセメントの製造の原料となるほか，鉄鋼業では酸化鉄を還元するための CO の発生源としても用いられる．大理石としての用途もある．炭酸カルシウムは水酸化カルシウム水溶液に二酸化炭素を通じると，

$$Ca(OH)_2 + CO_2 \longrightarrow CaCO_3 + H_2O \qquad (6・21)$$

の反応によって生成する．また，加熱すると分解して CO_2 を発生する．

$$CaCO_3 \longrightarrow CaO + CO_2 \qquad (6・22)$$

$MgCO_3$，$SrCO_3$，$BaCO_3$ も加熱により酸化物と CO_2 に分解するが，熱分解が起こる温度はアルカリ土類金属元素の原子番号が大きいものほど高くなる．また，$CaCO_3$，$SrCO_3$，$BaCO_3$ は水に溶けにくいが，$MgCO_3$ は易溶である．同様の傾向は硫酸塩でも見られ，$CaSO_4$，$SrSO_4$，$BaSO_4$ は水に難溶であるのに対し，$MgSO_4$ は水に溶けやすい．これらは Mg の特異な性質を反映した現象である．硫酸塩のうち，$CaSO_4$ の二水和物 $CaSO_4 \cdot 2H_2O$ は石膏として工芸品や医療に利用される．また，$BaSO_4$ は原子番号の大きい Ba による X 線の吸収が大きいため，X 線造影剤として使われている．

　例題 6・3 で見るように，炭酸塩や硫酸塩で観察される溶解度の違いは，結晶の"格子エンタルピー"（4・3・4節）ならびに陽イオンと陰イオンの"水和エンタルピー"の元素による違いにもとづいて説明できる．ここで，**水和エンタルピー**とは，気体状のイオンから水溶液中で水和を受けた状態のイオンに変化するときのエンタルピー変化である．水和によるイオンの安定化は，イオンのもつ電荷と水分子の電荷の偏りとの間に働く静電的な引力によるものであるため，近似的には，水和エンタルピーは水和を受けるイオンの大きさに反比例する．

酸化物として BeO，MgO，CaO，SrO，BaO，過酸化物として CaO_2，SrO_2，BaO_2 がある．

* このように水酸化物の水への溶解度が変化する理由については，例題 6・3 の側注を参照のこと．

水和エンタルピー
(enthalpy of hydration)

例題 6・3　MgCO$_3$ と BaCO$_3$ の水への溶解度の違いを，陽イオンと陰イオンのイオン半径，格子エンタルピー，水和エンタルピーにもとづいて定性的に説明せよ．

解　陽イオンのイオン半径を r_+，陰イオンのイオン半径を r_- で表すと，格子エンタルピー ΔH_L はおおよそイオン半径の和 $r_+ + r_-$ に反比例する．

$$\Delta H_L \propto \frac{1}{r_+ + r_-} \tag{6·23}$$

一方，水和エンタルピーを ΔH_{hyd} とおくと，これは，

$$\Delta H_{hyd} \propto -\left(\frac{1}{r_+} + \frac{1}{r_-} \right) \tag{6·24}$$

と表される．炭酸塩では炭酸イオンのイオン半径が Mg^{2+} や Ba^{2+} より大きいので，陽イオンの種類が変わっても格子エンタルピーの大きさはそれほど変わらない．一方，(6·24)式より，陽イオンのイオン半径が小さいほど水和エンタルピーは負の大きな値となる．つまり，MgCO$_3$ は BaCO$_3$ と比べると，Mg^{2+} の水和エンタルピーの分だけ溶解にともなうエンタルピーの減少分が大きく，水に溶けやすい．

先に述べた水酸化物の水への溶解度については，以下のように説明できる．
水酸化物イオンは炭酸イオンや硫酸イオンに比べてイオン半径は小さいので，水和エンタルピーよりも格子エンタルピーの影響が大きくなる．格子エンタルピーは陽イオンのイオン半径が小さいものほど大きくなるため，水への溶解度が低くなる．

6・5 13 族 元 素
6・5・1 元 素 と 単 体

　13 族元素は p ブロック元素の一種であり，**ホウ素**(B)，**アルミニウム**(Al)，**ガリウム**(Ga)，**インジウム**(In)，**タリウム**(Tl) などがある．これらの元素の酸化数は一般に＋Ⅲであるが，第 4 周期以降の原子番号が大きい元素では，むしろ＋Ⅰの状態が安定化する．特にタリウムでは＋Ⅰの酸化状態のほうが一般的である．第 n 周期の元素は低酸化状態では最外殻に ns^2 の電子配置を有し，この電子対が反応や化学結合の形成に寄与しないように見えることから，この現象を**不活性電子対効果**とよぶ[*1]．

　ホウ素はメタロイド元素の一種であるが，他の 13 族元素は金属元素として分類される．ホウ素の単体は菱面体晶や正方晶など結晶構造の異なるいくつかの同素体をもつ．ホウ素の原子核の一種である ^{10}B は中性子を捕獲する能力が高い．核反応は次のように進行する．

$$^{10}\text{B} + \text{n} \longrightarrow {}^{7}\text{Li} + {}^{4}\text{He} \tag{6·25}$$

すなわち，^{10}B は ^{7}Li に変換され，α線（高速のヘリウム 4 原子核の流れ）を放出する．この現象は癌の治療に利用される[*2]．すなわち，^{10}B を含む薬剤を投与した癌細胞に熱中性子[*3]を照射すると，(6·25)式によって生じた α線が癌細胞のみを壊す．このとき，α線は飛程[*4]が短いため癌細胞内で止まり，まわりの正常細胞には影響しない．

　アルミニウム，ガリウム，インジウム，タリウムの単体は常温・常圧で固体であり，金属の性質を示す．アルミニウムの単体は工業的にはホール-エルー法(5・4・2節)で製造される．単体や合金は軽量であることが特徴であり，貨幣，アルミ缶，アルミホイル，建材（アルミサッシ），家電製品の筐体，調理器具，航

ホウ素（boron）
アルミニウム（aluminium）
ガリウム（gallium）
インジウム（indium）
タリウム（thallium）

不活性電子対効果
（inert pair effect）

＊1　後述するように，14 族〜17 族でも見られる現象である．

＊2　この治療法を中性子捕捉療法という．

＊3　ある温度で熱平衡状態に達した，低い運動エネルギーをもつ中性子を "熱中性子" という．室温での熱中性子のエネルギーは 0.025 eV 程度である．

＊4　α線のような荷電粒子が運動エネルギーをすべて失うまでに進む距離を飛程（正確には線飛程）という．

空機や鉄道の車両など，幅広い用途がある．アルミニウムを陽極として電気化学的な処理を施すと表面に酸化アルミニウムの被膜ができるため，化学的な耐久性や機械的強度が増す．この処理方法をアルマイトという．

6・5・2 ボランおよびホウ素の化合物

13 族元素の特徴的な化合物の一つに，ホウ素と水素の化合物である**ボラン**がある．ボランは狭義にはモノボラン BH_3 とジボラン B_2H_6 をさすが，広義には一連の水素化ホウ素の総称である．多様な組成と構造の分子が知られているが，組成に応じて，B_nH_{n+4}，B_nH_{n+6}，B_nH_{n+8} の3種類に分類できる．これらは，ニド（*nido*）型，アラクノ（*arachno*）型，ヒポ（*hypho*）型とよばれ，いずれも開いた多面体の構造をとる．また，$[B_nH_n]^{2-}$ の化学式で表される陰イオンは閉じた多面体の構造をとり，クロソ（*closo*）型とよばれる．図 6・2(a)～(c) にクロソ型 $[B_6H_6]^{2-}$，ニド型 $[B_5H_9]$，アラクノ型 $[B_4H_{10}]$ の構造を示す．閉じた多面体であるクロソ型から，1個の頂点を取除いたものがニド型，2個の頂点を取除いたものがアラクノ型である．また，ヒポ型はクロソ型から3個の頂点を取除いたものである．

ボランのH原子が橋かけする結合は三中心二電子結合の一種である．**ジボラン**を例にあげて説明しよう．分子構造は図 6・2(d) のようになり，8個の化学結合に対して，2個のB原子と6個のH原子から提供される価電子の総数は12個であるから，一組の電子対（2個の電子）が一つの共有結合をつくると考えると電子が足りない．このような観点から，ジボランは**電子不足化合物**とよばれる．B原子の最外殻の3個の電子のうち二つは橋かけしていないH原子との共有結合に使われ，残りの一つの電子がB−H−Bの結合に寄与する．この結合の分子軌道を考えると，原子軌道の位相とエネルギー準位は模式的に図 6・3 のように表すことができる．この結合に提供される電子はB原子とH原子から1個ずつであるから，これら2個の電子は結合性軌道を占め，B−H−B結合は安定化する．

ボラン（borane）

ジボラン（diborane）

電子不足化合物（electron-deficient compound）

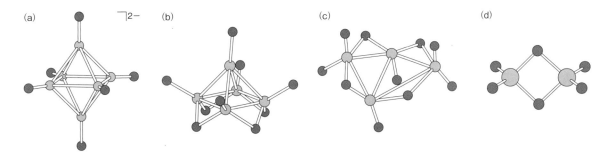

図 6・2 **ボランの例** （a）クロソ型 $[B_6H_6]^{2-}$，（b）ニド型 $[B_5H_9]$，（c）アラクノ型 $[B_4H_{10}]$，（d）ジボラン（B_2H_6）の構造　◯ ホウ素，● 水素

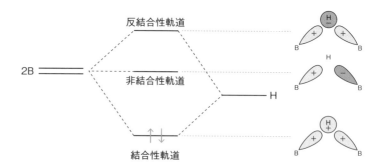

図 6・3　ジボランの分子軌道エネルギー準位図と寄与する原子軌道の位相

例題 6・4　図6・2に示したクロソ型 $[B_6H_6]^{2-}$ について以下の①と②に答えよ.
① B−H 結合にあずかる電子の総数はいくらか.
② B−B 結合からなる B_6 骨格の結合にあずかる電子の総数はいくらか.

解　①　一つの B−H 結合には H 原子と B 原子から1個ずつの価電子が提供され, 共有結合をつくる. B−H 結合は六つあるから, 電子の総数は12である.

②　B_6 には各 B 原子の残りの2個の価電子が寄与する. さらに $[B_6H_6]^{2-}$ は2−の陰イオンであるから, 電子の総数は $2 \times 6 + 2 = 14$ である.

B_6 骨格は全部で12個の B−B 結合があるため, これに2個ずつの電子が使われるとすれば24個の電子が必要なはずであるが, 実際は14個の電子が結合にあずかる[*]. このように, クロソ型 $[B_6H_6]^{2-}$ は電子不足化合物の一種である.

酸化ホウ素（B_2O_3）ならびにホウ酸塩は, B−O 結合が共有結合性を帯びて方向性をもつことに加え, 3配位と4配位の B 原子が混在することから, 多様な構造を示す. 構造単位の一例を図6・4にあげる. 図6・4(a) は B_2O_3 の基本的な構造単位であり, これらが無限につながる.（b）～（d）はアルカリ金属やアルカリ土類金属とホウ素からなる酸化物で見られる.（d）はメタホウ酸イオンとよばれ, $NaBO_2$ や $Na_2B_4O_7$ に含まれる. 後者の水和物である $Na_2B_4O_7 \cdot 10H_2O$ はホウ砂, また, $Na_2B_4O_7 \cdot 4H_2O$ はカーン石とよばれ, 自然界に鉱物として存在する. ホウ酸イオンが多種類にわたる点は, 第3周期のケイ素のオキソアニオン（ケイ酸イオン）も多岐にわたるという事実と類似している. これは対角関係の一例である.

[*]　ボランの構造と骨格形成に使用される結合電子数の関係は, ホウ素の数を n とすると, 以下のようになる.
・クロソ型：$2(n+1)$
・ニド型：$2(n+2)$
・アラクノ型：$2(n+3)$
このような経験則をウェイド則（Wade' rule）という.

(a)
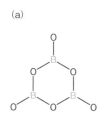

(b)
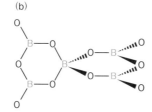

(c)
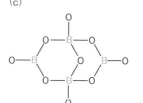

(d)
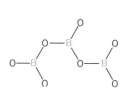

図 6・4　酸化ホウ素およびホウ酸塩の基本的な構造単位　(b) と (c) では酸素3配位のホウ素に加えて, 酸素4配位のホウ素も存在する

ハロゲン化物のうち，BF_3 は常温・常圧で気体であり，(6・25)式の核反応が
きわめて高効率で進行することから，中性子検出用の比例計数管として利用され
る．ホウ素はまた，多くの金属元素とホウ化物をつくる．LaB_6 は熱電子放出材
料[*1]として利用される．MgB_2 は臨界温度[*2]を 39 K にもつ超伝導体である．ま
た，Mg_3B_2 は酸と反応すると前述のボランを生じる．

ホウ素と窒素の化合物は，原子番号が 5 のホウ素と 7 の窒素が結合したもので
あるから，その中間にある原子番号が 6 の炭素の単体や化合物とよく似た構造を
とる．たとえば，窒化ホウ素(BN)は常温・常圧で固体であり，図6・5に示す
ように 6 員環からなる層状構造が積層した結晶構造をとる．これはグラファイト

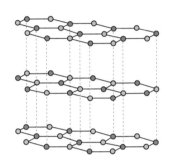

○ホウ素
● 窒素

図 6・5 窒化ホウ素（BN）の
結晶構造

の構造に類似している（図6・6参照）．また，高温・高圧の条件でダイヤモンド
型構造の BN が生じる．この化合物は**ボラゾン**とよばれる．

6・5・3 アルミニウムの化合物

アルミニウムのハロゲン化物では AlF_3 が $AlCl_3$，$AlBr_3$，AlI_3 と比べて特異な
性質を示す．たとえば融点は AlF_3 が 1291 ℃ であるのに対して，他のハロゲン化
アルミニウムは 100 ～ 200 ℃ と低い融点をもつ．また，AlF_3 は水への溶解度が
低いが，$AlBr_3$ や AlI_3 は潮解性[*3]である．これらの現象は，AlF_3 がイオン性の
結晶であり，格子エネルギーが大きいことに起因している．

酸化物と水酸化物はアルミニウムの代表的な化合物の一つである．酸化アルミ
ニウムには構造の異なるいくつかの結晶が知られているが，常温・常圧ではコラ
ンダム型構造の $\alpha\text{-}Al_2O_3$ が最も安定である．$\alpha\text{-}Al_2O_3$ は融点が高いため耐火物と
して利用されるほか，少量の Cr^{3+} や Ti^{3+} を加えた単結晶はレーザーとしての用
途がある．前者は 4・6 節でふれたルビーレーザーである．また，Ti^{3+} を添加し
た $\alpha\text{-}Al_2O_3$ はサファイアレーザーとよばれる．水酸化アルミニウムは水酸化ベリ
リウムと同じく両性であり，酸とも塩基とも反応する．また，加熱により H_2O
を失い，$\alpha\text{-}Al_2O_3$ を生じる．

ここで，水酸化物の酸性・塩基性を周期表の観点から見ると興味深い．表6・2
に示すように，$Be(OH)_2$ は両性，$B(OH)_3$ は酸性，$Mg(OH)_2$ は塩基性，$Al(OH)_3$
は両性であり，$Be(OH)_2$ と $Al(OH)_3$ の類似性は対角関係の一例である．こ

ハロゲン化物として BF_3，
BCl_3，BBr_3，B_2F_4，B_2Cl_4，
B_4Cl_4 などがある．

*1 金属などを陰極として
用いたとき，加熱により陰極
の表面から飛び出す電子を熱
電子とよび，熱電子を効率的
に放出する材料を "熱電子放
出材料" という．

*2 超伝導物質は高温では
通常の金属としての電気伝導
（これを常伝導という）を示
すが，低温では，ある温度で
急激に電気抵抗が低下して超
伝導体に転移する．このとき，
理想的には電気抵抗はゼロと
なる．この転移温度を "臨界
温度" という．

ボラゾン（borazon）

*3 固体の物質が空気中の
水（水蒸気）と反応して水
溶液に変わる現象を "潮解性"
という．6・3 節と 6・4 節で
取上げた NaOH や $CaCl_2$ も
潮解性を示す．

表6·2　**水酸化物の酸・塩基としての性質**　Li と Mg，Be と Al，B と Si の対角関係が見られる

	1族	2族	13族	14族
第2周期	LiOH：塩基性	$Be(OH)_2$：両性	$B(OH)_3$：酸性	
第3周期	NaOH：塩基性	$Mg(OH)_2$：塩基性	$Al(OH)_3$：両性	$Si(OH)_4$：酸性

の4種類の水酸化物を比較すると，$B(OH)_3$ では B−O 結合がいくぶん共有結合性をもつため，完全なイオン結合の場合と比べると O 原子の電子は B 原子に引き寄せられている．結果として O−H 結合は弱くなり H 原子は H^+ として放出されやすい．逆に $Mg(OH)_2$ では Mg は電気的に陽性で，Mg−O 結合において電子は O 原子に偏り，これが H 原子を強く引き付ける結果，OH^- が放出されやすくなる．$Be(OH)_2$ と $Al(OH)_3$ では Be と Al が B と Mg の中間的な性質をもつので，これらの水酸化物は酸とも塩基とも反応する．

　窒化物の AlN は化学的に安定であり，熱伝導率が高いことから，放熱や吸熱のための材料として用いられる．また，大きなエネルギーギャップをもち，電気絶縁性も高いため，後述する GaN を発光ダイオードなどに応用するうえで，エネルギーギャップの違いにもとづき電子構造を制御する物質として実用化されている．

6·5·4　ガリウム，インジウム，タリウムの化合物

　ガリウムとインジウムは 15 族元素との化合物である GaN，GaP，GaAs，InP，InAs，InSb が半導体として実用化されている．4·7·2 節で述べたように GaAs は赤色から赤外域の光を放つ発光ダイオードやレーザーダイオードに応用される．また，電子が高速で移動できるトランジスターとしても利用されている．GaN は青色から紫外域の発光ダイオードならびレーザーダイオードとして用いられるとともに，電力の変換や制御を行う工学であるパワーエレクトロニクス[*1]のデバイスとしても期待されている．ガリウムとインジウムの酸化物も電気的性質に特徴をもち，In_2O_3 に SnO_2 を添加した酸化物は可視光の透過率が高く，電気抵抗が低いため，透明電極としてタッチパネルなどに使われている．Ga_2O_3 は結晶構造の異なる α 型と β 型があり，いずれもエネルギーギャップの広い半導体であって，GaN と同様，パワーエレクトロニクスへの応用が考えられている．

　タリウムは前述のとおり化合物中では ＋I の酸化数をとりやすい．Tl^+ の化学的性質はアルカリ金属イオン（特に K^+）や Ag^+ に類似しており，たとえば，TlOH の水溶液は NaOH や KOH と同様に強い塩基性を示す．また，TlCl，TlBr は塩化セシウム型構造の結晶であり，オキソ酸塩（炭酸塩，硝酸塩，リン酸塩，硫酸塩）はアルカリ金属のオキソ酸塩と同じ構造となる．NaI の Na^+ の一部を少量の Tl^+ が置換固溶した結晶は，Tl^+ が放射線照射によって発光するためシンチレーション検出器[*2]として利用されている．

*1　たとえば，太陽電池（4·7·2 節参照）がつくり出す電気は直流であるが，家電製品を動作させるには交流にする必要があり，パワーエレクトロニクスの技術が利用される．

*2　放射線の照射により発光する物質をシンチレーターといい，これを利用した放射線検出用デバイスを "シンチレーション検出器" とよぶ．

6・6　14 族 元 素
6・6・1　元 素 と 単 体

　14 族元素は，**炭素**(C)，**ケイ素**(Si)，**ゲルマニウム**(Ge)，**スズ**(Sn)，**鉛**(Pb)などがあり，この族には非金属，メタロイド，金属といったすべての種類の元素が含まれる．炭素は莫大な種類の有機化合物を構成する主要な元素である．有機分子は配位子として遷移金属元素などと安定な錯体を形成することも多い．この種の化合物の構造，電子状態，反応，性質などに関する事項は無機化学の範ちゅうであり，7 章で詳しく解説する．

　14 族の単体は常温・常圧ではすべて固体であり，電気的性質の観点から見ても半金属[*1]（グラファイト（黒鉛）），半導体（Si と Ge），金属（Sn と Pb）と多様な物質が並ぶ．炭素の同素体であるダイヤモンドは絶縁体である．図 6・6 にダイヤモンドとグラファイトの結晶構造を示した．**ダイヤモンド**では C 原子は立方体の頂点と面心の位置を占め，立方体の内部にも存在する（図 6・6a）．一つの C 原子は sp^3 混成軌道によってまわりの 4 個の C 原子と結合する．これら4 個の C 原子は正四面体を形成する．一方，**グラファイト（黒鉛）**は層状構造をとる（図 6・6b）．一つの層は**グラフェン**とよばれ，典型的な 2 次元物質として特異な電子状態が注目されている．グラフェンの層内では一つの C 原子は sp^2 混成軌道によって 3 個の C 原子と共有結合を形成し，それら 3 個の C 原子は正三角形の頂点に位置する（図 6・6c）．また，グラファイトの層間にはファンデルワールス力が働いている[*2]．ダイヤモンドと異なり，グラファイトはグラフェン層内での結合と層間の結合の強さが大きく異なるため，結晶構造のみならず，電気伝導や熱伝導といった性質にも異方性が現れる．電気伝導性についていえば，グラ

炭素（carbon）
ケイ素（silicon）
ゲルマニウム（germanium）
スズ（tin）
鉛（lead）

[*1]　バンド構造において，価電子帯が完全に電子で満たされ，伝導帯が完全に空であり，かつ，エネルギーギャップが存在しない物質を"半金属"という．

ダイヤモンド（diamond）

グラファイト（黒鉛）（graphite）

グラフェン（graphene）
グラフェンの発見は 2010 年のノーベル物理学賞の対象となった．

[*2]　層と層との結合は弱いので，力を加えると容易に剥離する（へき開）．この性質を利用して，鉛筆の芯に使われている．

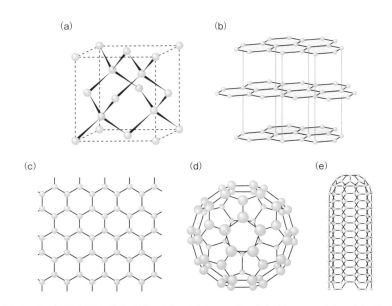

図 6・6　炭素の同素体の構造　(a) ダイヤモンド，(b) グラファイト，(c) グラフェン，(d) フラーレン，(e) カーボンナノチューブ

フラーレン（fullerene）
カーボンナノチューブ
（carbon nanotube）

"フラーレン" は炭素の6員環と5員環からなるサッカーボールに似た構造をもつ. (d) には 60 個の炭素原子からなる C_{60} フラーレンを示した. "カーボンナノチューブ" はグラフェンを円筒状に丸めた構造をもつ. (e) のように1層のグラフェンからなるもの, あるいはグラフェンが何層にも重なったものもある. フラーレンの発見により, R. F. カール, H. W. クロトー, R. E. スモーリーは 1996 年にノーベル化学賞を受賞した.

ファイトは電池の負極材料（5・4・3節）としても利用され電子伝導を示すが, 層内の電気伝導率（4・6節および4・7節）は層に垂直な方向に比べると2桁ほど大きい. そのほか, 炭素の同素体として, **フラーレンとカーボンナノチューブ** が知られている. これらの分子の構造を図 6・6(d)および(e)に示す.

　ケイ素は地球上に豊富に存在する元素の一つであり, 半導体と（4・7・2節）してエレクトロニクスの基幹をなす重要な物質である. 結晶はダイヤモンド型構造をもつ. ゲルマニウムもダイヤモンド型構造をとる結晶で, 半導体としての性質を活かして光検出器や放射線検出器, 太陽電池（4・7・2節）などに利用される. 世界ではじめて作製されたトランジスターはゲルマニウムを用いたものである.

　スズは融点の低い（232 ℃）金属であり, やはり融点の低い鉛（融点は 327 ℃）との合金が, 金属の接合や電子部品の基板への固定などに使われる "はんだ" として用いられてきたが, 鉛は有害な元素であることからその使用が規制されており, それにともなって鉛を含まない "はんだ" の開発が進められている. 具体的には, Sn-Zn 系, Sn-Cu 系, Sn-Ag 系などの合金が提案されている. スズはブリキとしても実用化されている. これは鉄鋼の表面をスズで被覆したものであり, 鉄よりもスズのほうが酸化されにくいことから, スズの被覆により鉄鋼の腐食を防いでいる. 一方, 鉛は上記のとおり使用が制限されているものの, 単体の金属や鉛イオンを成分として含むガラスは X 線や γ 線のような飛程の長い放射線の遮蔽に利用されている. 6・5・1節で述べた不活性電子対効果は 14 族でも見られ, スズと鉛ではそれぞれ, Sn^{2+} と Sn^{4+}, また, Pb^{2+} と Pb^{4+} が安定に存在する. 特に鉛では一般に Pb^{2+} の酸化状態が観察されることが多い.

6・6・2　酸化物とオキソ酸

酸化物として CO, CO_2, SiO_2, GeO_2, SnO, SnO_2, PbO, PbO_2 などがある.

　14 族元素の酸化物は基本的な無機化合物としてよく知られ, 応用の観点からも重要な物質である. CO は常温・常圧で無色・無臭の気体であり, 水にはほとんど溶けない. 酸素が不足した状態での炭素や有機化合物の燃焼で生じるほか, (6・7)式で表される水性ガス反応や, ギ酸の濃硫酸による脱水反応

$$HCOOH \longrightarrow CO + H_2O \tag{6・26}$$

で生成する. 人体には有毒な物質で, 体内では赤血球に含まれるヘモグロビンに結合し, ヘモグロビンが O_2 を運搬する機能を低下させる. 一方, CO 分子は多くの金属原子やイオンに結合してカルボニル錯体を形成する（7章参照）.

＊　大気中の CO_2 は太陽光からの赤外線を吸収し, 熱として放出するため, 地表の温度を上昇させる温室効果ガスとして知られており, "地球温暖化" のおもな原因物質となっている. 一方, 植物の "光合成" に欠かせない物質でもある（7・6節）.

　CO_2 も常温・常圧で無色・無臭の気体であるが＊, CO とは異なり水には比較的よく溶けて, 水溶液は弱酸性を示す. 水中では次のような化学平衡が成り立つ.

$$CO_2 + H_2O \rightleftharpoons H_2CO_3 \tag{6・27}$$

$$H_2CO_3 \rightleftharpoons H^+ + HCO_3^- \tag{6・28}$$

$$HCO_3^- \rightleftharpoons H^+ + CO_3^{2-} \tag{6・29}$$

H_2CO_3 は炭酸とよばれるが, この化合物は水中でのみ存在が知られている. 一方で, 炭素のオキソ酸塩である炭酸塩および炭酸水素塩は, 6・3・2節や6・4・

2 節でふれたアルカリ金属ならびにアルカリ土類金属の炭酸塩および炭酸水素塩のほか, 遷移元素の炭酸塩である $FeCO_3$, Ag_2CO_3 など, 多くの安定相が存在する.

CO_2 は酸素が十分に供給された状態で炭素や有機化合物が燃焼すると生じるほか, CO と O_2 の反応でも生成する. また, 炭酸塩や炭酸水素塩の加熱による分解や, これらの化合物と酸との反応で発生する. 前者は, ソルベー法における炭酸ナトリウムの生成過程((6・18)式)などがその例である. 後者は, たとえば,

$$Na_2CO_3 + 2CH_3COOH \longrightarrow 2CH_3COONa + H_2O + CO_2 \qquad (6 \cdot 30)$$

のような反応である. CO_2 は常圧では $-78.5\,℃$ に昇華点をもち, 固体はドライアイス[*1]とよばれ, 日常的に冷却剤として汎用されている.

ケイ素の酸化物である二酸化ケイ素 (SiO_2) は**シリカ**ともよばれ, 鉱物のケイ砂あるいはケイ石の主成分として天然に産出する. ケイ砂, ケイ石は工業的に単体のケイ素を得るための原料であり, 最終的には高純度のケイ素単結晶が作製され, 半導体として実用化されている. SiO_2 には常圧では石英, トリジマイト, クリストバライトとよばれる多形が存在し, それぞれに低温型 (α 相) と高温型 (β 相) の結晶相が見られる. これら SiO_2 の結晶では Si 原子を中心に四つの O 原子が結合した四面体型の構造を基本とし, さらに O 原子が隣りの Si 原子と連結した構造をもつ (図 6・7 参照). 石英は水晶ともよばれ, 圧電性[*2]を示すことから水晶振動子として電子回路において重要な役割を担う. また, 不純物を極限まで抑えたシリカガラスは $1.5\,\mu m$ 付近の波長をもつ赤外光に対して極めて高い透過率を示すため, 繊維状にしたシリカガラスは光ファイバーとして光通信に利用されている.

ケイ素のオキソ酸塩は多くの種類が存在する. 図 6・7 のようにケイ酸イオンは SiO_2 と同様の構造をもつ. ケイ酸イオンは, カンラン石(($Mg, Fe)_2SiO_4$), 緑柱石($Be_3Al_2Si_6O_{18}$), 滑石($Mg_3(Si_2O_5)_2(OH)_2$), 長石($KAlSi_3O_8$, $CaAl_2Si_2O_8$ など) といった鉱物の主成分として自然界に豊富に存在する. ケイ酸イオンの Si の一部を Al が置換し, 電荷補償[*3]のためアルカリ金属イオンやアルカリ土類金属イオンが共存する化合物は**アルミノケイ酸塩**とよばれ, 特に**ゼオライト**あるいは沸石とよばれる一連の化合物は結晶構造に大きな特徴がある. 図6・8 にフォージャサイトとよばれるゼオライトの一種の骨格構造を示す. Si と Al が O を介して結合してソーダライトユニットとよばれる切頂八面体の構造単位をつくり, それが互いに連結して結晶構造を形成する. 図の骨格構造の頂点に Si あるいは Al があり, 辺は O を介した結合である. 図に示されているように, 構造中には直径が数百 pm 程度の孔があり, 孔は 3 次元的につながっている. このような微細な孔の存在のため, ゼオライトは吸着材や分子ふるい[*4]として利用される. また, 触媒としても用いられる[*5].

GeO_2 は常温・常圧で固体であり, SiO_2 と同様に結晶構造の異なる多形をもつ. また, これも SiO_2 と同じくガラスを生成しやすく, 光ファイバーに用いられるシリカガラスの屈折率を制御して光シグナルを効率良く伝達するための成

---

*1 分子結晶の一種である (4・4 節参照).

シリカ (silica)

*2 物質に電場を加えると歪みが生じるなど, 電気的な量と機械的な量を相互に変換できる性質を"圧電性"という. 圧電性を示す物質は"圧電体"よばれ, マイク, スピーカー, ガスコンロなどの点火装置, 体重センサー, インクジェットプリンター, カメラの手ぶれ補正など, 日常生活においても幅広く利用されている.

*3 Si の酸化状態は +4 であり, その位置を Al^{3+} が占めると正電荷が不足するため, 正電荷をもつアルカリ金属イオンやアルカリ土類金属イオンが結晶構造中に導入され, それを補償する.

アルミノケイ酸塩 (aluminosilicate)
ゼオライト (zeolite)

*4 孔を通じて分子の大きさにもとづき分離すること.

*5 たとえば, 細孔内の Na^+ を NH_4^+ とイオン交換することで H^+ が導入され, これがブレンステッド酸として作用する.

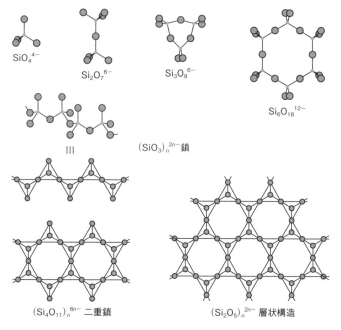

SiO$_4$$^{4-}$

Si$_2$O$_7$$^{6-}$

Si$_3$O$_9$$^{6-}$

Si$_6$O$_{18}$$^{12-}$

III

(SiO$_3$)$_n$$^{2n-}$ 鎖

(Si$_4$O$_{11}$)$_n$$^{6n-}$ 二重鎖

(Si$_2$O$_5$)$_n$$^{2n-}$ 層状構造

図6・7   ケイ酸イオンの構造と組成式

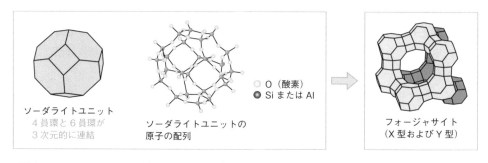

ソーダライトユニット
4員環と6員環が
3次元的に連結

ソーダライトユニットの
原子の配列

○ O（酸素）
● Si または Al

フォージャサイト
（X型およびY型）

図6・8   ゼオライトの一種であるフォージャサイトの骨格構造   骨格構造の頂点に Si あるいは Al があり，辺は O を介した結合である

分として使用されている．SnO$_2$ は n 型半導体としての性質をもち，酸化物イオンが正規の位置から抜けた空格子点の濃度に依存して電気伝導率が変化する．このため，酸素と反応する可燃性気体に対するセンサーとして実用化されている．PbO$_2$ は鉛蓄電池（5・4・3節）としての用途がある．一方，Pb^{2+} を含む酸化物として PbTiO$_3$ と PbZrO$_3$ の固溶体が実用的な材料として知られている．この化合物は PZT とよばれ，ペロブスカイト型構造（4・3・2節）を有する．石英と同じく圧電体としての用途があり，特に高い機能をもつことから広範囲で実用化されている．

例題 6・5   SnO$_2$ を CO のセンサーとして使うことを考えよう．CO の分圧が高くなると SnO$_2$ の電気伝導率はどのように変化するか．理由も述べよ．

解   CO は SnO$_2$ に含まれる O と反応して CO$_2$ に変わる．よって，CO の分圧が高

くなると O^{2-} の空格子点が多くなる. SnO_2 の結晶構造中から負電荷をもつ O^{2-} が失われる過程では, 電荷補償のために O^{2-} 1 個当たり 2 個の電子が結晶内に残り, これが電気伝導に寄与するため, CO の分圧が高くなるほど SnO_2[*1] の電気伝導率は上昇する.

*1 酸化物イオンの欠陥が生じているので, 厳密には $SnO_{2-\delta}(\delta > 0)$ と書くべきである. これは不定比化合物 (4・5 節) の一種である.

6・6・3 炭化物およびその他の化合物

炭素と他の元素との二元化合物は水素化物と同様に塩類似炭化物, 侵入型炭化物, 共有性炭化物に大別できる. **塩類似炭化物**は, アルカリ金属, アルカリ土類金属, Al, 12 族元素, 希土類元素などの炭化物, **侵入型炭化物**は d ブロックの遷移元素の炭化物, **共有性炭化物**は B や Si の炭化物である. 塩類似炭化物の一種である炭化カルシウムは酸化カルシウムとコークスの高温での反応によって生じる.

塩類似炭化物
(saline carbide)
侵入型炭化物
(interstitial carbide)
共有性炭化物
(covalent carbide)

$$CaO + 3C \longrightarrow CaC_2 + CO \qquad (6 \cdot 31)$$

炭化カルシウムは水と反応するとアセチレンを発生する.

$$CaC_2 + 2H_2O \longrightarrow C_2H_2 + Ca(OH)_2 \qquad (6 \cdot 32)$$

また, 炭素の化合物としてグラファイトの層間に原子や分子が挿入された**層間化合物**が知られている. 5・4・3 節で述べたリチウムイオン二次電池の負極のグラファイトへの Li 原子のインターカレーションがその例である. C 原子は電気陰性度が 2.5 程度と中間的な値であるため, 挿入される化学種のうち電気的に陽性になりやすいものはグラファイトに電子を与え, 逆に陰性になりやすい化学種はグラファイトから電子を受取る[*2].

層間化合物
(intercalation compound)

炭素は窒素と結合してシアン化物イオン CN^- をつくる[*3]. また, 炭素, 窒素, 硫黄からチオシアン酸イオン SCN^- ができる. 7 章で詳しく取上げるが, これらの陰イオンは配位子として多くの配位化合物を形成する.

ケイ素の炭化物である SiC と窒化物である Si_3N_4 はいずれも化学的に安定な結晶であり, 融点は前者が 2730 ℃, 後者が 1900 ℃ と高く (この温度で熱分解が起こる), いずれも硬度が高いなどの機械的特性にも優れているため, 高温・高強度材料としての用途がある. SiC は同時にエネルギーギャップの広い半導体であり, 6・5・4 節でふれた GaN や Ga_2O_3 と同様, パワーエレクトロニクスへの応用が考えられている.

*2 前者はリチウムのようなアルカリ金属, アルカリ土類金属, 希土類, 遷移金属などであり, 後者は Cl_2, IBr のようなハロゲン分子, $AlCl_3$, $FeCl_3$ のような金属ハロゲン化物, CrO_3, MoO_3 のような金属酸化物, HNO_3, H_2SO_4 のようなオキソ酸などである.

*3 シアン化水素 HCN の水溶液は青酸とよばれ, 猛毒であり, 細胞の呼吸を止める作用がある.

ハロゲン化物は, 四ハロゲン化物と二ハロゲン化物が存在する. 原子番号の小さい 14 族元素は CF_4, CCl_4, SiF_4, $SiCl_4$ のような四ハロゲン化物を主として生じる. ゲルマニウム, スズ, 鉛は四ハロゲン化物に加えて二ハロゲン化物を生成する. 鉛は二ハロゲン化物が安定で, 四ハロゲン化物の PbI_4 は知られていない.

6・7 15 族 元 素
6・7・1 元 素 と 単 体

15 族元素には, **窒素**(N), **リン**(P), **ヒ素**(As), **アンチモン**(Sb), **ビスマス**(Bi)

窒素 (nitrogen)
リン (phosphorus)
ヒ素 (arsenic)
アンチモン (antimony)
ビスマス (bismuth)

などがあり，**ニクトゲン**と総称される．15族元素は＋Vから－Ⅲまでの多くの酸化状態をとる．窒素は非金属元素であるが，他の15族元素はメタロイド元素とみなせる．この族でも不活性電子対効果が見られ，特にビスマスでは＋Vより＋Ⅲの酸化状態が安定である．また，窒素とリンは生物にとって必須な主要元素である．窒素とリンは核酸（DNA，RNA），アデノシン三リン酸（ATP）などに含まれ[*1]，さらに窒素はタンパク質を構成するアミノ酸，リンは細胞膜を構成するリン脂質にも含まれる．また，骨や歯の主成分はリン酸カルシウムである．ヒ素はその化合物の多くが毒性をもつ．

　窒素の単体は常温・常圧では気体であり，体積比で大気（乾燥大気）の78.08％を占める．気相は二原子分子のN_2からなる．三重結合で安定化している分子であり反応性に乏しいが，6・3・2節で述べたようにリチウムおよびマグネシウムとの反応で窒化物を生成する．常圧での窒素の沸点と融点はそれぞれ77.3 Kおよび63.1 Kであり，液体窒素は冷媒として広く利用されている．

　リンには，白リン（黄リン），赤リン，黒リンといった同素体が存在する．白リンは白色の固体で，正四面体形のP_4分子からなり（3・2・1節参照），発火点が約60 ℃と低い．赤リンは無定形固体で，発火点が260 ℃であり，マッチの側薬[*2]の原料として利用される．黒リンは白リンを高圧下で加熱すると得られる金属光沢のある固体で層状構造をもち（左図），半導体としての性質を示す．また，少量のリンが単結晶のケイ素に置換固溶した物質はn型半導体として利用される（4・7・2節）．

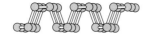

黒リンの構造

　ヒ素にもいくつかの同素体が存在する．灰色ヒ素は最も安定な相で，金属光沢をもつ固体であり，電気伝導率が高い．金属ヒ素ともよばれる．黄色ヒ素は軟らかい固体で，加熱などによって灰色ヒ素に変わる不安定な相である．黒色ヒ素は黒リンと同じ構造をもつ結晶である．単体のヒ素は電子構造の観点からは半金属の一種である．また，リンと同様，少量のヒ素がケイ素に置換固溶した物質はn型半導体として実用化されている．

　アンチモンの単体は金属光沢のある固体で，ヒ素と同じく半金属に分類される．ビスマスの単体も半金属としての性質を示す．融点は271.3 ℃で，この温度を境に液相から固相に相転移すると密度が減少するめずらしい物質である[*3]．また，反磁性[*4]の大きい物質としても知られている．

6・7・2　窒素の化合物

　窒素の水素化物であるアンモニアは化学肥料として用いられるほか，硝酸や炭酸ナトリウムの製造の原料となる．工業的にアンモニアを得る方法として**ハーバー-ボッシュ法**が有名である．反応は，

$$3H_2 + N_2 \longrightarrow 2NH_3 \tag{6・33}$$

のように進む．反応の進行には高温・高圧と触媒の存在が不可欠で，400〜600 ℃，20〜35 MPaの条件で鉄を触媒として合成される．実験室では（6・34）式のよ

うなアンモニウム塩と強塩基の反応でつくられる.

$$2NH_4Cl + Ca(OH)_2 \longrightarrow 2NH_3 + CaCl_2 + 2H_2O \qquad (6・34)$$

すでに 5 章で見たように,アンモニアは典型的な塩基であり,また,金属イオンに配位して多くの錯体をつくることも知られている(7 章参照).

窒素の酸化物には,一酸化二窒素(亜酸化窒素,N_2O),一酸化窒素(NO),二酸化窒素(NO_2),四酸化二窒素(N_2O_4)などが,また,オキソ酸には,硝酸(HNO_3),亜硝酸(HNO_2),次亜硝酸($H_2N_2O_2$)などがある.硝酸は重要なオキソ酸の一つであり,工業的には**オストワルト法**で製造される.まず,白金触媒の存在下,$800 \sim 900\,℃$でアンモニアを空気で酸化すると一酸化窒素が得られる.

オストワルト法
(Ostwald process)

$$4NH_3 + 5O_2 \longrightarrow 4NO + 6H_2O \qquad (6・35)$$

さらに空気との反応で二酸化窒素が生成する.

$$2NO + O_2 \longrightarrow 2NO_2 \qquad (6・36)$$

これを温水に吸収させると硝酸が生じる.

$$3NO_2 + H_2O \longrightarrow 2HNO_3 + NO \qquad (6・37)$$

硝酸は酸化力の強い酸であり,銅や銀と反応してこれらを酸化する(例題 6・6).

例題 6・6　硝酸と銅との反応を希硝酸と濃硝酸[*1]を用いた場合について,それぞれ化学反応式で示せ.また,生成物が異なる理由を述べよ.

解　銅との反応では,NO および NO_2 が発生する.どちらの気体が多く発生するかは硝酸の濃度に依存する.希硝酸を用いると,

$$3Cu + 8HNO_3(希) \longrightarrow 3Cu(NO_3)_2 + 4H_2O + 2NO \qquad (6・38)$$

により NO が発生する.一方,濃硝酸を用いると,

$$Cu + 4HNO_3(濃) \longrightarrow Cu(NO_3)_2 + 2H_2O + 2NO_2 \qquad (6・39)$$

により NO_2 が発生する.

(6・37)式からもわかるように,希硝酸では水が多いので発生した NO_2 は水に溶け NO になり,濃硝酸では NO が硝酸により酸化されて NO_2 になるためである.

*1　濃硝酸は水分の少ない硝酸で,さらに十分な水で薄めたものが希硝酸である.

濃硝酸と濃塩酸を体積比が 1:3 となるように混合した溶液は"王水"とよばれ,金や白金のような化学的に安定な金属も溶解する.濃硝酸はこれらの金属を酸化して陽イオンに変え,これに濃塩酸から供給される塩化物イオンが結合して安定な陰イオン[*2]が生じることで金属の溶解が進む.金に対して考えられる反応は以下のようになる.

$$Au + 3HNO_3 + 4HCl \longrightarrow H^+ + [AuCl_4]^- + 3NO_2 + 3H_2O \qquad (6・40)$$

NO_2 は常温・常圧では気体または液体の状態で存在し[*3],無色の固体である N_2O_4 と以下のような化学平衡にある.

$$2NO_2 \rightleftharpoons N_2O_4 \qquad (6・41)$$

温度によって(6・41)式の平衡は移動し,低温になるほど N_2O_4 は安定化する.高温では NO_2 の割合が増すが,$150\,℃$以上では NO_2 から NO と O_2 への分解が起こる.

*2　ここでの陰イオンは(6・40)式に現れる $[AuCl_4]^-$ である.これは錯体の一種で,テトラクロリド金(Ⅲ)酸イオンとよばれる.錯体の命名法については 7 章を参照.

*3　NO_2 の沸点は $21.2\,℃$ である.

　　このほか，窒素の化合物としていくつかの窒化物が知られている．水素化物や炭化物と同じように，窒化物はイオン性窒化物，共有性窒化物，侵入型窒化物に分けることができる．すでに 6・3・2 節で述べた Li_3N や Mg_3N_2 のようなアルカリ金属やアルカリ土類金属の窒化物はイオン性，6・5・2 節と 6・6・3 節で取上げた BN や Si_3N_4 は共有性である．侵入型窒化物の代表例は遷移元素の窒化物である．

6・7・3　リ ン の 化 合 物

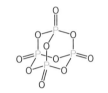

図 6・9　P_2O_5(P_4O_{10}) の構造

　　リンの酸化物として P_2O_5，P_4O_6 などが知られている．P_2O_5 はリンと酸素の反応で得られる無色の固体で，昇華性がある．水と反応しやすいため乾燥剤として使われる．図 6・9 に示すように，分子の構造は P_4O_{10} の組成式に相当するため，五酸化二リンではなく十酸化四リンとよばれることも多い．P_4O_6 も P_2O_3 の二量体であるとみなせる．

　　P_2O_5 は温水と反応するとオルトリン酸を生じる．これは H_3PO_4 の組成式をもつ結晶であるが，融点は 42.35 ℃と低い．また，水に溶解すると三塩基酸となる．一般に狭義のリン酸という場合はこの化合物をさす．オルトリン酸を含め，リンのオキソ酸を図 6・10 に示す．組成式が H_3PO_3 のリン酸には亜リン酸($P(OH)_3$) とホスホン酸($PHO(OH)_2$) があり，後者は P_4O_6 と水の反応で生じる．水溶液中では，亜リン酸とホスホン酸の間に化学平衡が成り立っている．また，組成式が H_3PO_2 のリン酸はホスフィン酸あるいは次亜リン酸とよばれる．オルトリン酸を加熱すると脱水反応が起こり，複数の P 原子を含む分子が生成する．この種の化合物を縮合リン酸と称する．オルトリン酸の加熱により，最初に二リン酸が生じる．この化合物はピロリン酸ともよばれる．さらに脱水反応が起こると三

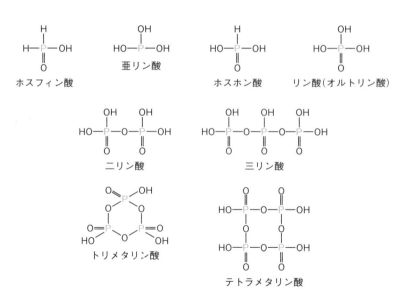

ホスフィン酸　　亜リン酸　　ホスホン酸　　リン酸(オルトリン酸)

二リン酸　　三リン酸

トリメタリン酸

テトラメタリン酸

図 6・10　リンのオキソ酸

リン酸や高次のメタリン酸などが生成する.

リン酸塩にも多くの化合物が知られている. 特に実用的に有用な物質が多く, Na_3PO_4 は硬水軟化剤, 洗剤, 食品添加物など, Na_2HPO_4 と K_3PO_4 は食品添加物[*1]など, $NH_4H_2PO_4$ は肥料などの用途がある. KH_2PO_4 は単結晶が光学材料として利用される. $Ca_5(PO_4)_3(OH)$ はヒドロキシアパタイトとよばれ, 骨や歯の成分であり, $Ca_3(PO_4)_2$ は骨生成に有効な化合物である. いずれも医療で用いられている[*2]. リンのハロゲン化物には PCl_3 のような三ハロゲン化物と PCl_5 のような五ハロゲン化物が存在する. 後者は表3・2に示したように三方両錐形の分子である. この化合物は固体中および高濃度の水溶液中で PCl_4^+, PCl_6^- という電荷を帯びた分子として存在している. 水素化物である PH_3 はホスフィンとよばれ, 常温・常圧では気体であり, 毒性が強い. 水溶液は塩基性であるが, アンモニアより弱い. PH_3 はケイ素の単結晶へのリンの添加や, 6・5・4節で述べた13族元素のリン化物の合成など, 半導体産業で実用化されている. リン化物にも多くのものが知られている. すでに述べた13族のほか, アルカリ金属, 2族, 11族, 12族, 遷移元素といった金属元素がリン化物をつくる. たとえば, カルシウムのリン化物は以下のように水と反応してホスフィンを生成する.

$$Ca_3P_2 + 6H_2O \longrightarrow 3Ca(OH)_2 + 2PH_3 \qquad (6・42)$$

6・7・4 ヒ素, アンチモン, ビスマスの化合物

ヒ素は, As_2O_3, As_2O_5 などの酸化物や, H_3AsO_4 のようなオキソ酸およびオキソ酸塩を形成し, 13族との化合物は半導体となるなどリンとの類似性が多い. 水素化物である AsH_3 はアルシンとよばれ, ホスフィンと同様, GaAs など半導体製造の原料として用いられている.

アンチモンの化合物は, 酸化物として Sb_2O_3 と Sb_2O_5, ハロゲン化物として SbF_5 や $SbCl_3$, 水素化物として SbH_3 が知られている. SbH_3 はスチビンとよばれる. SbF_5 がフッ化水素(HF)やフルオロ硫酸(HSO_3F)[*3]に溶けた溶液は無水硫酸より強い酸性を示す. これらは**超酸**とよばれる. SbF_5 が HF に溶解する反応は,

$$SbF_5 + 2HF \longrightarrow SbF_6^- + H_2F^+ \qquad (6・43)$$

のようになる. SbF_5 はルイス酸として働き, HF から F^- を引き抜いて結合をつくる. この結果, 溶液は H^+ の供与性がきわめて強くなる. また, アンチモンと13族元素との化合物の一種である InSb は, 13族元素のリン化物やヒ化物と同様, 半導体として利用されている.

ビスマスの酸化物は不活性電子対効果のため Bi_2O_3 が安定である. ハロゲン化物も Bi が+Ⅲの酸化状態である BiF_3, $BiCl_3$, $BiBr_3$, BiI_3 は安定に存在するが, Bi が+Ⅴの酸化状態の場合, BiF_5 は存在するものの $BiCl_5$ や $BiBr_5$ は見いだされていない. また, MnBi のようなビスマス化物も知られている. この物質は磁性材料としての用途がある.

6・8　16 族 元 素

6・8・1　元 素 と 単 体

酸素（oxygen）
硫黄（sulfer）
セレン（selenium）
テルル（tellurium）
ポロニウム（polonium）

カルコゲン（chalcogen）

＊1　地球上に最も豊富に存在する元素は鉄で，第2位が酸素である．

16族元素には，**酸素**(O)，**硫黄**(S)，**セレン**(Se)，**テルル**(Te)，**ポロニウム**(Po)などがあり，**カルコゲン**と総称される．酸素と硫黄は非金属元素，セレンとテルルはメタロイド元素，ポロニウムは金属元素に分類できる．酸素は地球上に豊富に存在する元素の一つであり，大気中には単体の二原子分子 O_2 として，海水中には H_2O の成分として，地殻中には多くの鉱物，特にケイ酸塩として存在している[*1]．また，生物にとって必須な主要元素である．電気陰性度の大きい元素であり，ほとんどの化合物中で陰イオンあるいは負電荷を帯びた原子の状態で存在している．酸素の単体は常温・常圧では無色・無臭の気体であり，体積比で大気（乾燥大気）の 20.95 % を占め，常圧では沸点が -218.4 ℃，凝固点が -183.0 ℃である．酸素の液相と固相は淡い青色に呈色している．

オゾン（ozone）

＊2　地上から約11 kmの上空までは対流圏とよばれ，さらに上空の地上から50 km程度までの領域が“成層圏”である．

＊3　オゾン層が“フロン”とよばれる物質などにより破壊されることがわかっている．フロンは，$CFCl_3$ や CF_2Cl_2 のようなフッ素，塩素，炭素からなる化合物であり，冷蔵庫の冷媒などとして使用されてきた．フロンは温室効果ガス（6・6・2節）でもある．

酸素の同素体として**オゾン** O_3 が知られている．分子は折れ線形であり，単体は常温・常圧で気体であって，地球の成層圏[*2]にはオゾンが高濃度に分布する領域が存在する．これは“オゾン層”とよばれ，宇宙からの有害な紫外線を吸収し，地球上の生物を保護する役割を担う[*3]．オゾンが吸収した紫外線は熱に変わるため，成層圏はその下部にある対流層より温度が高い．オゾンは酸化力の強い物質であり，高酸化状態の遷移元素を得る際などに利用される．

硫黄，セレン，テルルは化合物中で $+\text{VI}$ から $-\text{II}$ までの広い酸化状態をとりうる．これは，酸化状態がおおよそ $-\text{II}$ のみである酸素とははっきりと異なる特徴である．元素としての硫黄は単体および硫化物の形で地殻中に含まれるほか，硫酸塩として地殻や海水中に存在する．火山ガスは硫化水素と二酸化硫黄を含んでいる．また，硫黄は生物にとって必須な主要元素である（7・6節）．単体の硫黄には構造の異なる同素体が存在する．天然の硫黄は図6・11に示すような S_8 の

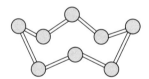

◯ S 原子

図6・11　**硫黄分子 S_8 の構造**

組成をもつ環状分子からなり，常温・常圧では直方晶の結晶が安定である．95.6℃以上の温度では単斜晶の構造をもつ結晶が安定化する．さらに高温（250 ℃程度）になると多数のS原子がつながって高分子を形成したゴム状硫黄が生じる．このようにS原子は互いに結合して鎖状につながる性質をもつ．**この現象をカテネーション**とよぶ．同じ16族のセレンでも見られる．また，最もカテネーションを起こしやすい元素は炭素であり，炭素のこの特徴が多くの有機化合物，特に有機高分子を生み出している．

カテネーション
（catenation）

セレンには灰色セレン，無定形セレンなどの同素体が存在する．灰色セレンは金属セレンともよばれ，常温・常圧で最も安定な相である．六方晶系の結晶で，Se原子がらせん状に無限の鎖を形成した構造からなる．テルルにも金属テル

と無定形テルルの同素体が存在する．金属テルルは六方晶系の結晶で半金属としての性質を示す．また，Se は生物にとって必須な微量元素である[*1]．

*1　抗酸化酵素に含まれ，ヘモグロビン（7・6 節）の酸化を防ぎ，赤血球の寿命を延ばす働きなどがある．

6・8・2　水 素 と の 化 合 物

16 族元素の水素との代表的な化合物は，H_2O，H_2O_2，H_2S，H_2Se，H_2Te である．H_2O は，化学結合，分子構造，分子間力，化学的性質などについて 3 章～5 章で取上げた．H_2O は人体の約 60 wt% を占め，生命の維持に必須であるとともに，日常生活や産業において不可欠な物質である．自然界には海水，河川，雲，雪などとして豊富に存在する．H_2O_2 は過酸化物の一種であり，MnO_2 などの触媒の存在下，分解して酸素を発生する[*2]．この反応は実験室で酸素を得る際に利用される．過酸化水素 H_2O_2 は，

*2　3 章の練習問題 3・2 に反応式を示した．

$$H_2O_2 + H_2S \longrightarrow S + 2H_2O \tag{6・44}$$

のような反応では酸化剤として働くが，5・6・2 節で示したように過マンガン酸カリウムとの反応では還元剤として作用する（(5・85)式）．H_2O_2 は実用的には，洗浄，漂白，殺菌などに用いられる．

H_2S は常温・常圧で気体であり，人体には有毒である．5・3・2 節の (5・39) 式と (5・40)式に示したように，水に溶けると 2 段階の反応で H^+ を放出して硫化物イオンを生じる．また，次式のように空気中で燃焼して二酸化硫黄を生じる．

$$2H_2S + 3O_2 \longrightarrow 2H_2O + 2SO_2 \tag{6・45}$$

実験室では硫化鉄(II) と酸との反応

$$FeS + 2HCl \longrightarrow H_2S + FeCl_2 \tag{6・46}$$

でつくられる．H_2Se と H_2Te も H_2S と同様に二塩基酸であり，水に溶けると二段階の反応で H^+ を放出する．

H_2O，H_2S，H_2Se，H_2Te はいずれも折れ線形の分子であるが，結合角は，H_2O が 104.5°（3・3 節），H_2S が 92.1°，H_2Se が 91°，H_2Te が 90° となり，H_2O のみ他の三つの分子と異なっている[*3]．H_2S，H_2Se，H_2Te の結合角が sp^3 混成軌道に対して予想される 109.5° とは大きく異なり 90° に近い値となっていることは，S 原子，Se 原子，Te 原子では，それぞれ 3p，4p，5p 軌道が混成軌道を形成せずに，直接，H 原子の 1s 軌道と重なり，結合をつくることが示唆される．S，Se，Te のように原子番号の大きい元素では，最外殻の s 軌道と p 軌道のエネルギー差が大きくなり，sp^3 混成軌道をつくることによるエネルギーの増加分が，化学結合の形成によるエネルギーの低下分でまかなえないためと考えられている．

*3　H_2O の結合角は，3・4・3 節で説明したように O 原子が sp^3 混成軌道を形成することと，VSEPR モデルにもとづいて説明できる．

6・8・3　酸化物とオキソ酸

酸素とさまざまな元素との化合物については，6・2 節から 6・7 節において多くの例を示した．これまで述べてきた 1 族，2 族，13 族から 15 族の元素で安定な同位体が存在するものは，すべて安定な酸化物を生じる．なかには，過酸化物や超酸化物も存在する．また，17 族元素，3 族から 12 族までの d ブロック元素，

f ブロック元素，ならびに 18 族元素の一部も酸化物を生成する．これらは 6・9 節以降で紹介する．ここでは 16 族元素の酸化物について述べよう．

酸化物として S_2O, SO, SO_2, SO_3, SeO_2, SeO_3, TeO, TeO_2, TeO_3 がある．

　硫黄，セレン，テルルの酸化物のうち，S_2O, SO, SO_2 は常温・常圧では気体，他は固体である．二酸化硫黄は実験室レベルでは亜硫酸塩や亜硫酸水素塩と希硫酸との反応

$$Na_2SO_3 + H_2SO_4 \longrightarrow Na_2SO_4 + H_2O + SO_2 \tag{6・47}$$

によって合成される．工業的には硫黄の酸化反応

$$S + O_2 \longrightarrow SO_2 \tag{6・48}$$

を利用してつくられる．SO_2 は S 原子の酸化数が $+IV$ であって，$+VI$, 0, $-II$ といった異なる酸化状態に変化しうるので，還元剤，酸化剤のいずれの役割も担うことができる．たとえば，

$$SO_2 + I_2 + 2H_2O \longrightarrow H_2SO_4 + 2HI \tag{6・49}$$

の反応では SO_2 は I_2 を還元し，

$$SO_2 + 2H_2S \longrightarrow 3S + 2H_2O \tag{6・50}$$

では H_2S を酸化している．SO_2 は，触媒として Pt や V_2O_5 が存在すると O_2 と反応して SO_3 を生じる．

　酸素は水酸化物やオキソ酸とその塩にも含まれる元素である．その例もアルカリ金属やアルカリ土類金属の水酸化物，13 族，14 族，15 族のオキソ酸およびオキソ酸塩に多数見ることができる．16 族元素のオキソ酸も多く知られている．硫黄のオキソ酸を図 6・12 にまとめた．

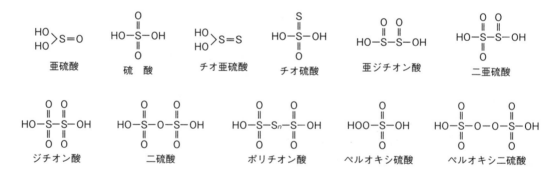

図 6・12　硫黄のオキソ酸

　オキソ酸の一種である硫酸は汎用されている代表的な酸の一つである．純粋な硫酸は常温・常圧で無色の液体であり，分子間の水素結合のため粘性が高い．工業的には SO_3 を原料として製造される（5・3・1 節）．2 % 程度の水を含む硫酸は濃硫酸とよばれ，不揮発性であることから，揮発性の酸である塩化水素や硝酸の生成に用いられる．

$$NaCl + H_2SO_4 \longrightarrow NaHSO_4 + HCl \tag{6・51}$$

$$KNO_3 + H_2SO_4 \longrightarrow KHSO_4 + HNO_3 \tag{6・52}$$

また，硝酸と同様に，熱濃硫酸[*1]はS原子の高い酸化数を反映して酸化力が強く，銅などを酸化する．この反応では，

$$Cu + 2H_2SO_4 \longrightarrow CuSO_4 + 2H_2O + SO_2 \qquad (6・53)$$

のように二酸化硫黄が発生する．一方，硫酸が十分な量の水に溶けると希硫酸となり，(5・28)式および(5・29)式に示したように(5・2・2節)，2段階に解離して水素イオンを放出する．このH^+が酸化剤となり，希硫酸では標準電極電位が負である亜鉛やアルミニウムを溶解して水素を発生する．

二酸化硫黄が水に溶けると亜硫酸が生じるが，H_2SO_3という組成や構造をもつ分子は存在しない．水溶液中ではSO_2分子が水和を受け，以下のような平衡が成り立っている．

$$SO_2 \cdot nH_2O \rightleftharpoons HSO_3^- + H_3O^+ + (n-2)H_2O \qquad (6・54)$$
$$HSO_3^- + H_2O \rightleftharpoons SO_3^{2-} + H_3O^+ \qquad (6・55)$$

亜硫酸イオンSO_3^{2-}と亜硫酸水素イオンHSO_3^-は水溶液中に存在するほか，亜硫酸ナトリウムNa_2SO_3や亜硫酸水素ナトリウム$NaHSO_3$など塩にも含まれる．これらの塩は食品添加物[*2]など実用的な用途もある．

亜硫酸に硫黄を加えて煮沸すると，

$$SO_3^{2-} + S \longrightarrow S_2O_3^{2-} \qquad (6・56)$$

の反応によりチオ硫酸$H_2S_2O_3$が得られる[*3]．これは二塩基酸であり，酸解離定数は第一段階で$pK_a = 0.6$，第二段階が1.6である．

*1 常温の濃硫酸には酸化力はないが，濃硫酸を熱するとSO_3とH_2Oに分解し，このSO_3が強い酸化力を示す．

*2 漂白剤として用いられ，酸化防止や保存効果などをもつ．

*3 チオ硫酸塩の一種であるチオ硫酸ナトリウムやチオ硫酸アンモニウムは写真の現像後の定着剤として利用される．

例題 6・7　次の記述に当てはまる酸素と硫黄からなる化学種を答え，化学反応式を示せ．

① 水溶液中のバリウムイオンの検出に用いられる．
② 黄鉄鉱を燃焼すると生成する．
③ 硫酸水素ナトリウムの熱分解で生じる．

解　① SO_4^{2-}. 反応は，

$$Ba^{2+} + SO_4^{2-} \longrightarrow BaSO_4 \qquad (6・57)$$

② SO_2. 反応は，

$$4FeS_2 + 11O_2 \longrightarrow 2Fe_2O_3 + 8SO_2 \qquad (6・58)$$

③ SO_3. 反応は，

$$2NaHSO_4 \longrightarrow Na_2SO_4 + H_2O + SO_3 \qquad (6・59)$$

例題6・7の①の反応は，水溶液中のBa^{2+}の定性分析に用いられる．②の黄鉄鉱はFeS_2を主成分とする鉱物であり，この反応は工業的にSO_2を得る方法の一つである．③の反応は2段階で進む．まず，315℃で，

$$2NaHSO_4 \longrightarrow Na_2S_2O_7 + H_2O \qquad (6・60)$$

の脱水反応が起こり，続いて460℃で，

$$Na_2S_2O_7 \longrightarrow Na_2SO_4 + SO_3 \qquad (6・61)$$

の反応によりSO_3が生成する．

6・8・4　硫化物・セレン化物・テルル化物

硫化物，セレン化物，テルル化物では，ZnS，CdS，HgS，ZnSe，CdSe，CdTe，HgTe，PbS などがある．

　酸化物も含め，金属元素のカルコゲン化物には半導体など電子構造や電気伝導に特徴のある物質が多い．また，遷移元素のカルコゲン化物も多くのものが存在し，なかでも MoS_2，WS_2 といった二硫化物は図 6・13 に示すような層状構造をとり，化学量論組成の層同士がファンデルワールス力で結びついている．これらの層は単離することができ，グラフェンなどと同様に 2 次元系に特徴的な電子構造を有するため，その電気物性に興味がもたれている．また，層に沿った方向に応力が加わると層が容易にへき開するため，これらの化合物は摩擦係数が低く，潤滑材としてエンジンオイルなどに用いられている．

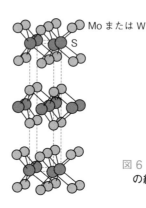

図 6・13　MoS_2 および WS_2 の結晶構造

*1　セロハンの製造における溶剤やゴムの加硫促進剤に用いられる.

*2　マッチの原料として使われている.

　非金属元素のカルコゲン化物にも特徴的な化合物が存在する．二硫化炭素 CS_2 は常温・常圧で液体であり[*1]，燃焼すると酸素との反応で CO_2 と SO_2 を発生する．同様に硫黄とリンの化合物である P_4S_3 は空気中で加熱すると P_2O_5 と SO_2 を生じる．この化合物は常温・常圧で固体である[*2]．

6・9　17 族 元 素

6・9・1　元 素 と 単 体

フッ素（fluorine）
塩素（chlorine）
臭素（bromine）
ヨウ素（iodine）
アスタチン（astatine）

ハロゲン（halogen）

　17 族元素には，フッ素(F)，塩素(Cl)，臭素(Br)，ヨウ素(I)，アスタチン(At)などがあり，ハロゲンともよばれる．このうちアスタチンは安定な同位体が存在せず半減期も短いため，性質には不明な点が多い．アスタチンを除き，いずれも電気陰性度が大きく化合物中などでは陰イオンになりやすいが，一方で酸化数が正の値となる状態も多く知られている．フッ素はあらゆる元素のなかで最も電気陰性度が大きい．自然界では，フッ素はホタル石や氷晶石などの鉱物に含まれ，塩素と臭素は塩化物イオンおよび臭化物イオンとして海水中に存在する．地殻中にも塩化物，臭化物として見いだされる．また，ヨウ素はヒトの甲状腺ホルモンや海藻中に含まれる．

*3　F_2 は淡黄色，Cl_2 は黄緑色，Br_2 は赤褐色，I_2 は光沢のある紫黒色を呈する．I_2 は分子結晶の一種で（4・4節），直方晶系の結晶構造をとる．

　フッ素，塩素，臭素，ヨウ素の単体はすべて二原子分子として存在するが，常温・常圧ではフッ素と塩素は気体，臭素は液体，ヨウ素は固体である[*3]．単体のフッ素は反応性がきわめて高く，ヘリウムとネオンを除くほとんどすべての元素の単

体と反応してフッ化物を生じる. 貴ガスのフッ化物も知られている (6・10・2 節参照). フッ素は, 工業的には, HF と KF の混合物を溶融塩電解することによって製造される. 塩素は, 実験室では濃塩酸と酸化マンガン(IV) との反応

$$4HCl + MnO_2 \longrightarrow MnCl_2 + 2H_2O + Cl_2 \qquad (6・62)$$

あるいは, さらし粉[*1]と塩酸との反応

$$CaCl(ClO)・H_2O + 2HCl \longrightarrow CaCl_2 + 2H_2O + Cl_2 \qquad (6・63)$$

によってつくられる. 工業的には, 塩化ナトリウム水溶液の電気分解が利用される (5・4・2 節参照). 塩素は金属単体と反応して塩化物を生じるほか, 水に溶けると塩化水素と次亜塩素酸 (6・9・3 節参照) を生成する.

$$Cl_2 + H_2O \longrightarrow HCl + HClO \qquad (6・64)$$

次亜塩素酸に殺菌の効果があることから, 水道水などには塩素を殺菌剤として加えている. また, 塩素の強い酸化力は漂白剤に利用される. 臭素も水に溶解し, (6・64)式に類似の反応で臭化水素と次亜臭素酸を生じる. 一方, ヨウ素は水に溶けにくいが, ヨウ化カリウム水溶液にはよく溶ける (例題5・5 参照).

ハロゲンの単体はいずれも酸化剤として作用するが, 酸化力はフッ素が最も強く, ヨウ素が最も弱い[*2]. 酸化力の強さの違いは, たとえば塩素およびヨウ素のチオ硫酸塩との反応

$$S_2O_3{}^{2-} + 2Cl_2 + 5H_2O \longrightarrow 2SO_4{}^{2-} + 4Cl^- + 10H^+ \qquad (6・65)$$

$$2S_2O_3{}^{2-} + I_2 \longrightarrow S_4O_6{}^{2-} + 2I^- \qquad (6・66)$$

に反映される. これらの反応において, 生成物である $SO_4{}^{2-}$ と $S_4O_6{}^{2-}$ に含まれる S の酸化数が異なる. (6・66)式はヨウ素滴定の基礎となる式である. また, 臭化物あるいはヨウ化物の水溶液に塩素を通じると, それぞれ,

$$2Br^- + Cl_2 \longrightarrow Br_2 + 2Cl^- \qquad (6・67)$$

$$2I^- + Cl_2 \longrightarrow I_2 + 2Cl^- \qquad (6・68)$$

の反応により臭素ならびにヨウ素が生じる. これらは臭素およびヨウ素の実験室レベルでの合成方法であり, ハロゲン単体の酸化力の違いを利用したものである.

*1 さらし粉は塩化カルシウム $CaCl_2$ と次亜塩素酸カルシウム $Ca(ClO)_2$ の複塩であり, $CaCl(ClO)・H_2O$ の組成式をもつ. さらし粉は (6・74)式に従ってつくられる.

*2 Cl_2 から I_2 までの酸化力の違いを決めるのは原子の電子親和力である. すなわち, Cl, Br, I で比べると, 電子親和力は Cl が最も大きく, I が最も小さい. 一方, F の電子親和力は Br および I より大きいが, Cl より小さい. それでも Cl_2 より F_2 の酸化力が強いのは, F_2 の結合エンタルピーが小さく, また, F^- は小さいイオンであるため, 水溶液中では水和によるエネルギーの低下が著しく大きいためである.

例題 6・8 濃度が未知の Cu^{2+} を含む水溶液 100.0 dm³ に過剰量の KI 水溶液を加えたところ I_2 が生じた. デンプンを指示薬として, この水溶液を 0.020 mol dm⁻³ の $Na_2S_2O_3$ 水溶液で滴定したところ, 50.0 dm³ の $Na_2S_2O_3$ 水溶液を滴下した時点で当量点に達した. はじめの水溶液に含まれる Cu^{2+} の濃度を求めよ.

解 Cu^{2+} を含む水溶液と KI 水溶液との反応は,

$$2Cu^{2+} + 4I^- \longrightarrow 2CuI + I_2 \qquad (6・69)$$

と書ける. 生じた I_2 は (6・66)式の反応で I^- に変わる. (6・69)式で生成した I_2 がすべて I^- に還元された時点が当量点である. 当量点では, はじめに存在した Cu^{2+} と同じ物質量のチオ硫酸ナトリウムが使われるので, 求める濃度を x とおけば,

$$x \times \frac{100.0 \text{ dm}^3}{1000 \text{ dm}^3} = 0.020 \text{ mol dm}^{-3} \times \frac{50.0 \text{ dm}^3}{1000 \text{ dm}^3}$$

より, $x = 0.010$ mol dm⁻³ となる.

6・9・2 ハロゲン化物

ハロゲンは，18族元素を含め他の族のほとんどすべての元素と化合物をつくる＊1．ここではハロゲン化水素について述べる．

ハロゲン化水素のうち，HFは融点が−84℃，沸点が19.54℃であるため常温・常圧では液体または気体であるが，HCl，HBr，HIはいずれも常温・常圧では気体である．いずれも水に溶けると水溶液は酸性となるが，酸としてはHIが最も強く，HFが最も弱い．これは，ハロゲン化物イオンが大きくなるほど水素イオンとの結合が弱くなり，水中でH^+を放出しやすいためである．またHFでは分子間に水素結合が生じるためH^+を放出しにくいとも考えられる（3・6節参照）．厳密には，水に溶けたあとのハロゲン化水素分子がH^+とハロゲン化物イオンに分かれる反応のギブズエネルギー変化を考察する必要がある＊2．特にHClが溶解した水溶液である塩酸は実験室および工業において汎用されている．HFは腐食性があり，気体のHFと水溶液であるフッ化水素酸はそれぞれSiO_2と，

$$4HF + SiO_2 \longrightarrow SiF_4 + 2H_2O \qquad (6・70)$$
$$6HF + SiO_2 \longrightarrow H_2SiF_6 + 2H_2O \qquad (6・71)$$

のような反応を起こし，前者では気体のSiF_4，後者では強酸であるH_2SiF_6が生じる．実用的なガラスはケイ酸塩が多く，主成分としてSiO_2を含むため，ガラスの加工にはフッ化水素酸が用いられる．

6・9・3 酸化物とオキソ酸

酸化物およびオキソ酸はフッ素と他のハロゲン化物で性質が異なる．フッ素と酸素の化合物はむしろ酸素のフッ化物として捉えるべきであり，電気陰性度の大きいF原子と結合することでO原子はいくぶん電気的に陽性となっている．フッ化酸素としてOF_2，O_2F_2などが存在する．これらは強い酸化剤ならびにフッ素化剤である．一方，フッ素のオキソ酸は次亜フッ素酸HFOを除いて知られていない．存在が確認されているHFOもきわめて不安定である．

塩素，臭素，ヨウ素にも酸素との化合物が多く存在する＊3．これらの化合物ではO原子が電気的に陰性となっている．Cl_2Oは金属との反応で塩化物と酸化物を生じる．ClO_2やI_2O_5は酸化剤として用いられる．臭化物は熱的に不安定な化

表6・3 ハロゲンのオキソ酸

	次亜ハロゲン酸	亜ハロゲン酸	ハロゲン酸	過ハロゲン酸
F	次亜フッ素酸，HFO 不安定	知られていない	知られていない	知られていない
Cl	次亜塩素酸，HClO 水溶液中にのみ存在	亜塩素酸，$HClO_2$ 水溶液中にのみ存在	塩素酸，$HClO_3$ 水溶液中にのみ存在	過塩素酸，$HClO_4$ 常温・常圧で液体
Br	次亜臭素酸，HBrO 水溶液中にのみ存在	亜臭素酸，$HBrO_2$ 不安定	臭素酸，$HBrO_3$ 水溶液中にのみ存在	過臭素酸，$HBrO_4$ 不安定
I	次亜ヨウ素酸，HIO 不安定	知られていない	ヨウ素酸，HIO_3 常温・常圧で結晶	過ヨウ素酸，HIO_4 常温・常圧で結晶

合物が多い．また，フッ素と異なり，塩素，臭素，ヨウ素は数種類のオキソ酸を形成する．これらを表6・3にまとめた．次亜ハロゲン酸，亜ハロゲン酸，ハロゲン酸はほとんどの化合物が不安定で，分子の存在は水溶液中でのみ見いだされている[*1]．亜ヨウ素酸は存在が確認されていない．また，次亜ハロゲン酸イオンは塩基性水溶液中でハロゲン化物イオンとハロゲン酸イオンに不均化する（5・6・2節参照）．たとえば，次亜臭素酸イオンであれば，

$$3BrO^- \longrightarrow 2Br^- + BrO_3^- \tag{6・72}$$

のように反応は進む．Brの酸化数は＋Ⅰから−Ⅰと＋Ⅴに変化しており，酸化と還元が同時に起こっている．

　塩素，臭素，ヨウ素のオキソ酸塩は多種類の化合物が知られている．特にアルカリ金属あるいはアルカリ土類金属を含むものが多い．次亜塩素酸ナトリウムとさらし粉はその典型例であり，いずれも日常生活では漂白剤として用いられる．前者は水酸化ナトリウム水溶液に塩素を通じると得られる．

$$2NaOH + Cl_2 \longrightarrow NaCl + NaClO + H_2O \tag{6・73}$$

後者は水酸化カルシウムに塩素を吸収させると生成する．

$$Ca(OH)_2 + Cl_2 \longrightarrow CaCl(ClO)\cdot H_2O \tag{6・74}$$

（6・63）式に示したように，さらし粉は塩素製造の原料となる．塩素酸カリウムはマッチの頭薬[*2]やロケット燃料として利用される．加熱すると400℃で分解して，

$$4KClO_3 \longrightarrow 3KClO_4 + KCl \tag{6・75}$$

のように過塩素酸カリウムと塩化カリウムを生じる．また，酸化マンガン（Ⅳ）とともに加熱すると，

$$2KClO_3 \longrightarrow 2KCl + 3O_2 \tag{6・76}$$

により酸素を発生する．（6・76）式は実験室レベルで酸素を得る方法である．

6・9・4　ハロゲン間化合物

　種類の異なる複数のハロゲン元素のみからなる化合物がある．これを**ハロゲン間化合物**という．2種類のハロゲン元素XおよびX′からなる化合物の場合，化学式はXX′$_n$と書くことができる．ここで，XはX′より原子番号が大きい元素であり，また，nは1, 3, 5, 7の奇数である．分子は中心に原子Xがあり，そのまわりにn個のX′があって，中心原子と共有結合を形成している．分子は単独で存在するほか，二量体となる場合もある．これらの例として三フッ化臭素BrF_3と三塩化ヨウ素I_2Cl_6の構造を図6・14に示す．同じ三ハロゲン化物のハロゲン間

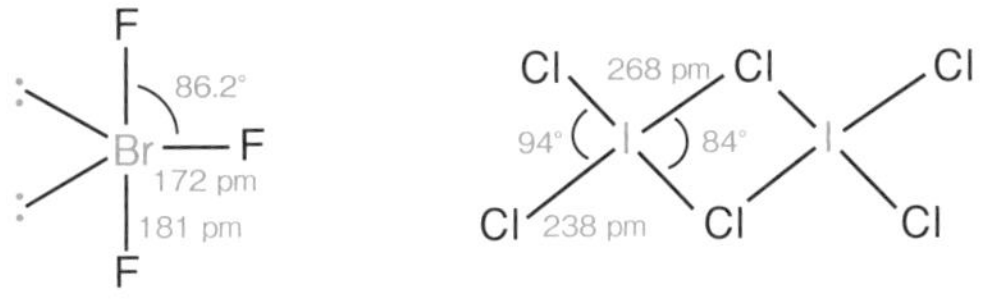

図 6・14　BrF_3 および ICl_3（I_2Cl_6）の分子構造

[*1]　ここにあげたハロゲンのオキソ酸は，ハロゲン原子がsp^3混成軌道を形成し，酸素原子とのσ結合をつくる．あるいは，非共有電子対がsp^3混成軌道を占める．ただ，ハロゲン原子のs軌道とp軌道のエネルギー差が大きいため，酸素原子とのσ結合は比較的弱い．これがハロゲンのオキソ酸が不安定となる要因である．
　一方で，Cl, Br, Iは空のd軌道をもつため，これが酸素原子の2p軌道との間にπ結合をつくり，安定化に寄与する．このため，これらのオキソ酸やオキソ酸イオンは水溶液中や塩の形では存在しうる．

[*2]　マッチ棒の先にある着火する箇所を頭薬という．

ハロゲン間化合物
（interhalogen compound）

ハロゲン間化合物には，これら以外に，ClF, ClF$_3$, ClF$_5$, BrF, BrF$_5$, IF$_3$, IF$_5$, IF$_7$ などのフッ化物やBrCl, ICl, IBr, IBr$_3$ などがある．

化合物であっても分子構造が大きく異なることがわかる。また，Br_3^-，I_3^-，I_5^-，ClF_4^+，ClF_4^-，$IBrF^-$ といったポリハロゲン化物イオンも知られている。これらはアルカリ金属イオン，アルカリ土類金属イオン，アンモニウムイオンなどと結合してポリハロゲン化物を形成する。特に，Rb^+ や Cs^+ のような大きな陽イオンとの化合物が安定である。

6・10 18 族 元 素

6・10・1 元 素 と 単 体

ヘリウム （helium）
ネオン （neon）
アルゴン （argon）
クリプトン （krypton）
キセノン （xenon）
ラドン （radon）

貴ガス （noble gas）

18族元素には，**ヘリウム**(He)，**ネオン**(Ne)，**アルゴン**(Ar)，**クリプトン**(Kr)，**キセノン**(Xe)，**ラドン**(Rn) などがあり，**貴ガス**と総称される。原子は最外殻が完全に電子で埋められた閉殻となる。そのため反応性に乏しく，ほとんど化合物をつくらない。単体はいずれも常温・常圧で気体であり，単原子分子からなる。分子間力は原子が大きくなるほど強くなるため，貴ガスの沸点は表6・4に示すようにラドンが最も高く，ヘリウムが最も低い。自然界に存在するヘリウムのほ

表6・4 **貴ガスの沸点**[a]

貴ガス	沸点(K)	貴ガス	沸点(K)
ヘリウム	4.22	クリプトン	120.9
ネオン	27.1	キセノン	166.1
アルゴン	87.4	ラドン	211.4

a)「化学便覧 基礎編 改訂6版」，日本化学会 編，丸善（2021）.

＊ 質量数が3のヘリウムの存在率は 1.3×10^{-4} ％ときわめて少ない。

超流動 （superfluidity）

とんどは質量数が4の原子核からなるヘリウム4であるが，質量数が3のヘリウム3も少ないながら存在する＊。ヘリウム4は常圧での沸点がきわめて低いばかりでなく，いくら冷却しても固相に転移しない。また，2.17 K以下では，粘性がゼロの液体に相転移する。これは通常の液体とはまったく異なる状態であり，**超流動**とよばれる。一方，ヘリウム4は高圧下で固相が安定化する。たとえば，1 Kのもとでは，おおよそ25 bar以上の圧力下では固相が現れる。液体ヘリウムはきわめて低い沸点をもつため冷却剤として汎用されている。また，ヘリウムとネオンの混合気体ならびにアルゴンはレーザーとして実用化されている。前者ではヘリウムが励起されたのちにネオンへのエネルギー移動が起こり，ネオンの励起状態から下の準位に遷移が起こることにより生じる発光をレーザーとして取出すことができる。

6・10・2 化 合 物

貴ガス元素はほとんど化合物をつくらないが，原子番号の大きい元素では酸化物やフッ化物が知られている。はじめて合成された貴ガスの化合物はキセノンを含むもので，$XePtF_6$ という組成式をもつ。その後，XeF_2，XeF_4，XeF_6，KrF_2 といったフッ化物が合成された。このうち，XeF_4 は単体同士の反応

$$Xe + 2F_2 \longrightarrow XeF_4 \qquad\qquad (6 \cdot 77)$$

によって生じる．また，酸化物としてはXeO_3およびXeO_4が知られている．一部のフッ化キセノンの分子構造や分子軌道については3・3節や3・5・5節で考察した．

ArF，KrF，XeF，XeCl はレーザーとしての用途がある．これらの分子は電子線などによって励起されると，基底状態の分子と励起状態の分子が二量体をつくる．この状態から基底状態に遷移が起こることにより発光が生じる．条件がそろえば，この発光がレーザーとして観察される．

6・11　dブロック元素

6・11・1　dブロック元素の概論

3族から12族の元素のうち，第6周期と第7周期の3族を除くものを**dブロック元素**という．第6周期と第7周期の3族元素は**fブロック元素**であり，これらは6・12節で述べる．dブロック元素の単体は，常温・常圧ですべて金属である．水銀は液体であるが，他はすべて固体であり，表6・5に示すように融点の高い物質が多い．dブロック元素の大きな特徴は，すべての元素ではないが，d軌道が部分的に電子で占有され，それに応じてさまざまな価数のイオンが現れるという点である．特に5族から10族までの元素は多くの酸化状態をとり，負の酸化数も見られる．このため，dブロック元素を含む化合物は特徴的な構造や性質が観察される．特に結晶や配位化合物には興味深い構造や性質，また，実用的に有用な機能をもつ物質が多く，固体化学や錯体化学の分野で広く研究されている．さらに，鉄，コバルト，亜鉛など生命活動に必須な元素も存在する．以下，族ごとに元素と化合物の特徴を見ていこう．

なお，2・4・2節で述べたように，本書では12族元素は遷移元素の範ちゅうには含めていない．ただ，12族元素はdブロック元素の一種であるため，本節では11族元素の後に記述した．

d ブロック元素
(d-block element)
f ブロック元素
(f-block element)

表6・5　dブロック元素の単体の融点(℃)[a]

族\周期	3	4	5	6	7	8	9	10	11	12
4	Sc 1541	Ti 1660	V 1887	Cr 1860	Mn 1244	Fe 1535	Co 1495	Ni 1453	Cu 1083	Zn 420
5	Y 1522	Zr 1852	Nb 2468	Mo 2617	Tc 2172	Ru 2310	Rh 1966	Pd 1552	Ag 952	Cd 321
6		Hf 2230	Ta 2996	W 3410	Re 3180	Os 3054	Ir 2410	Pt 1772	Au 1064	Hg −39

a) 「化学便覧 基礎編 改訂6版」，日本化学会 編，丸善（2021）．

6・11・2　3族元素

3族元素は第4周期に**スカンジウム**（Sc），第5周期に**イットリウム**（Y）があるが，第6周期および第7周期にはそれぞれ15個の"ランタノイド元素"および"アクチノイド元素"が含まれる．これらについては6・12・1節および6・12・2節

スカンジウム（scandium）
イットリウム（yttrium）

で述べる.

　スカンジウムとイットリウムは化合物中ではもっぱら +Ⅲ の酸化状態をとる. 化合物としては, Sc_2O_3, Y_2O_3 のような酸化物, ScF_3, $ScCl_3$, YF_3, YCl_3, YBr_3 のようなハロゲン化物, $Sc(NO_3)_3$, $Y(NO_3)_3$ のようなオキソ酸塩が存在する. イットリウムを含む酸化物は興味深い物性や実用的な機能をもつものが多い. これを表6・6にまとめた. 表中の蛍光体と記載された化合物は, これらそのものは蛍

表6・6　イットリウムを含む酸化物と性質・機能

酸化物	性質・機能
Y_2O_3	蛍光体
Y_2O_2S	蛍光体
$Y_3Al_5O_{12}$	蛍光体, レーザー
YVO_4	蛍光体, レーザー
$Y_3Fe_5O_{12}$	磁性体
$YBa_2Cu_3O_7$	高温超伝導体
ZrO_2-Y_2O_3 固溶体	構造材料

光を示さないが, Y^{3+} の位置を少量のランタノイドイオンで置換すると, さまざまな形態のエネルギーを吸収して発光を示すようになる. たとえば Y_2O_2S に少量の Eu^{3+} が固溶した Y_2O_2S:Eu^{3+} は陰極線を照射すると赤色に発光するためブラウン管に用いられる. $Y_3Al_5O_{12}$ はガーネット型構造とよばれる結晶構造をとる. これは図6・15に示したような複雑な構造で, Y^{3+} は配位数が8の酸素十二面体間隙を占め, Al^{3+} は 2/5 が八面体間隙に, 3/5 が四面体間隙に入る. Ce^{3+} を少量添加した $Y_3Al_5O_{12}$:Ce^{3+} は, 青色発光ダイオードと組合わせて白色発光ダイオード(白色 LED)として利用されている. $Y_3Al_5O_{12}$:Nd^{3+} は赤外域でのレーザーとして光学測定や医療に汎用されている. $Y_3Fe_5O_{12}$ は $Y_3Al_5O_{12}$ と同じガーネット型構造をとる酸化物であり, 磁性体として実用的に重要な性質を示し, 光通信における光アイソレーター*とよばれるデバイスや, マイクロ波に対応したフィルターなどとして用いられている. また, 4・3・2 節でも取上げた $YBa_2Cu_3O_7$ は典型的な高温超伝導体である. さらに ZrO_2 に Y_2O_3 が固溶した結晶は高強度で構造材料としての用途がある. 詳細は 6・11・3 節で述べる.

*　光信号を一方向にのみ伝播し, 反対方向には運ばない機能をもつデバイスを "光アイソレーター" という.

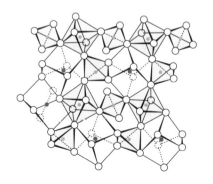

● Y^{3+}　● Al^{3+}　○ 酸素

図6・15　ガーネット型結晶の構造

6・11・3　4 族 元 素

　4 族元素には，**チタン**(Ti)，**ジルコニウム**(Zr)，**ハフニウム**(Hf) などがある．単体の Ti およびその合金は軽量で融点が比較的高く，耐食性にも優れているため，航空機，船舶などの構造材料や医療用の材料として用いられる．後者は人工骨としての用途がある．実用的なチタンの合金では Ti-Al 系，Ti-Ni 系などが開発されており，前者は軽量で耐熱性に優れた合金として，後者は形状記憶合金[*1]として利用されている．Zr と Hf はいずれも原子炉の材料として使われる．熱中性子（6・5・1 節）の吸収断面積が Zr では小さく，逆に Hf では大きいため，後者は原子炉の制御棒の材料として，前者は燃料棒の被覆材料として使われる．

　4 族元素は主として +Ⅳ の酸化数の状態が安定であるが，+Ⅲ と +Ⅱ の酸化状態も存在する．化合物として，TiO_2，ZrO_2，HfO_2 のような酸化物，$TiCl_4$，$ZrCl_4$，HfF_4，$HfCl_4$ のようなハロゲン化物，TiN，ZrN のような窒化物などが知られている．TiO_2 にはアナターゼ型，ルチル型，ブルッカイト型といった結晶構造の異なる多形が存在し，そのうちルチル型構造の TiO_2 が最も安定である．TiO_2 は "光触媒" としての用途があり，紫外線を吸収すると電子と正孔が生じ，正孔が有害な物質を酸化して分解する[*2]．また，白色の顔料としても用いられている．ZrO_2 は常温・常圧では単斜晶系に属する結晶であり，ホタル石型構造をとる．温度が上昇すると結晶構造が変化し，1170 ℃で正方晶へ，また，2370 ℃で立方晶へ相転移する．ZrO_2 は融点が 2715 ℃と高く，耐熱性の良い構造材料の一つであるが，相転移にともなって体積が変化するため，高温での反応で成形した ZrO_2 の多結晶体を室温まで冷却すると体積変化にともなう応力が発生し，多結晶体が破壊する．MgO，CaO，Y_2O_3 などが ZrO_2 に固溶すると，室温においても正方晶や立方晶が安定化し，体積変化に起因する破壊を防ぐことができる．このように固溶体をつくることによって結晶構造の相転移を抑制した ZrO_2[*3] は**安定化ジルコニア**あるいは**部分安定化ジルコニア**とよばれ，機械的な特性にも優れた材料となる．これらの化合物では Zr^{4+} よりも価数の低い陽イオン（たとえば Ca^{2+}）が Zr^{4+} を置換するため，電荷補償のために酸化物イオンの空格子点ができる（図 6・16）．もともとホタル石型構造の結晶は大きい隙間を有するため，空格子点が生じると，酸化物イオンが結晶内を移動することが容易になる．この性質は酸素センサーや燃料電池（5・4・3 節）の固体電解質に利用される．

　TiN は塩化ナトリウム型構造の結晶であり，硬度が高いため，合金などの表面を保護するコーティング材として利用されている．また，金色の金属光沢をもつため装飾品などに利用される．この物質は臨界温度が 5.6 K の超伝導体でもある．

6・11・4　5 族 元 素

　5 族元素には，**バナジウム**(V)，**ニオブ**(Nb)，**タンタル**(Ta) などがある．これら三つの元素の単体はいずれも融点の高い金属結晶であり（表 6・5 参照），常温・常圧では体心立方構造をとる．いずれも延性，展性に富む．バナジウムは耐

チタン（titanium）
ジルコニウム（zirconium）
ハフニウム（hafnium）

*1　ある温度で変形し，変形した温度よりも温度が高くなると元の形に戻る性質をもつ合金のこと．このような変形は結晶構造の変化（変態）による．

*2　この強い酸化力のため，抗菌や殺菌，防臭，防泥，排ガスの浄化などに広く利用されている．

*3　ZrO_2 をジルコニアとよぶ．
（部分）安定化ジルコニア
((partially) stabilized zirconia)

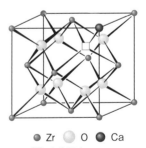

● Zr　○ O　● Ca
□ 空格子点

図 6・16　**安定化ジルコニアの構造**

バナジウム（vanadium）
ニオブ（niobium）
タンタル（tantalum）

食性に優れ，酸，塩基，水との反応性は低いが，濃硝酸，濃硫酸，フッ化水素酸には可溶である．ニオブとタンタルの単体も耐食性に優れた金属である．タンタルは酸による腐食にも強く，"王水"にも溶けない．ニオブは単体のなかで最も臨界温度の高い超伝導体であり，臨界温度は 9.25 K である．ニオブの合金も高い臨界温度をもつ超伝導体となるものが知られており，Nb_3Sn は 18.3 K で，Nb_3Ge は 23.2 K で超伝導相に転移する．後者は 1973 年に超伝導体となることが発見された合金であり，1986 年に高温超伝導体である $(La, Ba)_2CuO_4$ が見いだされるまで最高の転移温度をもつ物質であった．

　バナジウムは，＋V，＋IV，＋III，＋II，＋I，－I の多様な酸化状態をとる元素である．特に＋Vの状態は電子配置がアルゴンと同じであるため安定である．低酸化状態は，$[V(CO)_6]^-$ のようなカルボニル錯体（7 章）で観察される．ニオブとタンタルも＋V，＋IV，＋III，＋II，－I の多くの酸化状態をとりうるが，＋Vの酸化状態が一般的であり，＋IV，＋III の状態もしばしば見られる．5 族元素は多くの酸化物やハロゲン化物が知られている．V_2O_5 は硫酸を工業的に製造する際の触媒であり，SO_2 が SO_3 に酸化される過程で触媒として作用する．反応の素過程は以下のようになる．

$$2SO_2 + 2V_2O_5 \longrightarrow 2SO_3 + 4VO_2 \tag{6・78}$$

$$4VO_2 + O_2 \longrightarrow 2V_2O_5 \tag{6・79}$$

（6・78）式の反応では V^{5+} が SO_2 を SO_3 に酸化して，自らは V^{4+} に還元される．また，（6・79）式の反応ではじめの V_2O_5 の状態に戻る．

　V_2O_5 は酸および塩基に溶解する．酸性水溶液中では VO_2^+，$V_{10}O_{28}{}^{6-}$ などの化学種が存在し，互いに平衡状態にある．VO_2^+ は水溶液中で安定に存在する陽イオンで，ジオキソバナジウム（V）イオンとよばれる．また，$V_{10}O_{28}{}^{6-}$ は十バナジン酸イオンとよばれ，図 6・17 に示すように，V^{5+} の酸素八面体が稜を共有してつながり，大きな陰イオンを形成している．このように 1 種類の元素の酸素多面体が複数集まり，互いに連結することによってつくられる陰イオンを**イソポリ酸イオン**という．また，その酸および塩を，それぞれイソポリ酸，イソポリ酸塩とよぶ．同様のイソポリ酸イオンはニオブやタンタルでも見られる．たとえば，$Nb_6O_{19}{}^{8-}$，$Ta_6O_{19}{}^{8-}$ などが知られている．

酸化物として $V_2O_5, VO_2, V_2O_3,$ $VO,$ $Nb_2O_3,$ $NbO_2,$ $Ta_2O_3,$ ハロゲン化物として $VF_5, VCl_4,$ $VBr_3,$ $NbF_5,$ $NbCl_5,$ $NbCl_4,$ TaF_5 などがある．

イソポリ酸イオン
（isopolyacid ion）

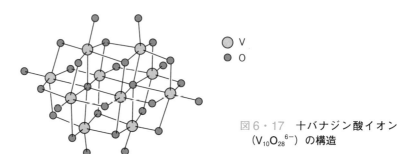

図 6・17　十バナジン酸イオン（$V_{10}O_{28}{}^{6-}$）の構造

○ V
● O

例題 6・9　V^{2+} を含む酸性水溶液に十分な量の酸素を通じた．最終的な生成物は VO_2^+ である．化学反応式を示せ．

解　以下のようになる．

$$4V^{2+} + 3O_2 + 2H_2O \longrightarrow 4VO_2^+ + 4H^+ \qquad (6 \cdot 80)$$

例題 6・9 の反応が進む理由を酸化還元の概念で説明しよう．酸性水溶液中でのバナジウムのラチマー図は図 6・18 のとおりである．V^{2+} は V^{3+} と比べると不安定

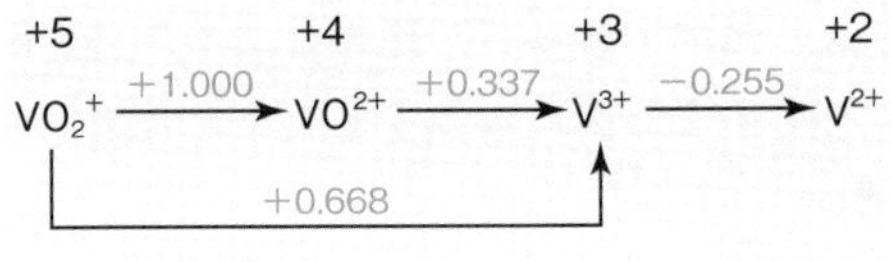

図 6・18　**酸性水溶液における
バナジウムのラチマー図**

であるため V^{2+} から V^{3+} への酸化は自発的に起こるが，その速度は遅い．ただし，酸素が十分にあればこの反応は促進される．また，O_2/H_2O の標準電極電位は $+1.23$ V であり（表5・4），VO_2^+ から V^{3+} への反応の標準電極電位（$+0.668$ V）より大きい．このため，O_2 が V^{3+} を酸化して VO^{2+} に変換する反応のギブズエネルギー変化は負となり，最終的に V^{3+} は VO_2^+ に変わる．

5 族元素を含む複酸化物は実用的に重要な機能を示すものがある．表 6・6 に示した YVO_4 に希土類イオンを添加した酸化物は蛍光体およびレーザーとしての用途がある．また，$LiNbO_3$，$KNbO_3$，$LiTaO_3$ は強誘電体（4・3・2節参照）であり，非線形光学効果[*1]を示すことから光信号を変調するデバイスとして利用されている．

6・11・5　6 族 元 素

6 族元素には，**クロム**（Cr），**モリブデン**（Mo），**タングステン**（W）などがある．これら三つの元素は常温・常圧で体心立方構造をとる結晶で，表 6・5 に示したように高融点の固体である．特にタングステンは金属のなかでは最も融点が高い．これらの元素の単体は鉄との合金が実用的に重要であり，クロムと鉄の合金はステンレス鋼として，また，モリブデンおよびタングステンと鉄との合金は特殊鋼として利用されている．タングステンの合金や炭化物である WC は硬度が高く，切削用の工具としての用途がある．クロムとモリブデンは生物にとって必須な微量元素でもあり，クロムはインスリンの機能を補助する働きがあり，モリブデンは植物において窒素をアンモニアに還元する反応を触媒する酵素[*2]に含まれるほか，哺乳類では尿酸の合成やアルデヒドを酸化してカルボン酸に変換する酵素にも含まれている．

6 族元素は基底状態では最外殻に 6 個の電子が存在する．化学結合に応じてこれら 6 個の電子の一部が放出されるため，5 族元素と同様，多くの酸化状態が観察される．特にクロムでは $+VI$ から $-II$ までの状態が知られているが，最も安定

*1　物質に入射する光の波長が 2 倍や 3 倍に変換されたり，異なる振動数をもつ 2 種類の光を照射すると振動数の和や差に相当する新たな光が生成したりする現象を "非線形光学効果" という．

クロム（chromium）
モリブデン（molybdenum）
タングステン（tungsten）

*2　この酵素はニトロゲナーゼとよばれる（7・6節）．

な酸化状態は＋Ⅲならびに＋Ⅵである．$[Cr(CO)_5]^{2-}$，$[Cr(CO)_6]$ のようなカルボニル錯体などでは，＋Ⅰ，0，－Ⅰ，－Ⅱといった低い酸化数も見られる．

酸化物：Cr_2O_3，CrO_2，CrO_3
ハロゲン化物：$CrCl_2$，$CrCl_3$，$CrCl_4$，$CrBr_3$ など
オキソ酸塩：K_2CrO_4，$K_2Cr_2O_7$，$PbCrO_4$，$BaCrO_4$ など

クロムを含む多くの化合物が知られている．Cr_2O_3 はコランダム型構造をもつ緑色の安定な化合物であり，融点が 2435 ℃と高く，水や酸および塩基にも溶けない．クロムが＋Ⅵの酸化数をもつオキソ酸イオンであるクロム酸イオン $CrO_4{}^{2-}$ と二クロム酸イオン $Cr_2O_7{}^{2-}$ は水溶液中で次のような平衡を示す．

$$2CrO_4{}^{2-} + H^+ \rightleftharpoons Cr_2O_7{}^{2-} + OH^- \qquad (6 \cdot 81)$$

クロム酸イオンは黄色を呈する．このオキソ酸イオンは塩基性水溶液中で安定であり，水溶液を酸性にすると（6・81）式の化学平衡は右に移動し，二クロム酸イオンが生じる．このイオンは赤橙色を呈する．クロム酸イオンを含む水溶液を Pb^{2+} や Ag^+ を含む水溶液に加えると，

$$Pb^{2+} + CrO_4{}^{2-} \longrightarrow PbCrO_4 \qquad (6 \cdot 82)$$

$$2Ag^+ + CrO_4{}^{2-} \longrightarrow Ag_2CrO_4 \qquad (6 \cdot 83)$$

の反応により，それぞれ黄色（$PbCrO_4$）および赤褐色（Ag_2CrO_4）の沈殿を生じる．これらの反応は Pb^{2+} と Ag^+ の検出に用いられる．

モリブデンとタングステンのオキソ酸やオキソ酸イオンも多くの種類のものが存在する．特にイソポリ酸イオンとして，$Mo_6O_{19}{}^{2-}$，$Mo_7O_{24}{}^{6-}$，$Mo_8O_{26}{}^{4-}$，$W_{12}O_{40}(OH)_2{}^{10-}$ などが知られている．また，$PMo_{12}O_{40}{}^{3-}$，$TeMo_6O_{24}{}^{6-}$，$PW_{12}O_{40}{}^{3-}$ のように，異なる元素のオキソ酸イオンが互いに連結してできる陰イオンも存在する．たとえば $PMo_{12}O_{40}{}^{3-}$ は図 6・19 に示すように中心に四面体形の $PO_4{}^{3-}$ があり，そのまわりに Mo(Ⅵ) の酸素八面体があって，それらは互いに O 原子を介して結合している．この種の陰イオンは**ヘテロポリ酸イオン**とよばれ，その酸をヘテロポリ酸，塩をヘテロポリ酸塩という．ヘテロポリ酸を構成する元素のうち，Mo や W のように多数を占めるものをポリ原子，P や Te のように少数のものをヘテロ原子という＊．

ヘテロポリ酸イオン
(heteropolyacid ion)

＊　ポリ原子には，Mo，W のほか，5 族の V や Nb がある．
ヘテロ原子には，P，Te のほか，Si，Ge，As などがある．

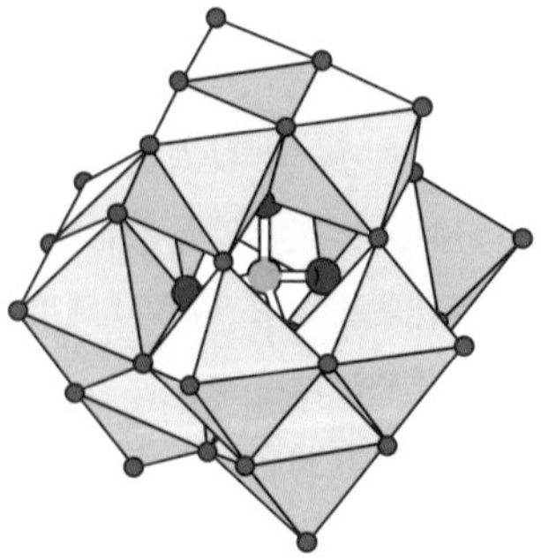

図 6・19　**ヘテロポリ酸イオンの一種である $PMo_{12}O_{40}{}^{3-}$ の構造**

モリブデンとタングステンの酸化物には MoO_3, WO_2, WO_3 などがある．MoO_3 と WO_3 は d 軌道が空であるため絶縁体であるが，これらの結晶に H，Na，K などが添加されると，これらの元素は電子を放出して 1 価の陽イオンとなって結晶内で安定化し，そのときに放出される電子が自由電子となるため，電気伝導率が上昇し，金属的な伝導を示すようになる．添加される元素を M で表すと，化合

物の組成式は M_xMoO_3 および M_xWO_3 となり，x は 0 から 1 までの値をとりうる．電子の注入と同時に化合物は青銅（ブロンズ）に似た色を呈するため，これらの化合物は "モリブデンブロンズ" および "タングステンブロンズ" とよばれる．

　モリブデンとタングステンのカルコゲン化物として，酸化物以外に MoS_2, WS_2, WSe_2, WTe_2 などが知られている．6・8・4 節で述べたように，これらは層状構造をもち，その単層は典型的な 2 次元物質として特異な電子状態を示す．また，モリブデンとタングステンのハロゲン化物として，MoF_6, WF_6, $MoCl_6$, WCl_6, $MoCl_2$, WCl_3 などが存在する．$MoCl_6$ 結晶の構造を図 6・20(a) に示す．$MoCl_6$ 八面体が格子を組む構造である．一方，$MoCl_2$ は実際には $[Mo_6Cl_8]Cl_4$ の化学式をもつ化合物である．$[Mo_6Cl_8]^{4+}$ は図 6・20(b) に示すように Mo 原子同士が結合した構造をもつ．また，WCl_3 も実際には W_6Cl_{18} の組成をもち，分子内には W 原子間の結合が存在する（図 6・20c）．このように Mo や W のハロゲン化物は特徴的な構造をもつ．

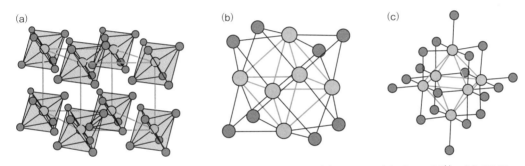

図 6・20　モリブデンとタングステンのハロゲン化物の構造　(a) $MoCl_6$, (b) $[Mo_6Cl_8]^{4+}$, (c) W_6Cl_{18}　〇 Mo または W, ● Cl

6・11・6　7 族 元 素

　7 族元素には，**マンガン**(Mn)，**テクネチウム**(Tc)，**レニウム**(Re) などがある．マンガンは地球上に比較的豊富に存在する元素であるが，多くは MnO_2 を主成分とする軟マンガン鉱として産出する．単体は硬くて脆い金属であり，単体そのものが実用的な材料として使われることはほとんどないが，鋼の耐摩耗性や靭性などの機械的特性を向上する目的で使われる．この種の鋼をマンガン鋼という．マンガンは生物にとって必須の微量元素の一つであり，植物では光合成において水の酸化と酸素の発生に関わる（7・6 節）．また，動物では糖質と脂質を分解する酵素を活性化する作用がある．単体のマンガンは反応性に富み，希酸に容易に溶け，粉末状にすると酸素や水とも反応する．

　テクネチウムは人工的につくられた最初の元素である．自然界にはこの元素の安定な同位体は存在しない．同位体の一つである $^{99m}Tc^*$ は β 線ではなく，適切な量の γ 線のみを放出するため，これを薬剤として体内に投与し，放出される γ 線を通して臓器や骨の状態を画像化することができる．このような放射性同位元素を用いた診断の方法はシンチグラフィとよばれる．テクネチウムの単体は塩

マンガン（manganese）
テクネチウム（technetium）
レニウム（rhenium）

* ^{99m}Tc の m は，この同位体が準安定であることを表す．

酸には溶けないが，硝酸，熱濃硫酸，"王水"には可溶である．

レニウムは安定な元素のなかでは最後に発見されたものである（p.163 のコラムも参照）．地球上でも宇宙空間においても，その存在量は極めて少ない．単体の性質はテクネチウムによく似ており，酸化力の強い酸には可溶である．金属の単体としては最も硬度が高い．

マンガンがとりうる酸化数は，$+\mathrm{VII}$，$+\mathrm{VI}$，$+\mathrm{V}$，$+\mathrm{IV}$，$+\mathrm{III}$，$+\mathrm{II}$，$+\mathrm{I}$，$-\mathrm{I}$，$-\mathrm{II}$，$-\mathrm{III}$ ときわめて多様である．低酸化数は，バナジウムやクロムと同様，$[\mathrm{Mn(NO)_3(CO)}]$，$[\mathrm{Mn(CO)_5}]^-$，$[\mathrm{Mn(CO)_6}]^+$ といったカルボニル錯体などで観察される．マンガンの酸化物は，多様な酸化数を反映して多くのものが存在する．$\mathrm{Mn_3O_4}$ は $\mathrm{Mn^{2+}}$ と $\mathrm{Mn^{3+}}$ を $1:2$ のモル比で含む酸化物で，スピネル型構造をとる．$\mathrm{MnO_2}$ は塩素の合成（(6・62)式），酸素発生の触媒（(6・76)式）に利用される．また，アルカリマンガン乾電池の材料として使われている（5・4・3節の例題5・8参照）．オキソ酸塩では $\mathrm{KMnO_4}$ のような過マンガン酸塩が知られている．5・6・2節の (5・85)式に示したように，この化合物は強力な酸化剤として作用する．

テクネチウムとレニウムも多様な酸化状態の化合物を生じる．$\mathrm{ReO_3}$ は知られている酸化物のなかで最も高い電気伝導率を示す化合物である．7族元素のハロゲン化物のうち，七ハロゲン化物では $\mathrm{ReF_7}$ のみが知られている．六ハロゲン化物と五ハロゲン化物では，$\mathrm{ReF_6}$ と $\mathrm{ReF_5}$ に加えて $\mathrm{TcF_6}$ と $\mathrm{TcF_5}$ が存在する．マンガンでは $\mathrm{MnF_4}$ と $\mathrm{MnF_3}$ に加え，4種類のハロゲンすべてに対して二ハロゲン化物が合成されている．$\mathrm{Re_2Cl_8}^{2-}$ のような金属原子同士が結合をつくる分子も存在する．左図に示すように，この分子の Re 原子同士の結合は"四重結合"である．同様に，W，Tc，Mo，Cr などの遷移金属間でもこの種の結合が見られる．

6・11・7 8 族 元 素

8族元素には，**鉄**(Fe)，**ルテニウム**(Ru)，**オスミウム**(Os) などがある．鉄は6・1節で述べたとおり宇宙において最も安定な元素の一つである．また，地球において最も豊富に存在する元素であり，日常生活や産業において実用的な材料として広く利用されている．多くは鉄鋼としての構造材料や，鉄の単体が強磁性体[*1]であることにもとづく永久磁石，鉄心，磁気記録媒体など磁性材料としての用途がある．また，生物にとって必須な微量元素で，多くの種類のタンパク質に含まれ，さまざまな機能を担っている（7・6節）[*2]．鉄の酸化状態は $+\mathrm{II}$ と $+\mathrm{III}$ が最も安定であるが，$+\mathrm{IV}$，$+\mathrm{V}$，$+\mathrm{VI}$ のような高酸化数，逆に $-\mathrm{II}$，$-\mathrm{I}$，0，$+\mathrm{I}$ のような低酸化数も見られる．後者はバナジウム，クロム，マンガンと同様，カルボニル錯体などで観察される．

単体の鉄は工業的には4・2・2節で述べたように鉄の酸化物を還元することによって製造される．逆に，鉄は酸素や水蒸気と反応して $\mathrm{Fe_3O_4}$ を生じる．

$$3\mathrm{Fe} + 2\mathrm{O_2} \longrightarrow \mathrm{Fe_3O_4} \tag{6・84}$$

（左側欄外）

酸化物として MnO，$\mathrm{Mn_2O_3}$，$\mathrm{Mn_3O_4}$，$\mathrm{MnO_2}$，$\mathrm{Mn_2O_7}$ がある．

$\mathrm{TcO_2}$，$\mathrm{Tc_2O_7}$，$\mathrm{ReO_2}$，$\mathrm{ReO_3}$，$\mathrm{Re_2O_7}$ のような酸化物や，ハロゲン化物がある．

鉄（iron）
ルテニウム（ruthenium）
オスミウム（osmium）

*1 外部から磁場を加えなくても，磁気モーメントが自発的にすべて同じ方向を向き，大きな磁化を生じる物質を"強磁性体"，その性質を"強磁性"という（7・2・5節も参照のこと）．

*2 たとえば，ヘモグロビンは酸素の輸送，ミオグロビンは酸素の貯蔵，トランスフェリンは鉄の輸送，フェリチンは鉄の貯蔵，シトクロム c は電子伝達系における電子移動，などの役割を担っている．

$$3Fe + 4H_2O \longrightarrow Fe_3O_4 + 4H_2 \qquad (6 \cdot 85)$$

また，希塩酸や希硫酸に溶解して水素を発生する．一方，濃硝酸や濃硫酸に対しては鉄の表面に極めて薄い酸化物の皮膜を形成するため溶解しない．このような状態を**不動態**[*1] という．また，水酸化ナトリウム水溶液にも溶けない．さらに，鉄の単体はハロゲンとの直接の反応で，さまざまなハロゲン化鉄を生じる．

（6・84）式および（6・85）式の反応で生じる Fe_3O_4 はいわゆる黒さびであるが，天然には磁鉄鉱として産出される．この化合物は Fe^{2+} と Fe^{3+} を 1：2 のモル比で含み，逆スピネル型構造をとる．磁性材料として重要な化合物である．鉄の酸化物として，Fe_3O_4 のほか，FeO と Fe_2O_3 が安定な化合物として知られている．FeO はウスタイトとよばれる鉱物の主成分であり，塩化ナトリウム型構造をとる．空気中では Fe^{2+} のごく一部が酸化されて Fe^{3+} に変わり，不定比化合物となっている．Fe_2O_3 は厳密には $\alpha\text{-}Fe_2O_3$ と表現される酸化物で，赤鉄鉱の主成分である．結晶構造はコランダム型である．いわゆる赤さびであって，陶磁器などの赤色顔料として利用されている．Fe_2O_3 は塩基性酸化物であり，酸に溶解する．

6・11・5 節で少しふれたが，鉄とクロムの合金はステンレス鋼として広く用いられている．これは質量パーセントで 10.5% 以上のクロムを含み，炭素含有量が 1.2% 以下の鋼であり，耐食性に優れることから，日用品，鉄道，電気機器，産業用の機械，建設材料などに利用される．優れた耐食性は，成分であるクロムの"不動態"によるものである．また，鉄の合金や複酸化物には磁性体として実用化されているものが多い．$BaFe_{12}O_{19}$ や $Nd_2Fe_{14}B$ は永久磁石として，Fe-Si 系合金や $(Zn, Mn)Fe_2O_4$ および $(Zn, Ni)Fe_2O_4$ などは変圧器やモーターの磁心として，$Y_3Fe_5O_{12}$ や $Gd_3Fe_5O_{12}$ は光アイソレーター（6・11・2 節）として利用されている．とりわけ $Nd_2Fe_{14}B$ は知られている永久磁石のなかでは最強のものである．

ルテニウムとオスミウムの単体は六方最密充塡構造の結晶で，他の遷移金属と同様，融点が高い（表6・5）．ルテニウムは耐食性に優れ酸には溶けにくいが，空気中，高温で酸化され，RuO_2 を生じる．オスミウムは硬くて脆い金属で，安定な元素のなかでは最も密度が高い[*2]．ルテニウムとオスミウムはいずれも +Ⅷ から −Ⅱ までの広い範囲の酸化数をとりうる．低酸化状態は鉄と同様にカルボニル錯体などで見られる．オスミウムでは +Ⅷ の高い酸化状態も安定であり，OsO_4 のような酸化物が存在する．一方，RuO_4 は不安定であり，RuO_2 と O_2 に分解しやすい．ルテニウムの異なる酸化状態は，RuF_6，$RuCl_3$，$RuCl_2$ などのハロゲン化物で観察される．オスミウムでは +Ⅷ に加えて +Ⅱ，+Ⅲ，+Ⅳ の酸化状態が安定で，これらは OsI_2，$OsBr_3$，OsO_2，$OsCl_4$ といったハロゲン化物や酸化物で見られる．

6・11・8 9 族 元 素

9 族元素には，**コバルト**(Co)，**ロジウム**(Rh)，**イリジウム**(Ir) などがあ

不動態（passive state）
[*1] Al，Ti，Cr，Ni，Nb，Ta などでも見られる．

ハロゲン化物として FeF_2，$FeCl_2$，FeF_3，$FeCl_3$，$FeBr_3$ などがある．

[*2] オスミウムの単体の密度は 22.587 g cm^{-3} である．この値は水の密度の約 23 倍に相当する．

コバルト（cobalt）
ロジウム（rhodium）
イリジウム（iridium）

る．コバルトの単体は常温・常圧では六方最密充塡構造の結晶であり，420 ℃
以上で立方最密充塡構造に相転移する．鉄と同様に強磁性体であり，その合金
は永久磁石やコンピューターのハードディスクとして実用化されている．前者
では $SmCo_5$ ならびに Sm_2Co_{17} が知られている．これらは 6・11・7 節でふれ
た $Nd_2Fe_{14}B$ に次いで強力な磁石である．後者では Co-Pt-Cr 系合金が利用され
ている．コバルトは生物にとって必須の微量元素であり，ビタミン B_{12}[1] に含ま
れる．また，放射性同位体の一つである ^{60}Co は γ 線を放出するため，医療の分
野で放射線療法に利用されるほか，品種改良や毒性のあるジャガイモの発芽防止
や，構造物，製造プラント機器，航空機などの機械的な欠陥を診断するための非
破壊検査にも用いられる．

＊1　コバルト錯体の一種であり，赤血球の成熟や DNA の合成などに必須である．

ロジウムとイリジウムはいずれも埋蔵量が少なく，希少金属の一つである．単
体は常温・常圧で立方最密充塡構造をとる．この点ではコバルトと異なる．いず
れも安定な金属で，王水にも難溶であるなど反応性に乏しいが，高温ではフッ素
や塩素と反応する．化学的な安定性と高い融点（表 6・5）を利用して，高温用
のるつぼなどに利用される．また，^{192}Ir も医療や非破壊検査に用いられる．イリ
ジウムは単体ではオスミウムに次いで密度の高い金属である[2]．

＊2　イリジウムの単体の密度は 22.562 g cm^{-3} である．

コバルトもバナジウム，クロム，マンガン，鉄と同様，+V，+Ⅳ，+Ⅲ，+Ⅱ，
+Ⅰ，0，−Ⅰ の多様な酸化状態をとる．ロジウムとイリジウムも同様である．
低酸化数は $Na[Co(CO)_4]$，$K_4[Co(CN)_4]$ などの配位化合物で観察される．最
も安定な酸化状態は，コバルトでは +Ⅱ と +Ⅲ，ロジウムとイリジウムでは +Ⅲ
と +Ⅳ である．また，高い酸化状態はフッ化物で見られる．

これらの酸化状態に対応した
酸化物として，CoO，Co_3O_4，
Rh_2O_3，IrO_2，ハロゲン化物
として，CoF_2，CoF_3，$CoCl_2$，
$CoBr_2$，$RhCl_3$，$IrCl_3$ などが
ある．
高い酸化状態は，RhF_6，RhF_5，
IrF_6，IrF_5 などで見られる．

CoO は陶磁器やガラスの着色のための顔料として古くから用いられている．
一つの Co^{2+} が四つの酸化物イオンに囲まれて四面体形構造をとる場合，鮮やか
な青色（いわゆるコバルトブルー）に呈色する．Co_3O_4 は Mn_3O_4 や Fe_3O_4 と同
様にスピネル型構造をとり，+Ⅱ と +Ⅲ の状態が共存している．$CoCl_2$ はシリカ
ゲルに添加して乾燥剤として使われる．乾燥した状態では Co^{2+} は四面体形の配
位構造をとり，青色を呈するが，水分を吸着すると Co^{2+} の配位状態が八面体形
に変わり，色が赤桃色に変化するため，水分量を色の変化で定性的に推し量るこ
とができる．また，5・4・3 節で取上げた複酸化物の $LiCoO_2$ はリチウムイオン
二次電池の正極材料であり，Li^+ の挿入と放出にともなってコバルトの酸化数が
+Ⅲ と +Ⅳ の間で変化する．

6・11・9　10 族 元 素

10 族元素には，**ニッケル**(Ni)，**パラジウム**(Pd)，**白金**(Pt) などがある．ニッ
ケルは鉄と同様，原子核の核結合エネルギーが大きい元素であり鉄とともに最も
安定な元素の一つである．ニッケルの単体は常温・常圧で立方最密充塡構造をと
る結晶である．塩酸や希硫酸に対しては，

$$Ni + 2HCl \longrightarrow NiCl_2 + H_2 \tag{6・86}$$

ニッケル（nickel）
パラジウム（palladium）
白金（platinum）

のように反応して溶けるが，その速度は遅い．一方，希硝酸とは速やかに反応して溶解する．

$$3Ni + 8HNO_3 \longrightarrow 3Ni(NO_3)_2 + 2NO + 4H_2O \qquad (6・87)$$

濃硝酸に対しては"不動態"を形成するため不溶である．

　ニッケルの単体は鉄やコバルトと同様に強磁性体であり，Ni-Fe-Mo-Cr 系の合金[*1]は変圧器の鉄心などに使われている．このほかにもニッケルの合金には実用的に重要なものが多い．たとえば，微量の Mn を加えた Ni-Fe 系の合金[*2]はきわめて熱膨張率[*3]が低く，温度変化に対して膨張や収縮がほとんど起こらないので，精度が求められる精密機器の材料となる．$LaNi_5$ は水素吸蔵合金[*4]として考えられている合金であり，気体の水素を取込むと $LaNi_5H_6$ が生成する．また，6・11・3 節でふれたように，ニッケルとチタンの合金は形状記憶合金として用いられている．ニッケルはニッケル・カドミウム蓄電池，ニッケル・水素電池にも利用される．いずれもニッケルの酸化水酸化物 NiO(OH) が正極材料であり，正極での反応は，

$$NiO(OH) + H_2O + e^- \longrightarrow Ni(OH)_2 + OH^- \qquad (6・88)$$

となる．

　パラジウムと白金は希少金属の一種である．単体はニッケルと同様，常温・常圧で立方最密充填構造をとる．いずれも化学的に安定であるが，パラジウムは硝酸のような酸化力のある酸には溶ける．白金は酸に対する耐食性が高く，"王水"以外の酸には溶解しない．実用的には，パラジウムは装飾品や自動車の排気ガス浄化用の触媒として利用される．また，有機合成の触媒としても有用である．白金にも装飾品や排気ガス浄化用の触媒としての用途があるほか，るつぼや電極材料として使われる．また，白金とマンガン，鉄，コバルトとの合金は磁性材料として開発されている．さらに，白金を含む錯体である cis-[PtCl_2(NH_3)_2][*5] から誘導される化合物は抗がん剤として用いられる．なお，これまで記述した8族から10族までの元素のうち，ルテニウム，ロジウム，パラジウム，オスミウム，イリジウム，白金の6種類を**白金族元素**とよぶ．これらの単体はいずれも融点が高く，化学的に安定である．

　前節までの5族から9族までの元素と同様，ニッケルも多くの酸化状態をとり，+Ⅳ，+Ⅲ，+Ⅱ，+Ⅰ，－Ⅰの酸化数が知られているが，最も安定な酸化状態は +Ⅱであり，しばしば+Ⅲの状態も観察される．パラジウムと白金も酸化状態は多様であり，パラジウムでは+Ⅵから0まで，白金では+Ⅵから－Ⅱまでの酸化数が知られているが，安定な酸化状態はパラジウム，白金とも＋Ⅱと＋Ⅳである．安定な酸化数に対応した化合物として，NiO，PdO，PtO，PtO_2 のような酸化物，NiS，PdS，PtS のような硫化物のほか，二ハロゲン化物は Ni，Pd，Pt のいずれについても F から I までのすべての化合物が知られている．四ハロゲン化物は Pt についてはすべてのハロゲン化物が存在するが，Ni と Pd ではフッ化物のみである．高酸化状態の PtF_6 はきわめて酸化力が強く，酸素(O_2)やキセノンも酸

*1　パーマロイとよばれる．
*2　インバー合金とよばれる．
*3　体積を V，温度を T とおくと，熱膨張率は，

$$\alpha = \frac{1}{V}\left(\frac{\partial V}{\partial T}\right)$$

と定義される．
*4　水素は結晶格子の格子間のすき間の位置を占める（侵入型固溶体，4・5節）．おもな用途として，燃料電池（5・4・3節）の水素貯蔵タンクの媒体，ニッケル・水素電池の負極材料，ヒートポンプなどがある．

*5　これは"シスプラチン"とよばれる分子で，平面四角形の構造をもち，Cl^- と NH_3 がシス形で配位している（7章参照）．

白金族元素（element of platinum group）

化する．酸素との反応で生じる化合物は O_2PtF_6 で，これは O_2^+ と PtF_6^- からなる．キセノンとの反応で生成する化合物は 6・10・2 節でふれた $XePtF_6$ である．

6・11・10　11 族 元 素

銅（copper）
銀（silver）
金（gold）

*1　たとえば 1 g の金を叩いて薄く延ばすと，実に 1 m² を超える面積の金箔が得られる．

*2　いずれも銀＞銅＞金の順で高くなる．

*3　この酵素はシトクロム c オキシダーゼとよばれる．

*4　このタンパク質はヘモシアニンとよばれる．

*5　ここで生じる Fe_2O_3 はコークスで還元されるとともにケイ砂と反応して $FeSiO_3$ に変わり，分離される．また，石灰石とケイ砂から溶融した状態の $CaSiO_3$ が生じ，Cu_2S も融解する．

電解製錬
（electrolytic refining）

　11 族元素には，銅（Cu），銀（Ag），金（Au）などがある．これら三つの元素の単体は常温・常圧で立方最密充塡構造をとる．いずれも延性と展性に富む金属であり，特に金は最も延性と展性が高い[*1]．また，銅，銀，金はいずれも高い電気伝導率と熱伝導率を示す[*2]．このため，送電ケーブル，電子回路の導線，電気化学的な計測の電極などとして用いられている．熱伝導を活かした用途には銅鍋のような調理器具もある．銅の合金として，亜鉛との合金である真ちゅう（黄銅），スズとの合金である青銅（ブロンズ）が有名である．前者は金管楽器などに，後者は彫刻などに用いられる．銅は生物にとって必須な微量元素であり，電子伝達系において O_2 を H_2O に還元する酵素[*3]に含まれる．この還元反応で生じる電気化学的なエネルギーがアデノシン三リン酸（ATP）の合成に使われる．また，軟体動物や節足動物では酸素を輸送するタンパク質に銅が含まれている[*4]．

　銅の単体は工業的には黄銅鉱を原料として製造される．黄銅鉱は $CuFeS_2$ を主成分として含む．これをコークス，石灰石，ケイ砂とともに約 1200 ℃ の高温で反応させると，次式に従って硫化銅（I）が得られる．

$$4CuFeS_2 + 9O_2 \longrightarrow 2Cu_2S + 2Fe_2O_3 + 6SO_2 \qquad (6 \cdot 89)^{*5}$$

融解した Cu_2S に酸素を通じて加熱すると，

$$Cu_2S + O_2 \longrightarrow 2Cu + SO_2 \qquad (6 \cdot 90)$$

という反応が起こり，純度が 99 ％ほどの銅が生成する．これは粗銅とよばれる．$CuSO_4$ の希硫酸水溶液を電解質として，陽極に粗銅，陰極に純銅（純度が 99.99 ％以上）を用いて電気分解すると，陰極に純銅が析出し，粗銅に含まれていた不純物はイオンとして電解質溶液中に溶け込むか，陽極の近くで沈殿となって析出する．この沈殿は陽極泥とよばれる．このように電気分解を用いて物質を高純度化する方法を **電解製錬** という．電解製錬は銀の製造にも利用される．銀では Ag_2S が主成分である鉱物の輝銀鉱を原料として，これを KCN 水溶液に溶かし，単体の亜鉛を加えて銀を析出し，これを電解製錬で高純度化する．

　銅は空気中で加熱すると，

$$2Cu + O_2 \longrightarrow 2CuO \qquad (6 \cdot 91)$$

に従って酸化銅（II）を生じる．1000 ℃ 以上の高温になると，

$$4CuO \longrightarrow 2Cu_2O + O_2 \qquad (6 \cdot 92)$$

の反応が起こり，酸化銅（I）に変わる．Cu_2O は酸化物ではめずらしい p 型半導体である．また，銅は塩酸や希硫酸とは反応しないが，6・7・2 節の（6・38）式および（6・39）式に示したように希硝酸，濃硝酸のいずれとも反応する．また，6・8・3 節の（6・53）式のように熱濃硫酸には溶解する．さらに，銅像などでよく見られるように，金属の銅は空気中の酸素，水，二酸化炭素などと反応して表面に青

緑色のさびを生じる．これは緑青とよばれ，$CuCO_3 \cdot Cu(OH)_2$ や $CuSO_4 \cdot 3Cu(OH)_2$ といった化合物からなる．銀も硝酸や熱濃硫酸と反応する[*1]．一方，金は酸に対する耐食性に優れるが，"王水" には溶解する．反応は(6・40)式のようになる(6・7・2節)．

　銅が化合物中や水溶液中でとりうる酸化数として，$+IV$，$+III$，$+II$，$+I$ が知られているが，$+II$ と $+I$ が一般的である．ただし Cu^+ は不安定であり，

$$2Cu^+ \longrightarrow Cu^{2+} + Cu \qquad (6 \cdot 93)$$

のように不均化する．

　また，Cu^{2+} を含む水溶液にアルカリ金属水酸化物の水溶液を加えると，

$$Cu^{2+} + 2OH^- \longrightarrow Cu(OH)_2 \qquad (6 \cdot 94)$$

により水酸化物が生じる．このほか，銅の複酸化物として，$(La, Ba)_2CuO_4$，$(La, Sr)_2CuO_4$，YBa_2CuO_7 のような高温超伝導体がよく知られている．

　銀では $+III$，$+II$，$+I$ の酸化数が見られるが，もっぱら $+I$ の状態が安定である．銀では水酸化物は不安定で，銅における (6・94)式のような反応は起こらず，Ag^+ を含む水溶液では，

$$2Ag^+ + 2OH^- \longrightarrow 2AgOH \longrightarrow Ag_2O + H_2O \qquad (6 \cdot 95)$$

の反応により Ag_2O が析出する．Ag_2O は酸化銀電池の正極材料である．また，$AgCl$ は銀-塩化銀電極として利用される．これは白金線に付着した銀の表面を塩化銀に変え，一定濃度の塩化物イオンを含む水溶液中に浸したものである．$AgCl$ ならびに $AgBr$ は写真の感光材料としての用途がある[*2]．AgI の結晶には α 型と β 型の多形があり，高温相である α-AgI は間隙の多い結晶構造であり，分極率の大きな Ag^+ が結晶内を容易に移動できるため，イオン伝導にもとづく高い電気伝導率が観察される．このような化合物は**超イオン伝導体**とよばれる．

　金は，$+V$，$+IV$，$+III$，$+II$，$+I$，$-I$ の比較的多くの酸化数をとりうる．低酸化数の $-I$ は $RbAu$ や $CsAu$ のようなアルカリ金属元素との合金で観察される．逆に高酸化数は五フッ化物 AuF_5 で見られる．最も安定な酸化状態は $+III$ であり，$+I$ の状態をとる化合物もある．$AuCl_3$ と $AuBr_3$ は図 6・21 に示すような二量体として存在する．水溶液中では $+I$ の状態は不安定で，

$$3Au^+ \longrightarrow Au^{3+} + 2Au \qquad (6 \cdot 96)$$

のように不均化する．

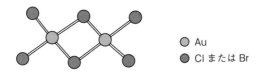

　　○ Au
　　● Cl または Br

図 6・21　**$AuCl_3$ および $AuBr_3$ の構造**　二量体をつくる

6・11・11　12 族 元 素

　12 族元素には，**亜鉛**(Zn)，**カドミウム**(Cd)，**水銀**(Hg) などがある．これら三つの元素は，基底状態では最外殻の d 軌道に 10 個，s 軌道に 2 個の電子が入っ

*1　水銀ではさらに 4f 軌道にも 14 個の電子が入っている. いずれにせよ閉殻である.

*2　炭酸デヒドラターゼともよばれ, CO_2 と H_2O を HCO^{3-} と H^+ に変換する反応の触媒となる. 動物ではこの反応により血液などの組織における酸・塩基平衡を保ち, 組織からの CO_2 の運搬を補助する.

化合物として ZnO, $Zn(OH)_2$, ZnS, $ZnSe$, $ZnTe$, $ZnCl_2$, $ZnSO_4$, $ZnCrO_4$ などがある.

*3　印加電圧が低いと電気抵抗が高いが, 電圧が高くなると急激に電気抵抗が低下して電流を流し, これによって他の電子部品に過剰な電圧が掛かることを防ぐデバイスである.

て閉殻となる[*1]. このため, ＋Ⅱの酸化状態が安定であるが, ＋Ⅰの状態も見られる. 亜鉛では 0, 水銀では＋Ⅳの酸化状態も知られている. 12 族元素の単体は d ブロック元素のなかでは融点が低く, 特に水銀は常温・常圧で液体である. 亜鉛の単体は, 工業的には酸化亜鉛（ZnO）のコークスによる還元や, 酸化亜鉛を硫酸に溶かした溶液の電気分解で製造される. 実用的にはトタンとしての用途がある. これは鋼板の表面に亜鉛のめっきを施し, 耐食性を向上したもので, 建築用の材料として使用される. アルカリマンガン乾電池の負極としても用いられる（5・4・3 節の例題 5・8）. また, 亜鉛は生物にとって必須な微量元素であり, 炭酸脱水酵素[*2]など多くの酵素に含まれている. 一方, カドミウムと水銀は有毒である.

　亜鉛の単体が酸に溶けて水素を発生することは 5・5・1 節や 6・2・1 節でふれた. 亜鉛は塩基とも反応して溶解する.

$$Zn + 2NaOH + 2H_2O \longrightarrow Na_2[Zn(OH)_4] + H_2 \qquad (6\cdot97)$$

すなわち, アルミニウムなどと同様, 亜鉛は両性元素である. 化合物としては, ZnO と $Zn(OH)_2$ は亜鉛が両性であることを反映して酸とも塩基とも反応する. 6・8・4 節でも述べたが, ZnO, ZnS, $ZnSe$, $ZnTe$ はいずれも半導体である. ZnO はゴムの加硫や顔料としての用途が多いが, バリスター[*3], 圧電体, 透明電極などの電子部品としての応用もある. ZnS は少量の Mn^{2+}, Cu^+, Ag^+ が添加された化合物は蛍光体として利用される. また, 赤外光に対する透過率が高いため, レンズなどの用途もある. $ZnSe$ は Cr^{2+} を添加すると赤外線レーザーとなり, テルルを加えるとシンチレーター（6・5・4 節）として機能する.

例題 6・10　Zn^{2+} を含む水溶液に, ① 少量ならびに ② 過剰の水酸化ナトリウム水溶液を加えたときの反応を化学式で示せ.

解　少量の水酸化ナトリウム水溶液を加えると水酸化物が沈殿し, 過剰に加えると溶解する. 反応は以下のようになる.

① $Zn^{2+} + 2OH^- \longrightarrow Zn(OH)_2$ 　　　　　　　　　　　　　$(6\cdot98)$

② $Zn(OH)_2 + 2NaOH \longrightarrow Na_2[Zn(OH)_4]$ 　　　　　　　$(6\cdot99)$

化合物として CdO, CdS, $CdSe$, $CdTe$, CdF_2, $CdCl_2$, $CdBr_2$, CdI_2, $Cd(OH)_2$, $CdCO_3$, $Cd(NO_3)_2$ などがある.

*4　光の強さによって抵抗値が変化する素子のこと.

　カドミウムの単体は亜鉛と同様, 酸に溶けて水素を発生し, 水溶液中では Cd^{2+} として存在する. 化合物では, CdO は水および塩基性水溶液にはほとんど溶けないが, 希酸には溶解する. CdO を含め, カルコゲン化物はすべて半導体である. CdS はカドミウムイエローとよばれ, 黄色の顔料として使われる. また, 可視光応答型の光触媒や光センサ[*4]への応用がある. $CdSe$ も顔料であり, カドミウムレッドとよばれる. また, 偏光子のような光学部品, 蛍光体などの用途がある. $CdTe$ は太陽電池（4・7・2 節）として, $HgTe$ との固溶体である $(Cd, Hg)Te$ は赤外線検出器として, また, $ZnTe$ との固溶体である $(Zn, Cd)Te$ は X 線や γ 線の検出器として用いられる. ハロゲン化物はいずれも常温・常圧で結晶であり, CdF_2 はホタル石型であり, 他のハロゲン化物は $CdCl_2$ が塩化カドミウム

型，$CdBr_2$ と CdI_2 がヨウ化カドミウム型とよばれる層状構造をとる．このほか，Ag-In-Cd 系合金が原子炉の制御材として用いられる．これは，同位体の一つである ^{113}Cd が大きな熱中性子捕獲断面積をもつことを利用したものである．さらに，ニッケル・カドミウム蓄電池（6・11・9 節）にも使われる．

　水銀の単体は HgS を主成分とする鉱物である辰砂からつくられる．これを空気中で加熱すると水銀が蒸気として生じるので，これを凝縮する．反応は以下のとおりである．

$$HgS + O_2 \longrightarrow Hg + SO_2 \qquad (6 \cdot 100)$$

水銀の単体は自然界にも産出する．単体は蛍光灯[*]などとして利用される．水銀は最初に超伝導が見いだされた物質である．水銀の化合物として，HgO，HgS，HgSe，HgTe，Hg_2Cl_2（甘汞，練習問題 5・5），$HgCl_2$（昇汞）などが知られている．HgTe は半金属であり，少量の 11 族元素や 13 族元素を加えると不純物半導体となり，p 型，n 型いずれの性質も示すようになる．Hg_2Cl_2 にはほとんど毒性はないが，$HgCl_2$ はきわめて有毒である．5 章の練習問題 5・5 でふれたように，Hg_2Cl_2 は電池の電極として用いられる．この化合物は図 6・22 に示すように Cl−Hg−Hg−Cl という直線形の分子が並んだ直方晶系の結晶構造をもつ．すなわち，Hg 原子同士が結合した $[Hg-Hg]^{2+}$ という陽イオンを含む．このような結合が安定化するのは，Hg^+ の第一電子親和力，いい換えれば Hg の第一イオン化エネルギーが大きいことに関係すると考えられている．Hg 原子は 4f 軌道に 14 個の電子をもち，その遮蔽効果が小さいため最外殻の電子は原子核に強く引き付けられ，第一イオン化エネルギーが大きくなる．

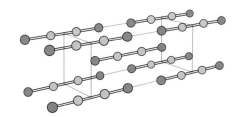

図 6・22　**Hg_2Cl_2 結晶の構造**　Hg_2Cl_2 分子が凝集した構造で，この分子には Hg−Hg 結合が存在する

6・12　f ブロック元素
6・12・1　ランタノイド

　ランタノイドは原子番号が 57 のランタン（La）から 71 のルテチウム（Lu）までの 15 個の元素をいう．このうち，61 番元素のプロメチウム（Pm）には安定な同位体が存在しない．ランタノイド元素では，原子番号が増えるにともない 4f 軌道に順に電子が入ることが大きな特徴で，4f 軌道は比較的原子核に近い位置に電子密度の高い領域があるため，原子番号にともない 4f 軌道を占める電子が増えても原子半径や化学的性質にあまり影響しない．したがって，異なる種類の

＊　ガラス管の内部に水銀の蒸気が封入されており，スイッチを入れると負極から電子が高速で飛び出す．これが Hg 原子を励起し，励起された Hg 原子は電子から得たエネルギーを紫外線として放出する．ガラス管内にはこの紫外線を吸収して赤，緑，青に発光する蛍光体の粉末が塗布されており，これら三原色により白色光が放たれて照明として実用化される．

ランタノイド（lanthanoid）2・4・2 節でふれたように，ランタノイドにスカンジウムとイットリウム（6・11・2 節）を加えた元素を “希土類金属” という．

表6・7 ランタノイドの電子配置と酸化状態

元素名	元素記号	電子配置	おもな酸化数
ランタン	La	$[Xe](5d)^1(6s)^2$	+Ⅲ
セリウム	Ce	$[Xe](4f)^1(5d)^1(6s)^2$	+Ⅱ, +Ⅲ, +Ⅳ
プラセオジム	Pr	$[Xe](4f)^3(6s)^2$	+Ⅲ, +Ⅳ
ネオジム	Nd	$[Xe](4f)^4(6s)^2$	+Ⅱ, +Ⅲ, +Ⅳ
プロメチウム	Pm	$[Xe](4f)^5(6s)^2$	+Ⅲ
サマリウム	Sm	$[Xe](4f)^6(6s)^2$	+Ⅱ, +Ⅲ
ユウロピウム	Eu	$[Xe](4f)^7(6s)^2$	+Ⅱ, +Ⅲ
ガドリニウム	Gd	$[Xe](4f)^7(5d)^1(6s)^2$	+Ⅲ
テルビウム	Tb	$[Xe](4f)^9(6s)^2$	+Ⅲ, +Ⅳ
ジスプロシウム	Dy	$[Xe](4f)^{10}(6s)^2$	+Ⅲ, +Ⅳ
ホルミウム	Ho	$[Xe](4f)^{11}(6s)^2$	+Ⅲ
エルビウム	Er	$[Xe](4f)^{12}(6s)^2$	+Ⅲ
ツリウム	Tm	$[Xe](4f)^{13}(6s)^2$	+Ⅱ, +Ⅲ
イッテルビウム	Yb	$[Xe](4f)^{14}(6s)^2$	+Ⅱ, +Ⅲ
ルテチウム	Lu	$[Xe](4f)^{14}(5d)^1(6s)^2$	+Ⅲ

* イオン交換樹脂を用い, 各元素のイオン交換反応の違いを利用して分離する方法などがとられる.

ランタノイド元素を互いに分離することは容易ではない*. また, 2・5・1節で述べたように, 原子半径やイオン半径は原子番号が増えると有効核電荷の増加を反映して少しずつ小さくなる (ランタノイド収縮).

表6・7にランタノイド元素の電子配置と主として観察される酸化数を示す. すべての元素において+Ⅲの酸化状態が安定であり, +Ⅱや+Ⅳの状態をとる元素も見られる. ランタン, セリウム, ガドリニウム, ルテチウムは, いずれも基底状態の電子配置が $(5d)^1(6s)^2$ の状態を含む. これら3個の電子が取除かれると, $[Xe](4f)^n$ という電子配置となって安定化する. 特に, La^{3+}, Gd^{3+}, Lu^{3+} の電子配置はそれぞれ, $[Xe]$, $[Xe](4f)^7$, $[Xe](4f)^{14}$ となり, 4f軌道は14個の電子を収容できることから, これらのイオンは閉殻あるいは半閉殻となって安定になる.

他のランタノイド元素では原子の電子配置が $[Xe](4f)^{n'}(6s)^2$ であり, 最外殻の6s軌道の2個の電子が放出され, さらに4f軌道から電子が1個抜けて+Ⅲの酸化状態となる. このとき, $[Xe](4f)^{n'}$ の状態から1個の電子を取除くために必要なエネルギー, すなわち, 第三イオン化エネルギーは元素の種類によらずおおよそ $2000 \ kJ \ mol^{-1}$ である. 一方, 第四イオン化エネルギーは約 $4000 \ kJ \ mol^{-1}$ と大きくなる. このためランタノイド元素は高酸化状態とはなりにくい. ただし, セリウムでは4個の電子が抜けると電子配置が $[Xe]$ となって安定化する. また, ユウロピウムとイッテルビウムでは, 2個の電子が抜けるとそれぞれ $[Xe](4f)^7$, $[Xe](4f)^{14}$ となって半閉殻ならびに閉殻になる. このため, これらの元素では+Ⅲの酸化状態に加え, Ce^{4+}, Eu^{2+}, Yb^{2+} が安定に存在する.

ランタノイドの単体は一部のdブロック金属と同様, 酸に溶解して水素を生じる. 化合物としては, 酸化物, カルコゲン化物, ハロゲン化物, 水素化物, オキソ酸塩などが知られている. 酸化物は La_2O_3, Gd_2O_3 のような+Ⅲの酸化数を

とる化合物が一般的であるが，CeO_2，EuO なども存在する．Pr_6O_{11} や Tb_4O_7 のように +III と +IV の状態が混在した酸化物も見られる．ランタノイドの陽イオンは硬いルイス酸であるため，酸化物やフッ化物が安定である．ハロゲン化物では，LaF_3，$LaCl_3$，GdF_3 などの結晶のほか，La_7I_{12} のような分子も知られている．また，ランタノイドイオンはイオン半径が大きいため，化合物中では配位数が大きくなる．そのため，複酸化物ではペロブスカイト型構造やガーネット型構造をとる結晶が多い．ランタノイドイオンに対する酸化物イオンの配位数は，前者では 12，後者では 8 である．

　これまでの節でも述べてきたが，ランタノイドは光物性や磁性において有用な機能をもつ元素が多く，実用化されている物質も数多く存在する．ランタノイドイオンでは，複数の電子によって占有された 4f 軌道が存在するため，4f 軌道は多様なエネルギー準位を形成する．4f 電子は外部から光などのエネルギーを得ると励起され，その後，電子が下の準位に緩和する際に，準位のエネルギー差に応じたさまざまな波長の光を放出するため，蛍光体やレーザーとして利用される．

ニッポニウムとニホニウム

　元素の名称の起源はさまざまである．地名にもとづく元素名も少なくない．フランシウム(Fr)，ユウロピウム(Eu)，アメリシウム(Am)，カリホルニウム(Cf) のように名称の起源が明らかなものもあれば，マグネシウム(Mg，ギリシャのマグネシア地方)，ストロンチウム(Sr，スコットランドのストロンチアン地方)，ハフニウム(Hf，コペンハーゲンのラテン名)，レニウム(ライン川のラテン名) のように一見しただけでは元素名と地名が結びつかないものもある．また，多くの希土類元素が発見されたスウェーデンのイッテルビーという町の名前から，4 種類の希土類元素，イットリウム(Y)，テルビウム(Tb)，エルビウム(Er)，イッテルビウム(Yb) が名付けられている．

　日本の国名や地名にちなんだ元素名として，幻の元素である“ニッポニウム”に関するエピソードが有名である．20 世紀初頭に当時は未発見であった原子番号が 43 の元素の報告が日本からあがり，ニッポニウム(nipponium，Np) と命名された．しかし，本文でも述べたとおり，43 番元素は自然界にはほとんど存在しないテクネチウム(Tc) であることがのちに判明し，ニッポニウムの存在は否定された．元素記号として提案された Np は，その後，ネプツニウムの元素記号として用いられた．現在では，このときに見いだされた元素は，当時は未発見であった 75 番元素のレニウム(Re) であった可能性が指摘されている．

　2004 年に日本の理化学研究所のグループが，加速した $^{70}_{30}Zn$ を $^{209}_{83}Bi$ に衝突させることにより，原子番号が 113 番の新元素を合成したと発表した．その後，再現性を得るための実験が繰返され，2012 年には新元素が 6 回の α 壊変を起こしてメンデレビウム $^{254}_{101}Md$ に変換されることを見いだした．ここで，α 壊変とは核種が α 線を放出して他の核種に変わる過程をいう．この結果，最初の元素の原子番号が 113 番であることが証明されたことになる．

　2015 年 12 月 30 日，国際純正および応用化学連合 (International Union of Pure and Applied Chemistry，IUPAC) は 113 番元素の命名権を理化学研究所に与えることを発表，研究グループは**ニホニウム**(nihonium，Nh) の名称を提案し，2016 年 11 月に正式に承認された．かくして日本発の初めての元素が新たな 13 族元素として周期表の一角を占めることとなった．理化学研究所のグループが用いた核反応は以下のようになる．

$$^{70}_{30}Zn + {}^{209}_{83}Bi \longrightarrow {}^{279}_{113}Nh^* \longrightarrow {}^{278}_{113}Nh + {}^{1}_{0}n$$

　また，4f軌道は電子による占有が不完全であるため，不対電子が存在する．このため，磁性材料としての用途も広い．

6・12・2　アクチノイド

アクチノイド（actinoid）

　アクチノイドは89番元素のアクチニウム（Ac）から103番元素のローレンシウム（Lr）までの第7周期の3族元素をいう．これらの元素はすべて放射性核種である．表6・8にアクチノイド元素の電子配置とおもな酸化状態をまとめた．前節で述べたようにランタノイドでは例外なく+Ⅲの酸化状態が安定であることとは対照的に，アクチノイド元素はさまざまな酸化状態をとり，安定な状態も元素の種類に依存して大きく異なる．一方，アクチノイド元素では原子番号の増加にともない5f軌道が電子で順に占められるが，5f軌道の遮蔽効果が小さいことから，ランタノイド元素と同様，アクチノイド元素も原子番号とともに原子半径とイオン半径が減少する．この現象は**アクチノイド収縮**とよばれる．

アクチノイド収縮
（actinoid contraction）

表6・8　**アクチノイドの電子配置と酸化状態**

元素名	元素記号	電子配置	おもな酸化数
アクチニウム	Ac	$[\mathrm{Rn}](6\mathrm{d})^1(7\mathrm{s})^2$	+Ⅲ
トリウム	Th	$[\mathrm{Rn}](6\mathrm{d})^2(7\mathrm{s})^2$	+Ⅲ，+Ⅳ
プロトアクチニウム	Pa	$[\mathrm{Rn}](5\mathrm{f})^2(6\mathrm{d})^1(7\mathrm{s})^2$	+Ⅲ，+Ⅳ，+Ⅴ
ウラン	U	$[\mathrm{Rn}](5\mathrm{f})^3(6\mathrm{d})^1(7\mathrm{s})^2$	+Ⅱ，+Ⅲ，+Ⅳ，+Ⅴ，+Ⅵ
ネプツニウム	Np	$[\mathrm{Rn}](5\mathrm{f})^4(6\mathrm{d})^1(7\mathrm{s})^2$	+Ⅱ，+Ⅲ，+Ⅳ，+Ⅴ，+Ⅵ，+Ⅶ
プルトニウム	Pu	$[\mathrm{Rn}](5\mathrm{f})^6(7\mathrm{s})^2$	+Ⅲ，+Ⅳ，+Ⅴ，+Ⅵ，+Ⅶ
アメリシム	Am	$[\mathrm{Rn}](5\mathrm{f})^7(7\mathrm{s})^2$	+Ⅱ，+Ⅲ，+Ⅳ，+Ⅴ，+Ⅵ，+Ⅶ
キュリウム	Cm	$[\mathrm{Rn}](5\mathrm{f})^7(6\mathrm{d})^1(7\mathrm{s})^2$	+Ⅲ，+Ⅳ
バークリウム	Bk	$[\mathrm{Rn}](5\mathrm{f})^9(7\mathrm{s})^2$	+Ⅲ，+Ⅳ
カリホルニウム	Cf	$[\mathrm{Rn}](5\mathrm{f})^{10}(7\mathrm{s})^2$	+Ⅱ，+Ⅲ，+Ⅳ
アインスタイニウム	Es	$[\mathrm{Rn}](5\mathrm{f})^{11}(7\mathrm{s})^2$	+Ⅱ，+Ⅲ，+Ⅳ
フェルミウム	Fm	$[\mathrm{Rn}](5\mathrm{f})^{12}(7\mathrm{s})^2$	+Ⅱ，+Ⅲ
メンデレビウム	Md	$[\mathrm{Rn}](5\mathrm{f})^{13}(7\mathrm{s})^2$	+Ⅰ，+Ⅱ，+Ⅲ
ノーベリウム	No	$[\mathrm{Rn}](5\mathrm{f})^{14}(7\mathrm{s})^2$	+Ⅱ，+Ⅲ
ローレンシウム	Lr	$[\mathrm{Rn}](5\mathrm{f})^{14}(7\mathrm{s})^2(7\mathrm{p})^1$	+Ⅲ

　アクチノイドの化合物として，ThO_2，UO_2，UO_3，NpO_2のような酸化物，$ThCl_4$，UF_3，UF_4，UF_6，$PuCl_3$のようなハロゲン化物のほか，硫化物，水素化物，炭化物，窒化物などが知られている．酸素との結合では，$UO_2{}^{2+}$，$UO_2{}^+$，$NpO_2{}^{2+}$，$NpO_2{}^+$のようなイオンも生じる．これらはアクチニルイオンとよばれる．特にウランのオキソ酸である$UO_2{}^{2+}$と$UO_2{}^+$をウラニルイオンという．$UO_2{}^{2+}$は直線形の分子で，U−O結合の結合次数は3（三重結合に相当）である．

核分裂（nuclear fission）

　アクチノイドの原子核は**核分裂**を起こして原子番号の小さい元素に変換される．^{238}U，^{244}Cm，^{254}Fmなどは，外部からエネルギーが与えられなくても核分裂が起こる．この現象を**自発核分裂**という．一方，原子核に中性子，陽子，光子（γ線）などを衝突させることで，外部からエネルギーを与えることによって起こる

自発核分裂
（spontaneous fission）

核分裂もある．これは**誘導核分裂**とよばれる．実用化されている原子力発電では誘導核分裂を利用している．^{235}U に熱中性子を当てると核分裂反応が起こり，ウランより原子番号の小さい核種が生成するとともに，約 200 MeV のエネルギーが放出される[*]．このエネルギーは熱として取出され，これを電力に変えている．^{235}U の核分裂生成物は $^{90}_{38}$Sr，$^{95}_{40}$Zr，$^{99}_{42}$Mo，$^{137}_{55}$Cs，$^{144}_{58}$Ce などが主である．熱中性子による誘導核分裂は ^{239}Pu や ^{241}Am などでも見られる．

誘導核分裂
（induced fission）

[*]　ウランの同位体には安定な ^{238}U と核分裂を起こす ^{235}U があり，その存在率は 99.3 % と 0.7 % である．そのため，核燃料としては，これらの同位体をできるだけ分離し，^{235}U の割合を高めた濃縮ウランが利用される．

練 習 問 題

6・1　アルカリ土類金属の炭酸塩は加熱により分解する．以下の問いに答えよ．

a）炭酸バリウムを例にとって，分解反応を化学反応式で示せ．

b）分解温度はアルカリ土類金属元素の原子番号が大きくなるほど高くなる．熱力学的な観点から理由を述べよ．

6・2　グラファイトと窒化ホウ素の結晶構造の類似点と相違点を述べよ．

6・3　ホスフィンが水に溶けたときの化学平衡を反応式で表せ．

6・4　チオ硫酸塩を酸性水溶液に溶かすと溶液はコロイド状態になる．化学反応式を示して，このような現象が起こる理由を述べよ．

6・5　鉄の化合物に関して，以下の操作を行ったときの変化を説明し，観察される変化を化学反応式で表せ．

a）酸化鉄（Ⅲ）に塩酸を加える．

b）Fe^{2+} を含む水溶液に水酸化ナトリウム水溶液を加える．

c）水酸化鉄（Ⅲ）を十分高い温度で加熱する．

6・6　少量の Eu^{3+} あるいは Eu^{2+} が添加された酸化物や硫化物は蛍光体として利用される．Eu^{3+} では複数の電子を有する 4f 軌道が複数のエネルギー準位を形成し，その準位間で電子遷移が起こると発光が生じる．一方，Eu^{2+} では 5d 軌道から 4f 軌道への電子遷移によって発光が起こる．Eu^{3+} の発光は，このイオンが添加された物質の種類によらず可視域の赤色領域に現れ，発光スペクトルは線幅の狭いものとなる．一方，Eu^{2+} の発光波長は物質の種類に依存して大きく変わり，発光スペクトルは線幅の広いものとなる．Eu^{3+} と Eu^{2+} で発光の挙動にこのような違いが見られる理由を述べよ．

6・7　^{235}U に中性子を照射したところ，核分裂反応によって ^{95}Y と ^{139}I が生成した．この核分裂反応を反応式で表せ．

7

錯 体 の 化 学

錯体は，一つの金属原子やイオンを複数の配位子が取囲むように結合した独特の構造をもつ分子である．構造の中心にある金属元素の種類，配位子となる分子やイオンの種類と配位数，配位結合の様式が多岐に及ぶため，見いだされている錯体の種類は膨大であり，その電子構造，物性，反応性も多様である．この章では錯体の構造，電子状態を記述する理論，反応性について述べる．

7・1 錯 体 の 構 造
7・1・1 錯体と配位化合物

錯体 (complex)

配位子 (ligand)

配位数
(coordination number)

配位結合
(coordinate bond)
配位化合物
(coordination compound)

錯体は，主として金属元素の原子やイオンを中心にもち，陰イオンや電気的に中性な分子などがそのまわりを取囲むように結合した構造を有するイオンや分子である．中心にある金属原子やイオンに結合する陰イオンや中性分子を**配位子**とよぶ．また，一つの金属原子(イオン)に結合している配位子の数を**配位数**という．一般に，陽イオンとして存在する金属イオンに対して，配位子は非共有電子対を供与することで結合がつくられる．このような化学結合を**配位結合**という．さらに，錯体を含む化合物を**配位化合物**とよぶ．配位結合は，
• ルイス酸（金属イオン）とルイス塩基（配位子）との反応
• 配位子の最高被占軌道から金属イオンの最低空軌道への電子の供与
と見ることもできる．

＊　1913年に無機化学の分野で初めてノーベル化学賞を受賞した．

錯イオン (complex ion)

錯体ならびに配位化合物の一例として，錯体化学の創始者であるウェルナー (Werner)＊が研究対象とした $[Co(NH_3)_6]Cl_3$ を取上げよう．これは配位化合物の一種であり，陽イオンの $[Co(NH_3)_6]^{3+}$ が錯体である．特に，この例のように錯体がイオンであるときは**錯イオン**とよぶことがある．化学式の表現については

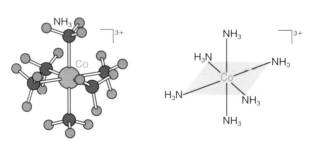

図 7・1　$[Co(NH_3)_6]^{3+}$の構造

次節で説明する．この錯体の構造を模式的に図7・1に示した．中心にあるのは Co^{3+} イオンであり，そのまわりを六つの NH_3 分子が配位子として取囲み，八面体形の構造をとっている．NH_3 分子の N 原子に存在する非共有電子対が Co^{3+} に与えられて配位結合を形成する．Co^{3+} の配位数は 6 である．また，$[Co(NH_3)_6]Cl_3$ では Cl^- は $[Co(NH_3)_6]^{3+}$ とイオン結合で結びついている．NH_3 分子の一つが塩化物イオンと置き換わった $[CoCl(NH_3)_5]^{2+}$ も錯体の一種であり，Cl^- は閉殻であるため非共有電子対をもち，それを Co^{3+} に与えることができる．

7・1・2 配 位 子

　配位子は配位結合の様式に応じていくつかの種類に分類できる．前節の NH_3 や Cl^- では，分子内の一つの原子のみあるいは単一の原子から生じる陰イオンが配位結合を形成する．このような配位子を**単座配位子**とよぶ．一方，エチレンジアミン（en）[*]は分子内に二つの N 原子をもち，図7・2(a) に示すように，これらが同時に一つの金属イオンに配位できる．同様にアセチルアセトンから H^+ が抜けた陰イオンであるアセチルアセトナト（acac）[*]は二つの O 原子が金属イオンに配位する（図7・2b）．この種の配位子は二座配位子とよばれ，同様に，三座配位子，四座配位子などが存在する．このように，複数の原子を介して一つの金属イオンと複数の配位結合をつくる分子は**多座配位子**と総称される．多座配位子は図7・2に示すように金属イオンと配位子との間で安定な5員環や6員環を形成する．この種の配位様式で安定化している錯体を**キレート**という．図7・2(c) はエチレンジアミン四酢酸がキレートを形成している状態を表している．エチレンジアミン四酢酸が四つの H^+ を放出した4価の陰イオンであるエチレンジアミンテトラアセタト（edta）[*]は，四つの O 原子と二つの N 原子が金属イオンと結合した六座配位子である．このほか，金属イオンとの配位結合は一つであるものの，一つの分子内に配位結合を形成しうる原子が複数存在する場合がある．たとえば，亜硝酸イオン NO_2^- は N 原子と O 原子が金属イオンと配位結合を形成できる（7・1・5節参照）．このような配位子は**両座配位子**とよばれる．

　おもな配位子を表7・1にまとめた．次節で述べる錯体の名称とも関係するが，

単座配位子
(monodentate ligand)

[*]　慣用名．IUPAC による名称および配位子の略号については表7・1を参照．

多座配位子
(multidentate ligand)

キレート（chelate）
キレート錯体，キレート化合物ともいう．
"キレート"はギリシャ語で「カニのはさみ」という意味．

両座配位子
(ambidentate ligand)

(b) のアセチルアセトンは，下図のようにケト形とエノール形の間で化学平衡が成り立っている．水溶液中ではエノール形のほうがやや安定であり，配位子として作用する．

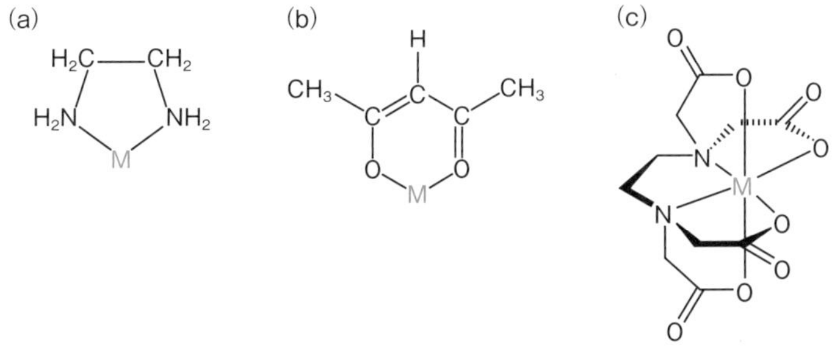

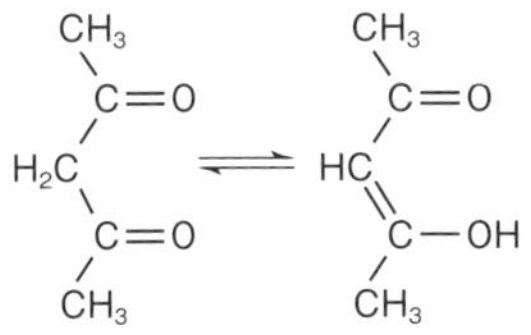

図7・2　**多座配位子によるキレートの生成**　(a) エチレンジアミン錯体，(b) アセチルアセトナト錯体，(c) エチレンジアミンテトラアセタト錯体に見られる配位結合の様式．M は金属元素

ケト形　　エノール形

表7・1　おもな配位子

配位子	略　号	英語の名称	日本語の名称
F^-		fluorido	フルオリド
Cl^-		chlorido	クロリド
Br^-		bromido	ブロミド
I^-		iodido	ヨージド
O^{2-}		oxido	オキシド
S^{2-}		sulfido	スルフィド
OH^-		hydroxido	ヒドロキシド
H^-		hydrido	ヒドリド
CN^-		cyanido	シアニド
NO_2^-, ONO^-		nitrito	ニトリト
SCN^-, NCS^-		thiocyanato	チオシアナト
H_2O		aqua	アクア
NH_3		anmmine	アンミン
CO		calbonyl	カルボニル
	PPh₃	triphenylphosphine	トリフェニルホスフィン
$NH_2CH_2CH_2NH_2$	en	ethylenediamine (ethane-1,2-diamine)	エチレンジアミン* (エタン-1,2-ジアミン)
	bpy	2,2′-bipyridine	2,2′-ビピリジン
	phen	1,10-phenanthroline	1,10-フェナントロリン
	acac	acetylacetonato	アセチルアセトナト* (2,4-ジオキソペンタン-3-イド)
	ox	oxalato	オキサラト* (エタンジオアト)
	edta	ethylenediaminetetraacetato	エチレンジアミンテトラアセタト* (2,2′,2″,2‴-(エタン-1,2-ジイルジニトリロ)テトラアセタト)

＊　慣用名であり，カッコ内がIUPACによる名称.

　H₂O，NH₃，COは配位子になったとき，それぞれ，アクア（aqua），アンミン（ammine），カルボニル（carbonyl）という名称をもつ．また，ハロゲン化物イオンやカルコゲン化物イオンなどが配位子になる場合，その名称は以下のような規則にもとづいて与えられる．たとえばF⁻は，日本語名はフッ化物イオン，英語名はfluoride ionである．これが配位子になる場合，fluorideの最後の"e"を"o"に変えて，fluoridoと書き，日本語ではこれをフルオリドと読む．同様に，Cl⁻はクロリド(chlorido)，O²⁻はオキシド(oxido)，OH⁻はヒドロキシド(hydroxido)，CN⁻はシアニド（cyanido）などと表現する．

7・1・3 命 名 法

錯体の化学式や名称は，IUPAC が定めた以下のような規則にもとづいて決められている．以下，その内容を項目ごとに述べる．

化学式　最初に中心金属の元素記号を書き，つぎに配位子の化学式を記す．その際，種類の異なる配位子は元素記号のアルファベット順に並べる．配位子が分子であれば，分子の化学式の先頭にある原子の元素記号に準ずる．このとき，C は Cl よりも前になるので，CO と Cl では CO を先に書く．アクア錯体では，水分子を H_2O と表現すればこれは H 原子によって順番が決まるが，金属原子に配位する原子が O であることを意識して OH_2 と書くこともでき，この場合は配位子の順番は O 原子によって決まる．さらに，錯体を表現する化学式を角括弧で囲み，電荷をもてば一般的なイオンと同様に右肩に価数を記す．

名称　英語での名称は，配位子，中心金属の順になる．複数の配位子は，読み方のアルファベット順に並べる．日本語は英語の名称をそのまま読むが，元素の名称など日本語名があるものは日本語に変える．また，同一の配位子が複数存在するときは，数を表す名前を配位子の名称の前に付ける．これを"接頭辞"という．配位子の数と接頭辞を表 7・2 にまとめた．一般の配位子では，ジ，トリ，テトラなどの接頭辞を用いるが，エチレンジアミンのように配位子の名称に数を意味する語を含むときには，ビス，トリス，テトラキスなどを使う．なお，配位子の名称をアルファベット順に並べる際，接頭辞は順番に関係しない．

酸化数　錯体の荷電状態は，中心金属の酸化数あるいは錯イオン全体の価数によって表す．前者は酸化数をローマ数字で表現し，これを丸括弧で囲み，中心金属の名称のすぐあとに置く．後者は価数をアラビア数字で表し，これを丸括弧で囲み，イオンに相当する名称のあとに置く．

両座配位子　両座配位子の名称は，配位結合を形成する原子の元素記号をイタリックで表し，前にギリシャ文字の κ（カッパ）を付け，これらを配位子の名称のうしろに置いてハイフンでつなぐ．これを"カッパ方式"という．

架橋　二つの中心金属を架橋する配位子については，名称の前にギリシャ文字の μ（ミュー）を付けてハイフンでつなぐ．

7・1・1 節で取上げた $[CoCl(NH_3)_5]^{2+}$ を例として説明しよう．最初に金属元素の Co があり，配位子はアルファベットの順番に Cl^-，NH_3 と並ぶ．コバルトは +III の酸化数をもつので，名称は英語では pentaamminechloridocobalt(III) ion，日本語ではペンタアンミンクロリドコバルト(III)イオンとなる．化学式とは異なり，名称は NH_3(ammine) が先で，Cl^-(chlorido) があとになる．さらに，NH_3 分子が五つ配位していることから，接頭辞としてペンタを用いる．

また，配位化合物である $[CoCl(NH_3)_4(NO_2)]Cl$ の名称は，NO_2^- の N 原子が配位する場合，

tetraamminechloridonitrito-κ*N*-cobalt(III)chloride

テトラアンミンクロリドニトリト-κ*N*-コバルト(III)塩化物

たとえば中心金属が Co で，配位子が 1 個の Cl^- と 5 個の NH_3 の場合

↓

$CoCl(NH_3)_5$

さらに[ ]で囲んで，右肩に価数を示すと

↓

$[CoCl(NH_3)_5]^{2+}$

対イオンも表記すると

↓

$[CoCl(NH_3)_5]Cl_2$

となる．

表 7・2　接頭辞

数	接頭辞
1	モノ
2	ジ，ビス
3	トリ，トリス
4	テトラ，テトラキス
5	ペンタ，ペンタキス
6	ヘキサ，ヘキサキス
7	ヘプタ，ヘプタキス
8	オクタ，オクタキス
9	ノナ，ノナキス
10	デカ，デカキス
11	ウンデカ
12	ドデカ

であり，O 原子が配位する場合，

　　　　tetraamminechloridonitrito-κO-cobalt(Ⅲ)chloride

　　　　テトラアンミンクロリドニトリト-κO-コバルト(Ⅲ)塩化物

となる.

例題 7・1　次の (a)〜(d) の配位化合物あるいは錯イオンの名称を日本語と英語で答えよ.
(a) [RhCl(PPh₃)₃], (b) [(H₃N)₅CoOCo(NH₃)₅]⁴⁺, (c) K₄[Fe(CN)₆],
(d) [Ca(edta)]²⁻
解　以下のようになる＊.
(a) クロリドトリス(トリフェニルホスフィン)ロジウム(Ⅰ),
　　chloridotris(triphenylphosphine)rhodium(Ⅰ)
(b) μ-オキシド-ビス[ペンタアンミンコバルト(Ⅲ)]イオン,
　　μ-oxido-bis[pentaamminecobalt(Ⅲ)]ion
(c) ヘキサシアニド鉄(Ⅱ)酸カリウム, potassium hexacyanidoferrate(Ⅱ)
　　ヘキサシアニド鉄酸(4−)カリウム, potassium hexacyanidoferrate(4−)
(d) エチレンジアミンテトラアセタトカルシウム(Ⅱ)酸イオン,
　　ethylenediaminetetraacetatocalciumate(Ⅱ)ion

ウィルキンソン触媒
(Wilkinson's catalyst)

　　例題7・1で取上げた (a) の錯体は**ウィルキンソン触媒**とよばれ，エチレン(エテン)のようなアルケンの水素化などの触媒として利用される(7・5節). 図7・3(a) に示すように，この錯体は平面四角形の構造をとる. また，(b) の錯体の構造は，図7・3(b) のように架橋する配位子(この場合は O^{2-})を含む.

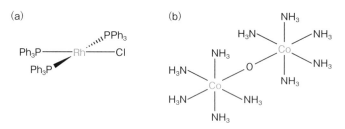

図7・3　**例題7・1で取上げた錯体の構造**　(a) ウィルキンソン触媒 [RhCl(PPh₃)₃] および (b) [(H₃N)₅CoOCo(NH₃)₅]⁴⁺の構造

7・1・4　配位数と錯体の形

　　錯体は2配位や3配位といった低配位数のものから，11配位や12配位などの高配位数のものまでさまざまである. 配位数を決めるのは，中心金属原子と配位子の相対的な大きさの違い，中心金属原子の最外殻の電子配置などである. 中心金属原子に対して配位子が相対的に小さければ配位数は高くなり，非常にかさ高い配位子であれば立体的に込み合うため配位数は低くなる. また，d ブロック元素の錯体では中心金属の最外殻にある d 軌道の電子配置が配位構造を決める重

表7・3　配位数と錯体の形

配位数	錯体の形	錯体の例
2	直線形	$[Ag(NH_3)_2]^+$, $[Hg(CH_3)_2]$
3	平面三角形	$[HgI_3]^-$, $[Cu(SP(CH_3)_3)_3]^+$
4	四面体形	$[Al(OH)_4]^-$, $[CrO_4]^{2-}$, $[MnO_4]^-$, $[FeCl_4]^{2-}$, $[CoCl_4]^{2-}$, $[Zn(CN)_4]^{2+}$, $[Ni(CO)_4]$
	平面四角形	$[Ni(CN)_4]^{2+}$, $[PtCl_2(NH_3)_2]^{2+}$, $[Cu(NH_3)_4]^{2+}$, $[RhCl(PPh_3)_3]$
5	三方両錐形	$[CuCl_5]^{3-}$
	四方錐形	$[Ni(CN)_5]^{3-}$
6	八面体形	$[Fe(OH_2)_6]^{2+}$, $[Co(NH_3)_6]^{3+}$, $[Fe(CN)_6]^{4-}$, $[Cr(acac)_3]$, $[Mo(CO)_6]$
	三角柱形	$[W(CH_3)_6]$, $[Mo(SCH=CHS)_3]$, $[Re(SCPh=CPhS)_3]$
7	五方両錐形	$[V(CN)_7]^{4-}$
	面冠三角柱形	$[NbF_7]^{2-}$
	面冠八面体形	$[WBr_3(CO)_4]^-$
8	立方体形	$[UF_8]^{3-}$, $[La(bpyO_2)_4]^{3+}$
	正方アンチプリズム形	$[ZrF_8]^{4-}$, $[ReF_8]^-$, $[TaF_8]^{3-}$, $[Zr(acac)_4]$, $[Ce(acac)_4]$
	十二面体形	$[Mo(CN)_8]^{4-}$, $[Zr(ox)_4]^{4-}$
9	三面冠三角柱形	$[ReH_9]^{2-}$
10		$[Th(OH_2)_2(ox)_4]^{4-}$
11		$[Th(NO_3)_4(OH_2)_3]$
12	二十面体形	$[Ce(NO_3)_6]^{2-}$

要な因子であり，配位子が同じであっても八面体形（6配位）をとりやすい元素もあれば，四面体形（4配位）になりやすい元素もある．同じ4配位であっても四面体形と平面四角形のいずれが優位であるかも d 電子配置に依存する[*]．さらに，Sn^{2+}，Pb^{2+}，Bi^{3+} のように不活性電子対効果が見られるイオンでは，イオンに存在する不活性電子対を避ける方向に配位子が結合する傾向があり，このことによって配位数が決まる．

> [*]　d 電子配置と配位構造の関係は 7・2 節と 7・3 節で詳細に述べる．

　配位数とそれに対応する錯体の形のおもなものを表7・3にまとめた．錯体の種類としては四面体形（4配位）と八面体形（6配位）が圧倒的に多い．

　2配位　11族および12族元素が中心金属となる錯体に見られる．これらは金属元素の電子状態や化学結合の様式によるもので，表7・3に示した $[Ag(NH_3)_2]^+$ では，Ag^+ の電子配置が $[Kr](4d)^{10}$ であり，最外殻の 4d 軌道よりエネルギーの高い空の 5s 軌道と 5p 軌道が sp 混成軌道をつくり，そこに NH_3 の N 原子の非共有電子対が供与されて結合をつくると考えればよい．二つの sp 混成軌道は互いに 180° をなすので，錯体は直線形になる．

　3配位　$[Cu(SP(CH_3)_3)_3]^+$ は，図7・4のような構造をもつ．この錯体では，配位子がかさ高いため低配位数となっている．

　4配位　四面体形が一般的であり，その例は，遷移元素に酸化物イオンやハロゲン化物イオンが配位した錯体を中心に枚挙に暇がない．また，4配位錯体では平面四角形の構造もよく知られているが，これは特に d^8 の電子配置をもつ金属イオンで見られる．この理由は 7・2・7 節で述べる．例題7・1でふれたウィル

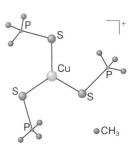

図7・4　3配位錯体 $[Cu(SP(CH_3)_3)_3]^+$ の構造

キンソン触媒は平面四角形錯体の一つであり，Rh（I）の電子配置は［Kr］(4d)^{8}である．

　5配位　三方両錐形と四方錐形が主であるが，同じ金属元素と配位子からなる錯体で比較したとき，両者の構造のエネルギーに大きな差はない．

　6配位　八面体形が最も一般的であり，四面体形と並んで多くの錯体がこの構造をとる．表7・3にあげたアクア錯体，アンミン錯体，シアニド錯体，カルボニル錯体などの例がある．また，6配位では三角柱形*も見られる．特に，図7・5に示すような硫黄が配位子となる場合は，硫黄原子同士が互いに結合をつくる傾向を示すため，八面体形より三角柱形となるほうが安定である．

*　三方プリズム形ともいう．

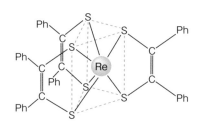

図7・5　硫黄が配位結合をつくる錯体
［Re(SCPh=CPhS)$_3$］の三角柱形構造
Ph＝C$_6$H$_5$

　7配位より配位数が大きな錯体は，第5周期や第6周期のような原子半径やイオン半径の大きい金属元素で観察される．表7・3に示した7配位，8配位，9配位の錯体の模式的な構造を図7・6から図7・8にそれぞれ描いた．

　7配位　五方両錐形，面冠三角柱形，面冠八面体形があり（図7・6），それぞれの構造をとる錯体として，［V(CN)$_7$]$^{4-}$，［NbF$_7$]$^{2-}$，［WBr$_3$(CO)$_4$]$^-$などが知られている．

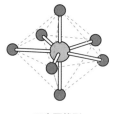

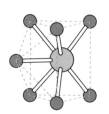

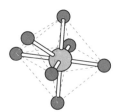

五方両錐形　　　　　　　面冠三角柱形　　　　　　面冠八面体形

図7・6　7配位錯体がとりうる構造

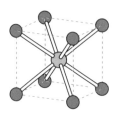

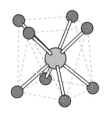

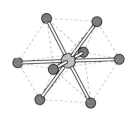

立方体形　　　　　　正方アンチプリズム形　　　　　十二面体形

図7・7　8配位錯体がとりうる構造

　8配位　比較的, 対称性の良い構造であり（図7・7）,[UF$_8$]$^{3-}$ などの立方体形,[TaF$_8$]$^{3-}$,[Zr(acac)$_4$],[Ce(acac)$_4$] などの正方アンチプリズム形,[Mo(CN)$_8$]$^{4-}$,[Zr(ox)$_4$]$^{4-}$ などの十二面体形の錯体が存在する.

　9配位　図7・8の三面冠三角柱形が知られている. これは6配位である三角柱形構造の三つの側面（長方形の面）に垂直な方向に, 三つの配位子が結合した形であり,[ReH$_9$]$^{2-}$ などで見られる.

　10配位, 11配位　それほど多くないが, 前者では [Th(OH$_2$)$_2$(ox)$_4$]$^{4-}$ が, 後者では [Th(NO$_3$)$_4$(OH$_2$)$_3$] が知られている.

　12配位　図7・9に示した [Ce(NO$_3$)$_6$]$^{2-}$ で見られる. これは二十面体形構造である.

　配位子が特徴的な構造をもつことによって錯体の形が決まる場合もある. ここではクラウンエーテル, ポルフィリン, メタロセンについて述べよう. **クラウンエーテル**はエーテル結合をもつ環状分子であり, 図7・10に示すような構造の化合物が知られている. これらはそれぞれ, 12-クラウン-4（12員環にエーテル結合を形成している4個の酸素原子が含まれることから）, 15-クラウン-5, 18-クラウン-6とよばれる. これらの分子は環のサイズに応じてアルカリ金属イオンに選択的に配位する[*].

　ポルフィリンは図7・11(a) に示すような環状構造の分子であり, たとえば図7・11(b) のように亜鉛に配位して錯体をつくる. ポルフィリンに含まれる四つのN原子が結合をつくる四座配位の平面四角形錯体である. ポルフィリンならびに類似の構造をもつ環状分子からなる金属錯体は, ヘム（Fe）, クロロフィル

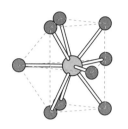

図7・8　9配位錯体がとりうる構造の一つである三面冠三角柱形

クラウンエーテル
（crown ether）
この錯体の形が"王冠"に似ているので, その名前がついた.

[*]　12-クラウン-4 は Li$^+$, 15-クラウン-5 は Na$^+$, 18-クラウン-6 は K$^+$ を選択的に取込むことができる.

ポルフィリン（porphyrin）

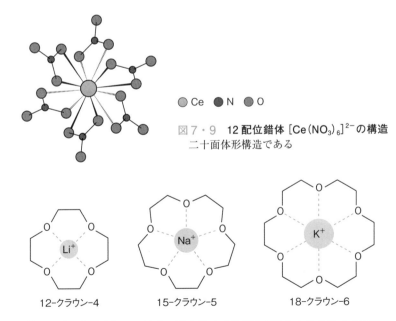

○ Ce　● N　○ O

図7・9　12配位錯体 [Ce(NO$_3$)$_6$]$^{2-}$ の構造
二十面体形構造である

12-クラウン-4　　　15-クラウン-5　　　18-クラウン-6

図7・10　クラウンエーテル　環のサイズに応じてアルカリ金属イオンに選択的に配位する

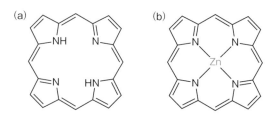

図7・11 ポルフィリン (a) および亜鉛ポルフィリン錯体の構造 (b)

*1 ビタミンB₁₂ともいう.

（Mg），シアノコバラミン*¹（Co）などの生体分子として生物に含まれ，それぞれ，酸素の輸送，光合成，DNAの合成などの役割を担っている（7・6節）．また，ポルフィリンを含む化合物は天然色素としても知られ，血液の赤色はヘムに，植物の葉の緑色はクロロフィルに由来する．

メタロセン（metallocene）

メタロセンは金属原子が二つのシクロペンタジエニルアニオンにサンドイッチ型で挟まれた構造をもつ分子であり，金属元素が鉄である分子が最初に見いだされた（図7・12）．鉄を含む錯体はフェロセンとよばれ，電気化学測定の一つであるサイクリックボルタンメトリー*²の標準物質として使われている．

フェロセン（ferrocene）

*2 電気化学的な系に電圧を加え，電位を掃引しながら電流の変化を測定して，系に含まれる酸化還元種の挙動を解析する手法.

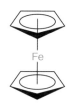

図7・12 メタロセンの一種であるフェロセンの構造

フェロセンではシクロペンタジエニルアニオンの五つのC原子間に広がるπ電子の供与により中心金属原子との配位結合が形成される．多座配位子（7・1・2節）との大きな違いは，配位子の隣接する複数の原子が金属原子との結合をつくる点にある．このような配位構造において，中心金属原子と配位結合をつくる原子の数をハプト数といい，η（イータ）という記号で表す．この場合，五つのC原子が配位しているので η^5 と表現する．このような例は，左図に示したツァイゼ塩とよばれる錯イオンのPtとエチレン（エテン）の配位結合にも見られる．この場合，ハプト数は2であり，化学式は $[PtCl_3(\eta^2\text{-}CH_2CH_2)]^-$ のように表される．

ハプト数（hapticity）
ツァイゼ塩（Zeise's salt）

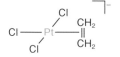

7・1・5 異性体

化学式は同じであるが，構造の異なる分子を異性体という．異性体は大きく二つに分けられ，原子の配列が異なる構造異性体と，原子の配列は同じであるが，空間的な配置の異なる立体異性体がある．錯体においても多くの種類の配位子と多様な配位構造を反映してさまざまな異性体が存在する．まず，構造異性体の例として結合異性体，水和異性体，イオン化異性体，配位異性体について取上げる．

異性体（isomer）
構造異性体
（structural isomer）
立体異性体（stereoisomer）

結合異性体 両座配位子をもつ錯体に見られ，配位する原子の種類が異なる．たとえば，$[Co(NH_3)_5(NO_2)]^{2+}$ のようなニトリト配位子をもつ場合，中心金属イオンの Co^{3+} に，N原子が配位するペンタアンミンニトリト-κN-コバルト（Ⅲ）

結合異性体（linkage isomer）

イオン（黄色）と，O 原子が配位するペンタアンミンニトリト-κ*O*-コバルト(III)
イオン（赤色）が存在する（図 7・13）．前者は酸に対して安定であるが，後者
は酸で容易に分解され，亜硝酸を生じる．

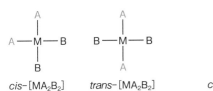

図 7・13　**結合異性体**　(a) ニトリト-κ*N* 錯体，(b) ニトリト-κ*O* 錯体

水和異性体　配位した水分子が対イオンと置き換わった異性体である．たとえ
ば，$CrCl_3 \cdot 6H_2O$ には $[Cr(H_2O)_6]Cl_3$（紫色），$[CrCl(H_2O)_5]Cl_2 \cdot H_2O$（薄緑色），
$[CrCl_2(H_2O)_4]Cl \cdot 2H_2O$（深緑色）の 3 種類がある．

水和異性体
(hydration isomer)

イオン化異性体　配位結合を形成している陰イオンと，錯イオンと対をなし
ている陰イオンとが置き換わった異性体である．たとえば，$[PtCl_2(NH_3)_4]Br_2$ と
$[PtBr_2(NH_3)_4]Cl_2$ がある．水に溶解したとき，前者では Br^- が生じ，後者では
Cl^- が生じる．

イオン化異性体
(ionization isomer)

配位異性体　陰イオンとしての錯イオンと陽イオンとしての錯イオンからな
る化合物で，これら錯イオンの間で配位子が置き換わった異性体．たとえば，
$[Co(NH_3)_6][Cr(CN)_6]$ と $[Cr(NH_3)_6][Co(CN)_6]$ などがある．

配位異性体
(coordination isomer)

次に，立体異性体の例として幾何異性体と鏡像異性体（光学異性体）を取上げる．

幾何異性体　中心金属に対して配位子の空間的な配置が異なるもの．

幾何異性体
(geometrical isomer)

平面四角形錯体　中心金属を M，A と B を種類の異なる配位子として，$[MA_2B_2]$
という化学式をもつ平面四角形の錯体を考えると，図 7・14 に示すように，配
位子 A 同士ならびに B 同士が互いに隣合う場合と，向かい合う場合が存在する．
前者を**シス**，後者を**トランス**とよび，それぞれ，*cis*-$[MA_2B_2]$，*trans*-$[MA_2B_2]$
のように表す．6・11・9 節で取上げた $[PtCl_2(NH_3)_2]$ はこの種の幾何異性を示
す錯体であり，シス体とトランス体は図 7・15 に示すような構造をとる．抗がん
剤として用いられるのはシス体[*]である．

*　6・11・9 節で述べたよ
うに，シスプラチンとよばれ
る．白金製剤は「－プラチン」
と名づけられている．そのほ
か，カルボプラチン，オキサ
リプラチンなどがある．

図 7・14　**平面四角形錯体** $[MA_2B_2]$ の
幾何異性体

図 7・15　$[PtCl_2(NH_3)_2]$ の幾何異性体

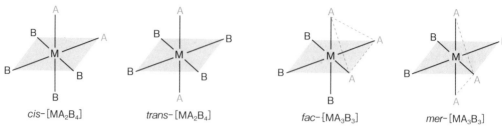

図7・16 八面体形錯体 [MA₂B₄] の幾何異性体

図7・17 八面体形錯体 [MA₃B₃] の幾何異性体

cis-[MA₂B₄] $trans$-[MA₂B₄] fac-[MA₃B₃] mer-[MA₃B₃]

八面体形錯体 まず，配位子がAとBの2種類の場合を考えよう．幾何異性体が存在するのは [MA₂B₄] と [MA₃B₃] の場合である．前者は，図7・16に示すように二つのA配位子が隣合う場合と向かい合う場合とがある．平面四角形錯体の場合と同様に，前者を"シス"，後者を"トランス"とよんで，それぞれ，cis-[MA₂B₄]，$trans$-[MA₂B₄] と表現する．一方，[MA₃B₃] の場合，図7・17のような2種類の幾何異性体が存在する．一つは，A配位子あるいはB配位子のみを結ぶと正三角形の面ができる配位状態であり，「面の」を表す "facial" の意味で，fac-[MA₃B₃] と表す．もう一つは，A配位子あるいはB配位子のみを結ぶと大きな直角二等辺三角形ができる配列であり，八面体形錯体を地球になぞらえると，それぞれの配位子の配列は子午線を描くので，"meridional"（「子午線の」の意味）にもとづき mer-[MA₃B₃] と書かれる．

鏡像異性体（光学異性体） 互いに鏡像関係にあって重ね合わすことができない*立体異性体であり，四面体形錯体や八面体形錯体に見られる．四面体形錯体では，図7・18(a) に示すように中心原子に配位する四つの配位子の種類がすべて異なる場合に鏡像異性体が存在する．また，図7・18(b) の [M(acac)₃] のように三つの二座配位子が配位する錯体も鏡像異性体をもつ．

鏡像異性体（enantiomer）**エナンチオマー**ともいう．
光学異性体（optical isomer）鏡像異性体は互いに物理的・化学的性質は同じであるが，光学的な性質などが異なる．このため，"光学異性体"ともよばれる．光学異性体は光学活性をもち，入射する直線偏光の偏光面を右に回転させるものと，左に回転させるものが存在する．

* 鏡像異性をもつ分子は，対称性の観点から"キラル"であると表現される．キラルはギリシャ語で"手"という意味．右手と左手はどのようにしても重ね合わすことはできない．

(a)

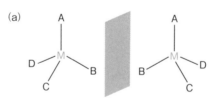

(b)

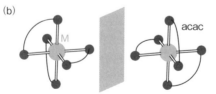

図7・18 **鏡像異性体（光学異性体）**
(a) 四面体形錯体 [MABCD]，
(b) [M(acac)₃]

7・2 結晶場理論
7・2・1 結晶場理論と配位子場理論

錯体のなかでも特に中心金属がdブロック元素である場合を対象に，d電子の

状態を明らかにすることを目的に展開された理論は大きく二つのものがある．一つは**結晶場理論**とよばれるもので，この理論では配位子を負の点電荷であると近似し，複数の点電荷がつくる静電場のもとでの d 電子の挙動を，シュレーディンガー方程式を解くことによって考察する．

結晶場理論
(crystal field theory)

もう一つは"配位子場理論"とよばれるものである（7・3節）．これは分子軌道法であり，d ブロック金属の d 軌道のほか，s 軌道，p 軌道も考慮し，配位子の原子軌道との間につくられる σ 結合や π 結合を解析する．

どちらの理論からも，d 軌道のエネルギー準位や電子配置に関して同一の結論を導くことができる．7・2節では結晶場理論について説明する．ここでは，詳細な量子力学的手続きを用いずに，d 電子と配位子の静電的な相互作用を定性的に考察することにより，d 軌道のエネルギー状態や電子配置を見ることにしよう．

7・2・2 八面体形錯体における結晶場分裂

中心金属に六つの配位子が結合して八面体形の構造となっている錯体の電子状態を考えよう．図7・19に示すように中心金属を直交座標の原点に置き，x軸，y軸，z軸上に同じ種類の配位子が存在して，金属原子と配位子との距離はすべて等しいとする．前述のとおり，結晶場理論では配位子を負に帯電した点電荷であると考え，この負電荷がつくるポテンシャルエネルギーのもとで d 電子のエネルギーを考察する．いい換えれば，d 軌道にある電子と配位子の負電荷との静電的な反発力を考えればよい．

すでに図2・5で示したように，d 軌道が広がる向きは大きく2通りあることがわかる．すなわち，$d_{x^2-y^2}$ 軌道と d_{z^2} 軌道はそれぞれ x 軸と y 軸，ならびに z 軸に沿って広がるのに対し，d_{xy} 軌道，d_{yz} 軌道，d_{zx} 軌道はいずれも x 軸，y 軸，z 軸の間の領域に向かって伸びている．図7・20からわかるように，配位子の負電

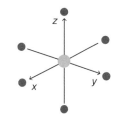

● 中心金属原子（イオン）
● 配位子（点電荷）

図7・19　八面体形錯体の構造と金属原子（イオン）および配位子の配置　直交座標をとり，中心金属原子（イオン）を原点に，x軸，y軸，z軸上に同種類の配位子を二つずつ置く．金属原子（イオン）と配位子との距離はすべて等しい

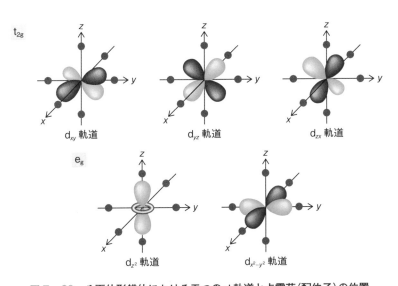

図7・20　八面体形錯体における五つの d 軌道と点電荷（配位子）の位置

荷はすべて x 軸, y 軸, z 軸上にあるので, d 電子との静電的な反発は, d_{xy} 軌道, d_{yz} 軌道, d_{zx} 軌道よりも $d_{x^2-y^2}$ 軌道と d_{z^2} 軌道のほうが大きい. いい換えると, d 電子のエネルギーは, d_{xy} 軌道, d_{yz} 軌道, d_{zx} 軌道のほうが低く, $d_{x^2-y^2}$ 軌道と d_{z^2} 軌道のほうが高い.

　さらに, d_{xy} 軌道, d_{yz} 軌道, d_{zx} 軌道は互いに座標軸を入れ替えているだけで形や向きは等価であり, 加えて配位子は三つの軸上に二つずつ, d 軌道から同じ距離を隔てて存在しているので, 配位子がつくるポテンシャル場において, d_{xy} 軌道, d_{yz} 軌道, d_{zx} 軌道のエネルギーは等しい (すなわち, “縮退" している). 同様に, 直感的にはわかりにくいが, $d_{x^2-y^2}$ 軌道と d_{z^2} 軌道も縮退している. ここで, d_{xy} 軌道, d_{yz} 軌道, d_{zx} 軌道をまとめて **t_{2g} 軌道**[*1], $d_{x^2-y^2}$ 軌道と d_{z^2} 軌道をまとめて **e_g 軌道**[*2] とよぶ.

　五つの d 軌道のエネルギー準位を模式的に描けば図 7·21 のようになる. まず, 真空中に置かれたイオンでは五つの d 軌道は縮退している. これらが, 六つの配位子の負電荷の総和が球対称に一様に分布したポテンシャルのもとに置かれると, すべての d 電子は球対称の負電荷から等しい反発力を受けるので, 図 7·21 に示すようにエネルギーは上昇するものの, 縮退は解けない. つづいて, 八面体配位した負の点電荷がつくるポテンシャル場 (これを八面体結晶場という) に五つの d 軌道が置かれると, t_{2g} 軌道のエネルギーは相対的に低下し, e_g 軌道のエネルギーは上昇し, 縮退していた五つの d 軌道のエネルギー準位は二つに分裂する. これを**結晶場分裂**という.

＊1　3·5·5 節で述べたように, 三重に縮退している原子軌道には t の記号を用いる. また, 3·5·3 節の囲み記事で説明したとおり, 添え字の g は反転対称性を意味し, ここでは八面体形がこの対称性をもつため t_{2g} のように表現している.

＊2　e_g 軌道の例は 3·5·5 節で示した.

結晶場分裂
（crystal field splitting）

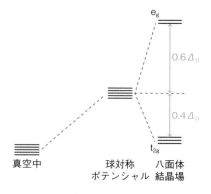

図 7·21　**八面体結晶場における d 軌道のエネルギー準位**

　ただし, 五つの d 軌道全体のエネルギーの平均値は, 球対称のポテンシャル場に置かれているときと等しいはずだから, t_{2g} 軌道と e_g 軌道のエネルギー差を Δ_0 とおくと, t_{2g} 軌道のエネルギーの低下分は, 三つの d 軌道を含んでいることから $0.4\Delta_0$ となり, e_g 軌道には二つの d 軌道が含まれるので, エネルギーの上昇分は $0.6\Delta_0$ となる. Δ_0 は**結晶場分裂パラメーター**あるいは**配位子場分裂パラメーター**とよばれる. ここで添え字の O は octahedral (「八面体の」を表す) からとったもので, 八面体結晶場を意味する.

結晶場分裂パラメーター
（crystal field splitting parameter）
配位子場分裂パラメーター
（ligand field splitting parameter）

7・2・3 結晶場の強さと電子配置

結晶場分裂の大きさは結晶場の強さを反映する．大きい結晶場分裂，すなわち，大きな Δ_0 の値を与える結晶場は**強い結晶場**とよばれ，逆に結晶場分裂が小さく，Δ_0 の値が小さい結晶場は**弱い結晶場**とよばれる．結晶場の強さは，配位子の種類，配位数，中心金属の種類に左右される．配位子の種類のみに着目すると，結晶場の強さはおおよそ次のような順番になる．

$$I^- < Br^- < S^{2-} < SCN^- < Cl^- < NO_3^- < F^- < OH^- < ox^{2-} < H_2O <$$
$$NCS^- < CH_3CN < NH_3 < en < bpy < phen < NO_2^- < PPh_3 < CN^- <$$
$$CO$$

すなわち，カルボニル錯体やシアニド錯体では強い結晶場が見られ，ハロゲン化物イオンやカルコゲン化物イオンは弱い結晶場を与える．特にハロゲン化物イオンでは元素の原子番号が大きいほど結晶場は弱い．また，水分子やアンモニア分子は中間的な強さの結晶場を提供する配位子となる．上記の配位子の順序を**分光化学系列**とよぶ．結晶場の強さがなぜこのような順になるかについては，配位子場理論を学べば理解できる（7・3・2節）．

つぎに，図7・22にもとづいて八面体結晶場における d 軌道の電子配置について見ていこう．

d^1：最も簡単な場合であり，Ti^{3+} などに見られる．このとき，d 軌道の電子は一つだけなので，エネルギーの低い t_{2g} 軌道を占める状態が安定である．

d^2：V^{3+} などでは，2 個の電子はいずれも t_{2g} 軌道を占めるが，フントの規則に従って，二つの電子は縮退した別の d 軌道を占め，それらのスピン磁気量子数（2・3・1節）は同じになる．

d^3：Cr^{3+} などでは，三つの電子は t_{2g} 軌道の別々の d 軌道を占め，すべての電子が同じスピン磁気量子数をもつ．

d^4：電子の数がもう一つ増えた状態（Cr^{2+} や Mn^{3+} など）になると，電子配置は "2 通り" が考えられる．図中の(a)は結晶場分裂が小さいとき，すなわち，弱い結晶場のときに見られる電子配置であり，この場合はフントの規則が優先し，4 番目の電子はエネルギーの高い e_g 軌道を占める．

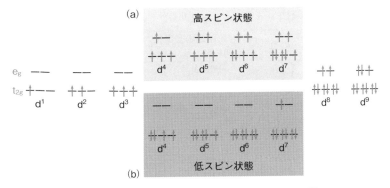

図 7・22 **八面体結晶場における d 軌道の電子配置**

強い結晶場
（strong crystal field）
弱い結晶場
（weak crystal field）

分光化学系列
（spectrochemical series）
日本の化学者である槌田龍太郎によって発見された．

図7・22の高スピン状態と低スピン状態については，7・2・5節で述べる．

一方，図中の(b)のように強い結晶場の場合は e_g 軌道のエネルギーは十分に高く，電子はこの準位を占めると不安定になるため，フントの規則に逆らって t_{2g} 軌道に入る．このとき，一組のスピン対が生じ，系のエネルギーが上昇する[*1]．

このように結晶場の強さに依存して電子配置が変わる状況は d^5（Mn^{2+}，Fe^{3+} など），d^6（Fe^{2+}，Co^{3+}など），d^7（Co^{2+}，Ni^{3+}など）でも見られる．d^8（Ni^{2+}など）と d^9（Cu^{2+}など）では電子配置は結晶場の強さによらず1通りに決まる．

7・2・4　結晶場安定化エネルギー

前節で述べた d 軌道の電子配置にもとづき，系の安定性を議論することができる．一つの指標は，負電荷が球対称に分布したポテンシャルのもとで d 軌道を電子が占めている状態から，八面体結晶場の電子配置に変化したときにどの程度のエネルギーの減少が見込めるかという観点である．八面体結晶場において，t_{2g} 軌道と e_g 軌道を占める電子の個数がそれぞれ m と n であれば，図7・21より，このエネルギーの減少分は，

$$E = -(0.4\Delta_0)m + (0.6\Delta_0)n \tag{7・1}$$

と表される．これを，**結晶場安定化エネルギー**あるいは**配位子場安定化エネルギー**とよぶ．たとえば，d^6 配置の遷移金属イオンが強い配位子場に置かれている場合，t_{2g} 軌道に6個の電子があり e_g 軌道は空なので，下式のようになる．

$$E = -0.4\Delta_0 \times 6 = -2.4\Delta_0 \tag{7・2}$$

一方，電子配置によってはスピン対を生成することによるエネルギーの上昇分を考慮しなければならない．一組のスピン対に対してこのエネルギー（**スピン対生成エネルギー**）を P とおくと，たとえば，上記の強い結晶場に置かれた d^6 配置の遷移金属イオンであれば，3組のスピン対が存在するのでそのエネルギーは $3P$ となるが，球対称なポテンシャルのもとに置かれた d^6 状態はすでに1組のスピン対をもっているので[*2]，その変化は $2P$ ということになる．結局，この場合のエネルギーの減少分は，$-2.4\Delta_0 + 2P$ である．スピン対も考慮した結晶場安定化エネルギーを表7・4にまとめた．

結晶場安定化エネルギー
(crystal field stabilization energy)
配位子場安定化エネルギー
(ligand field stabilization energy)

スピン対生成エネルギー
(pairing energy)

[*1]　いい換えると，フントの規則に逆らっているので，その分だけ不安定化する．

[*2]　図7・21に示したように球対称なポテンシャルのもとでは五重に縮退した軌道に6個の電子が入るため，1組のスピン対をもつ．

表7・4　**八面体形錯体のスピン対も考慮した結晶場安定化エネルギー**　結晶場分裂パラメーターを Δ_0，スピン対生成エネルギーを P とおいている

d 電子の数	結晶場安定化エネルギー	
	弱い結晶場	強い結晶場
1	$-0.4\Delta_0$	
2	$-0.8\Delta_0$	
3	$-1.2\Delta_0$	
4	$-0.6\Delta_0$	$-1.6\Delta_0 + P$
5	0	$-2.0\Delta_0 + 2P$
6	$-0.4\Delta_0$	$-2.4\Delta_0 + 2P$
7	$-0.8\Delta_0$	$-1.8\Delta_0 + P$
8	$-1.2\Delta_0$	
9	$-0.6\Delta_0$	

例題 7・2 $[CoF_6]^{3-}$ において予想されるコバルトイオンのd軌道の電子配置を述べよ. また, 結晶場安定化エネルギーを求めよ. スピン対についても考察せよ. この錯イオンにおける結晶場分裂パラメーターをΔ_0とする.

解 この錯イオンはCo^{3+}を含む. 分光化学系列より, F^-は弱い結晶場をつくるので, Co^{3+}の6個のd電子のうち, t_{2g}軌道を4個の電子が占め, e_g軌道には2個の電子が入る. このとき, t_{2g}軌道には1組のスピン対があるが, 球対称ポテンシャルに置かれた五重に縮退したd^6配置にも1組のスピン対があるので, 八面体結晶場によるエネルギーの変化にスピン対の存在は寄与しない. 結晶場安定化エネルギーは,

$$E = -0.4\Delta_0 \times 4 + 0.6\Delta_0 \times 2 = -0.4\Delta_0 \qquad (7 \cdot 3)$$

となる.

7・2・5 錯体の磁性

電子がスピンをもち, それに準じて二つのスピン磁気量子数の状態が現れることは2・3・1節ですでに述べた. また, 方位量子数 (軌道角運動量量子数) に対応した磁気量子数が存在することも説明した. これらの量子数に "磁気" という名前がつけられているのは, 磁場中に置かれた原子やイオンでは, 磁気量子数やスピン磁気量子数に応じて電子のエネルギー状態が異なるためである. 電子の軌道運動は電流が流れている状態と等価なため, それが磁場を誘起すると考えれば, 方位量子数に応じて磁気量子数が存在することが直感的に理解できる. 一方, スピン磁気量子数については, 電子1個が非常に微細な磁石であるとみなせることを意味する. つまり, 遷移元素のように不対電子をもつ原子やイオンでは, 電子の軌道運動とスピンに応じた磁気モーメント[*]が生じ, これが強磁性 (6・11・7節) のような巨視的な磁性に寄与する.

錯体の分子やイオンでは, 中心金属が不対電子をもっていれば, この電子がつくる磁気モーメントが外から加えられた磁場の方向を向いて安定化しようとする. この性質を**常磁性**という. 常磁性は強磁性とは異なり, 磁場がなければ磁気モーメントの向きはそろわずに熱エネルギーの影響で無秩序になり, 自発的に大きな磁化を生じることはない. 一方, 不対電子をもたない錯体は反磁性 (6・7・1節) を示す. すなわち, 磁場が加えられるとそれを打ち消す向きに磁化が生じる. 遷移元素のなかでも第4周期のdブロック元素は, 結晶場に置かれると軌道角運動量の影響が消えて, 磁気モーメントはスピンだけで決まることが知られている. 不対電子が複数個あれば, すべての電子のスピンを考慮した全スピン量子数Sが磁気モーメントの大きさμを決める. 常磁性状態における両者の関係は,

$$\mu = 2\sqrt{S(S+1)}\,\mu_B \qquad (7 \cdot 4)$$

で与えられる. ここで, μ_Bは**ボーア磁子**とよばれ,

$$\mu_B = \frac{e\hbar}{2m_e} = 9.27 \times 10^{-24}\,\mathrm{J\,T^{-1}} \qquad (7 \cdot 5)$$

で表される定数である. この式で, eは電気素量, m_eは電子の質量, また, $\hbar =$

[*] 磁気モーメントという術語はすでに6・11・7節の側注で現れているが, ここで定義を述べておこう. 3・6節で述べた電気双極子と同じように, 点電荷 (点電荷に対応する物理量であるが, 単独では存在しない) が一定距離だけ離れて対になった状態が磁気双極子で, 点磁荷の大きさと点磁荷間の距離から磁気双極子モーメントが定義される ((3・27)式参照). これを真空の透磁率で割った値が磁気モーメントである.

常磁性 (paramagnetism)

ボーア磁子
(Bohr magneton)

$h/2\pi$ であって，h はプランク定数である．スピン量子数 S は 1 個の電子のスピン量子数 $s = 1/2$ を不対電子の数だけ足し合わせれば求められる．たとえば，弱い八面体結晶場に置かれた $Fe^{3+}(d^5)$ であれば，基底状態では 5 個の不対電子のスピンはすべて同じ向きであるため，$S = 5/2$ である．これを (7・4) 式に代入すると，

$$\mu = 2\sqrt{\frac{5}{2}\left(\frac{5}{2}+1\right)}\,\mu_B = 5.92\,\mu_B \tag{7・6}$$

が得られる．各 d 電子配置に対して (7・4) 式から求められる磁気モーメントの値と，弱い結晶場に置かれた第 4 周期の d ブロック元素に対して実験的に得られている磁気モーメントの値を，ボーア磁子を単位として表 7・5 にまとめた．理論値は実験値と良い一致を示している．

　7・2・3 節で述べたように，d^4 から d^7 の電子配置は結晶場の強さに依存し，図 7・22 に示したように，結晶場が強いときよりも弱いときのほうが不対電子の数は多い．つまり，弱い結晶場の錯体ほど磁気モーメントは大きい．このような電子配置は**高スピン**状態とよばれる．一方，結晶場が強い場合の電子配置を**低スピン**状態という．

高スピン （high spin）
低スピン （low spin）

表7・5　**第 4 周期の遷移金属イオンの 3d 軌道の電子配置と磁気モーメントの理論値と実験値**　理論値は (7・4) 式から求めたもの．磁気モーメントの値はボーア磁子を単位として表されている

イオン	d 軌道の電子配置	理論値	実験値
Ti^{3+}, V^{4+}	$(3d)^1$	1.73	1.8
V^{3+}	$(3d)^2$	2.83	2.8
V^{2+}, Cr^{3+}, Mn^{4+}	$(3d)^3$	3.87	3.8
Cr^{2+}, Mn^{3+}	$(3d)^4$	4.90	4.9
Mn^{2+}, Fe^{3+}	$(3d)^5$	5.92	5.9
Fe^{2+}, Co^{3+}	$(3d)^6$	4.90	5.4
Co^{2+}	$(3d)^7$	3.87	4.8
Ni^{2+}	$(3d)^8$	2.83	3.2
Cu^{2+}	$(3d)^9$	1.73	1.9

7・2・6　四面体形錯体

　四面体形錯体における d 電子のエネルギー準位も八面体形錯体と同じように考えればよい．四面体形錯体では，図 7・23 に示すように，中心金属が体心の位置にある立方体を考えると，その頂点の一部に配位子がある構造となる．この図と図 7・20 からわかるように，八面体形錯体とは異なり d 軌道はいずれも直接は配位子の方向を向かないので，五つの d 軌道のエネルギーにはそれほどの差はないが，配位子との距離が近い d_{xy} 軌道，d_{yz} 軌道，d_{zx} 軌道のほうがエネルギーは高くなり，逆に $d_{x^2-y^2}$ 軌道と d_{z^2} 軌道はエネルギーが低くなる．そこで，これら

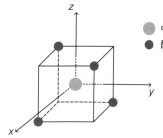

図7・23　**四面体形錯体における中心金属原子（イオン）と配位子の配置**　配位子は立方体の頂点の一部にあり，中心金属原子（イオン）は立方体の重心にある．また，原点に中心金属原子（イオン）を置いている

をt₂軌道，e軌道と表せば，エネルギー準位は図7・24のように表される．ここで，八面体形錯体で用いたt_{2g}，e_gという表現[*]を使わないのは，四面体形錯体は反転対称性をもたないためである．図7・24におけるt₂軌道とe軌道のエネルギー差を八面体場の場合と同様に結晶場分裂パラメーターあるいは配位子場分裂パラメーターとよぶ．ここではこれをΔ_Tと表す．添え字のTはtetrahedral，すなわち，四面体の結晶場を意味する．

*　gは反転対称性があることを意味する．

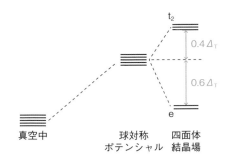

図7・24　**四面体結晶場における d 軌道のエネルギー準位**

図7・24に示したように，四面体形錯体ではe軌道のエネルギーはd電子が球対称なポテンシャル場にある場合と比べて$0.6\Delta_T$だけ低下し，t₂軌道のエネルギーは$0.4\Delta_T$だけ上昇する．また，前述のとおり，四面体形錯体ではd軌道の電子と配位子の負電荷の相互作用が八面体形錯体における$d_{x^2-y^2}$軌道やd_{z^2}軌道ほど大きくないので，配位子が同じであればΔ_TはΔ_Oより小さい．具体的には，

$$\Delta_T \approx \frac{4}{9}\Delta_O \tag{7・7}$$

の関係があることが知られている．

例題 7・3　四面体結晶場に置かれたd^4配置のエネルギー準位と電子配置を描き，結晶場安定化エネルギーと磁気モーメントを計算せよ．結晶場分裂パラメーターをΔ_Tとする．

　解　エネルギー準位と電子配置は図7・25のようになる．四面体結晶場は弱いので，4個の電子はフントの規則に従ってe軌道とt₂軌道に入る．それぞれの原子軌道には2個ずつの電子が存在するため，結晶場安定化エネルギーは，

t_2 ⥮ ⥮ ―

e_2 ⥮ ↿

$$E = -0.6\Delta_T \times 2 + 0.4\Delta_T \times 2 = -0.4\Delta_T \qquad (7 \cdot 8)$$

と表される．また，不対電子は4個あるため $S = 2$ であり，磁気モーメントは（7・4）式より，

$$\mu = 2\sqrt{2(2+1)}\,\mu_B = 4.90\,\mu_B \qquad (7 \cdot 9)$$

となる．

図 7・25　四面体結晶場に置かれた d^4 のエネルギー準位と電子配置

　四面体形錯体における d 電子の数と結晶場安定化エネルギーとの関係を表7・6にまとめた．前述のとおり四面体結晶場は一般に弱い場を与えるので，錯体は"高スピン状態"となる場合が多い．

表 7・6　四面体形錯体の結晶場安定化エネルギー　結晶場分裂パラメーターを Δ_T とおいている．また，高スピン状態のみを考慮した

d 電子の数	結晶場安定化エネルギー
1	$-0.6\Delta_T$
2	$-1.2\Delta_T$
3	$-0.8\Delta_T$
4	$-0.4\Delta_T$
5	0
6	$-0.6\Delta_T$
7	$-1.2\Delta_T$
8	$-0.8\Delta_T$
9	$-0.4\Delta_T$

7・2・7　平 面 四 角 形 錯 体

　配位数が4である錯体として，前節の四面体形に加えて平面四角形が重要である．この構造では，図7・26に示すように中心原子と配位子は xy 平面上に置くことができる．図7・19と比較すればわかるように，これは八面体形錯体において z 軸上の配位子が存在しない状態である．このため，z 軸方向に伸びている d_{z^2} 軌道は配位子からの反発力を受けなくなり，八面体形錯体の場合（図7・21）と

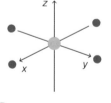

　● 中心金属原子（イオン）
　● 配位子（点電荷）

図 7・26　平面四角形錯体における中心金属原子（イオン）と配位子の配置　中心金属原子（イオン）と配位子はすべて xy 平面上にある

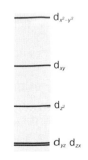

図 7・27　平面四角形結晶場における d 軌道のエネルギー準位

比べるとエネルギー準位が大きく低下する．同じ理由でd_{yz}軌道とd_{zx}軌道のエネルギーも低くなる．結果として，エネルギー準位は図7・27のようになる．特に，シアニド錯体のような強い結晶場に置かれたdブロック金属の場合，$d_{x^2-y^2}$軌道とd_{xy}軌道とのエネルギー差が大きいため，エネルギー準位の低いほうから順に電子によって占められ，d_{xy}軌道を2個の電子が占有し，$d_{x^2-y^2}$軌道が空となった状態が安定になる．この電子配置はd^8にあたる．実際に，$(3d)^8$の電子配置をもつNi^{2+}のシアニド錯体 $[Ni(CN)_4]^{2-}$ は平面四角形の構造をとる．また，4d軌道や5d軌道は外側に広がり配位子との相互作用が大きいため結晶場が強い．この結果，やはりd^8の電子配置をもつ Rh(I)，Ir(I)，Pt(II)，Pd(II)，Au(III) などは平面四角形錯体を生成しやすい（7・1・4節参照）．

7・2・8　八面体形錯体の正方ひずみ

　図7・19に示した八面体形錯体では，6個の同じ種類の配位子が中心金属から同じ距離に位置し，正八面体の構造となっている．これは対称性の良い構造であるが，図7・28に示したように，この正八面体の状態から，z軸上にある二つの配位子が中心金属から離れるとともにx軸上とy軸上にある配位子が中心金属に近づく場合（図7・28a）や，逆にz軸上にある二つの配位子が中心金属に近づくとともにx軸上とy軸上にある配位子が中心金属から離れる場合（図7・28b），配位子の移動によって正八面体形の構造は対称性が低下し，その結果d電子のエネルギーが低下し，系が安定化する場合がある．図7・28のようにz軸上の配位子と，x軸およびy軸上の配位子が互いに逆の方向に移動することによる正八面体の変形を**正方ひずみ**とよぶ．正方ひずみが生じることによってエネルギーが低下する電子配置の典型例はCu^{2+}などのd^9の状態である．

正方ひずみ
(tetragonal distortion)

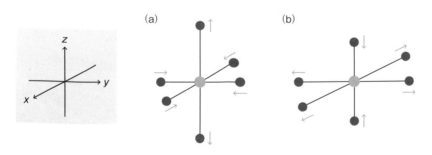

図7・28　八面体形錯体の正方ひずみ

　いま，z軸上の配位子が中心金属から少し遠ざかり，逆にx軸上とy軸上の配位子が中心金属に近づく場合を考えよう．これにより，e_g軌道のうちd_{z^2}軌道は配位子との相互作用が減少するのでエネルギーが低下し，逆に$d_{x^2-y^2}$軌道はエネルギーが上昇する．t_{2g}軌道ではd_{xy}軌道のエネルギーが上昇し，d_{yz}軌道とd_{zx}軌道はエネルギーが低下する．この状態のエネルギー準位図を八面体の場合と比較

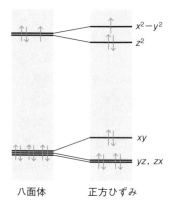

図7・29　八面体結晶場と正方ひずみ
を受けた結晶場のエネルギー準位と
d^9 の電子配置

八面体　　　正方ひずみ

すると図7·29のようになる．図には d^9 の電子配置も示した．d_{xy} 軌道，d_{yz} 軌道，d_{zx} 軌道は電子によって完全に占められているため，正方ひずみが生じてもこれらの原子軌道に入る電子のエネルギーの総和は変わらないが，$d_{x^2-y^2}$ 軌道と d_{z^2} 軌道には3個の電子が入るため，図7·29からわかるように，正方ひずみが生じている場合のほうが電子のエネルギーは低下する．つまり，<u>八面体形錯体は自ら対称性を低下させて安定化する</u>．この現象のように，非直線形分子では縮退した電子状態は不安定であり，自ら変形して縮退を解き，安定な電子配置をとることが理論的に示されている．これを**ヤーン・テラー効果**という．

ヤーン・テラー効果
（Jahn–Teller effect）

　例題 7·4　$[Cu(en)_2(H_2O)_2]^{2+}$ は $[Cu(en)(H_2O)_4]^{2+}$ と比較してはるかに安定である．理由を述べよ．

　解　$[Cu(en)_2(H_2O)_2]^{2+}$ と $[Cu(en)(H_2O)_4]^{2+}$ の構造は図7·30(a) および (b) のようになる．前者は正方ひずみを生じた構造であり，これにより Cu^{2+} の d 電子のエネルギーは低下する．

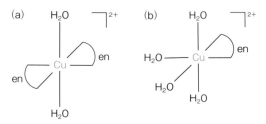

図 7 · 30　(a) $[Cu(en)_2(H_2O)_2]^{2+}$ および (b) $[Cu(en)(H_2O)_4]^{2+}$ の構造

7・3　配 位 子 場 理 論
7・3・1　σ 結 合

　7·2·1節でふれたように，錯体の電子状態を分子軌道法によって解析する理論を**配位子場理論**という．ここでは第4周期の d ブロック元素が中心金属イオンとなる八面体形錯体を例にあげて，配位子場理論から導かれる定性的な結論を見ていこう．

配位子場理論
（ligand field theory）

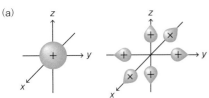

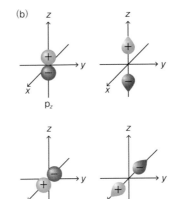

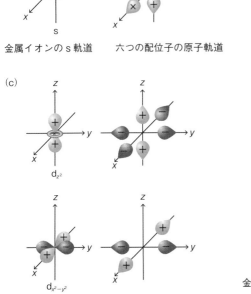

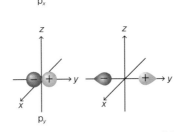

図7・31 中心金属イオンの4s軌道, 4p軌道, 3d軌道と, それらと σ 結合によって結合性軌道を形成できる六つの配位子の原子軌道の組合わせ

　まず, 中心金属イオンの 3d 軌道, 4s 軌道, 4p 軌道と, 配位子の原子軌道との σ 結合のみを考える. 図7・31 に中心金属イオンの原子軌道と, それらと結合性軌道を形成できる六つの配位子の原子軌道の組合わせを対応させて示した. 配位子の原子軌道は抽象的に描いているが, たとえば配位子が NH_3 であれば N 原子の sp^3 混成軌道であるし, H^- イオンであれば 1s 軌道である. 結合性軌道が生じるかどうかは結合にあずかる原子軌道の対称性によって決まる. たとえば, 中心金属イオンの 4s 軌道は球対称であるから, これと結合性軌道を形成できる配位子の原子軌道の組合わせは, 図7・31(a) に示したように, 六つの配位子の原子軌道がすべて同じ位相と振幅をもつ場合である. いま, x 軸上の正の領域にある配位子の原子軌道を σ_x, 負の領域にある原子軌道を σ_{-x} などと表せば, 中心金属イオンの 4s 軌道と結合性軌道をつくる配位子の原子軌道の組合わせは,

$$a_{1g} = \frac{1}{\sqrt{6}}(\sigma_x + \sigma_{-x} + \sigma_y + \sigma_{-y} + \sigma_z + \sigma_{-z}) \qquad (7 \cdot 10)$$

と書くことができる. また, 反結合性軌道は (7・10)式のすべての原子軌道の位相が 4s 軌道と異なる場合に生じる.

　同様にして, 4p 軌道と結合性軌道および反結合性軌道をつくる配位子の原子軌道の組合わせは,

$$t_{1u} = \frac{1}{\sqrt{2}}(\sigma_x - \sigma_{-x}), \quad \frac{1}{\sqrt{2}}(\sigma_y - \sigma_{-y}), \quad \frac{1}{\sqrt{2}}(\sigma_z - \sigma_{-z}) \quad (7 \cdot 11)$$

であり，(7・11)式の3組の原子軌道が，それぞれ，$4p_x$軌道，$4p_y$軌道，$4p_z$軌道と分子軌道をつくる（図7・31b）．また，これらは4p軌道と同様，三重に縮退している．3d軌道は，配位子の方向を向いているe_g軌道が結合性軌道ならびに反結合性軌道を形成する．式で表せば，

$$e_g = \frac{1}{2}(\sigma_x + \sigma_{-x} - \sigma_y - \sigma_{-y}), \quad \frac{1}{2\sqrt{3}}(2\sigma_z + 2\sigma_{-z} - \sigma_x - \sigma_{-x} - \sigma_y - \sigma_{-y})$$

$$(7 \cdot 12)$$

のとおりであり，(7・12)式の2組の原子軌道は，それぞれ，$d_{x^2-y^2}$軌道およびd_{z^2}軌道と分子軌道を形成する（図7・31c）*．一方，t_{2g}軌道（d_{xy}, d_{yz}, d_{zx}，図7・20参照）はいずれも配位子の方向を向いていないため，非結合性軌道となる．

　このようにして得られる分子軌道のエネルギー準位図を模式的に描くと図7・32のようになる．上述のとおり，中心金属イオンの4s軌道，4p軌道，3d軌道のうちのe_g軌道が，それぞれ，(7・10)式～(7・12)式で表現される配位子のa_{1g}軌道，t_{1u}軌道，e_g軌道と結合性軌道ならびに反結合性軌道を形成する．また，中心金属イオンの3d軌道のうちt_{2g}軌道は非結合性軌道をつくる．配位子は(7・10)式～(7・12)式の6組の原子軌道に2個ずつ電子をもつ．一方，中心金属イオンの3d軌道にn個の電子があれば，電子の総数は$12 + n$個である．分子軌道において電子は最もエネルギーの低いa_{1g}結合性軌道から順に占めることになり，a_{1g}，t_{1u}，e_gのいずれも結合性軌道により12個の電子が収容される．残りのn個の電子はt_{2g}非結合性軌道とe_g反結合性軌道を占める．

　このとき，配位子のつくるポテンシャル場（これを配位子場という）が弱ければ，

*　図7・20に示したd軌道の形は方位量子数が2の五つの波動関数の線形結合から導かれ，特にd_{z^2}に対応する波動関数には式中に$2z^2-x^2-y^2$という表現が現れる．(7・12)式の右側の表現では，z軸上の配位子の原子軌道の係数が，x軸上ならびにy軸上の配位子の原子軌道の係数の2倍であり，符号が異なる．これは$2z^2-x^2-y^2$と同じ対称性をもつ．

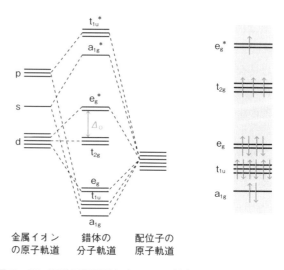

図7・32　配位子場理論において σ 結合のみを考えたときの分子軌道のエネルギー準位図（左図）ならびに弱い配位子場における $(3d)^4$ の電子配置（右図）

t_{2g} 非結合性軌道と e_g 反結合性軌道のエネルギー差は小さく，フントの規則に従って電子配置が決まる．一方，配位子場が強ければ，電子はフントの規則に逆らって，まず t_{2g} 非結合性軌道を占める．図 7・32 には配位子場が弱いときの $(3d)^4$ の電子配置を示した．これは，図 7・22 中の(a)の電子配置と等価である．この点において，配位子場理論は結晶場理論と同じ結論を与える．

7・3・2　π 結 合 の 影 響

　7・3・1節において見たように中心金属イオンの 3d 軌道のうち t_{2g} 軌道（d_{xy}, d_{yz}, d_{zx}）は配位子の原子軌道と σ 結合をつくることはできないが，図 7・33 のように π 結合を形成することができる.

　まず，配位子の原子軌道のうち，π 結合に寄与できる原子軌道に電子対が存在する場合を考えてみよう．この状況に相当する配位子はハロゲン化物イオンや硫化物イオンなどである．中心金属の 3d 軌道のうち t_{2g} 軌道は配位子の原子軌道とのπ結合により図 7・34(a) に示すように結合性軌道と反結合性軌道をつくる．ここでは，π 結合に寄与する配位子の原子軌道は，そこに電子が入って安定化していることを反映してエネルギーが比較的低くなる．結果的に金属イオンの t_{2g} 軌道のエネルギーに近い準位となり，これらから生じる結合性軌道と反結合性軌道のエネルギー差は図 7・34(a) のようにそれほどは大きくならない．一方，σ結合に寄与した e_g 軌道はπ結合を形成できないため，ここでは非結合性軌道となる．

　前節と同じように中心金属イオンの 3d 軌道に n 個の電子が存在する場合を考えよう．配位子の原子軌道のうち，σ 結合に寄与できる電子は前述のとおり 12 個あり，さらにπ結合を形成する原子軌道は 3 組あって[*1]，それぞれが 2 個ずつ電子をもつので，π結合によって新たにできる分子軌道には全部で 6 個の電子が供給される[*2]．そこで，σ結合とπ結合を考慮した分子軌道のエネルギー準位と電子配置を描くと図 7・34(b) のようになる．ここでは $(3d)^4$ すなわち，$n = 4$ の場合について電子配置を表した．図 7・34(a) からわかるように，π結合の効果により t_{2g} 非結合性軌道は t_{2g} 反結合性軌道に変化し，その結果 e_g 反結合性

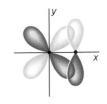

図 7・33　中心金属イオンの 3d 軌道の t_{2g} 軌道と配位子の原子軌道との π 結合

*1　π 結合をつくる配位子の原子軌道のうち，x 軸上に置かれた二つの配位子の原子軌道を π_x および π_{-x}（前者は x 軸上の正，後者は負の領域にあるとする），y 軸上の二つの配位子の原子軌道を π_y および π_{-y}，z 軸上の二つの配位子の原子軌道を π_z および π_{-z} とおくと，3 組の原子軌道は，

$$\frac{1}{\sqrt{2}}(\pi_x - \pi_{-x}),\ \frac{1}{\sqrt{2}}(\pi_y - \pi_{-y}),$$
$$\frac{1}{\sqrt{2}}(\pi_z - \pi_{-z})$$

と表される．

*2　6 個の電子は，π 結合に対応する分子軌道のうち t_{2g} 軌道を占める．

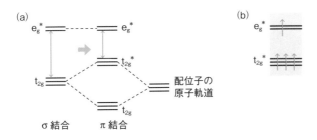

図 7・34　π 結合によるエネルギー準位の変化　(a) 金属イオンと配位子の π 結合による分子軌道のエネルギー準位．π 結合に寄与する配位子の原子軌道に電子対が存在する場合，(b) この配位子場における $(3d)^4$ の電子配置

軌道とのエネルギー差が減少することに注意しよう．すなわち，ハロゲン化物イオンや硫化物イオンが配位子の場合，配位子場分裂はπ結合の効果により小さくなる．これは，7・2・3節で述べた分光化学系列において，ハロゲン化物イオンやカルコゲン化物イオンが弱い配位子場（結晶場）をもたらすことの説明となる．結果として，この場合の電子配置は図7・34(b) に例示したように"高スピン状態"となる．

　一方，カルボニル錯体やホスフィン錯体の場合，中心金属イオンのt_{2g}軌道とπ結合を形成する配位子の原子軌道（あるいは分子軌道）は電子をもたない空軌道となる*．たとえばカルボニル錯体では，3・5・4節で示したCO分子の分子軌道エネルギー準位図（図3・24）において2πと表される分子軌道が金属イオンとのπ結合に寄与する．化学結合の様子を原子軌道と分子軌道の観点から描くと図7・35のようになる．また，弱い配位子場の図7・34(a) に対応する配位結合の分子軌道エネルギー準位図は図7・36(a) のように描くことができる．π結合に寄与する配位子の原子軌道あるいは分子軌道（ここでの例ではCOの2π分子軌道）は空軌道であって，電子のない状態を反映してこのエネルギー準位は高い位置にある．そのため，中心金属イオンのt_{2g}軌道とのエネルギー差は大きくなり，形成されるt_{2g}結合性軌道とt_{2g}反結合性軌道もエネルギー準位が大きく異なるものとなる．この結果，図7・36(a) からわかるように，π結合をつくることによって配位子場分裂は大きくなる．このことも分光化学系列と矛盾しない結果であり，COやPPh_3は強い配位子場（結晶場）を導く．

　つづいて電子配置を考えてみよう．この場合はπ結合によって配位子から電子がもたらされることはないので，電子の数はσ結合のみを考慮したときと変わらない．つまり，中心金属イオンの3d軌道にn個の電子があれば，t_{2g}結合性軌道とe_g反結合性軌道を占める電子の総数はn個である．たとえば，前述と同様に$n=4$の場合について電子配置を表すと図7・36(b)のようになる．つまり，カルボニル錯体やホスフィン錯体では強い配位子場のために錯体は"低スピン状態"をとることが多い．

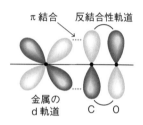

＊　通常とは逆に金属から配位子の空軌道に電子を供与することになる．これを**逆供与**（back donation）という．

図7・35　**カルボニル錯体におけるCO分子の分子軌道（2π軌道）と金属イオンとのπ結合**

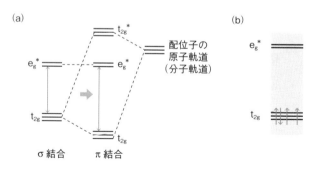

図7・36　**π結合によるエネルギー準位の変化**　(a) 金属イオンと配位子の結合による分子軌道のエネルギー準位．結合に寄与する配位子の原子軌道（分子軌道）が空の場合，(b) この配位子場における$(3d)^4$の電子配置

結晶場と物質の色

錯体の電子状態を結晶場理論や配位子場理論によって解析できることを本文で述べた. 結晶場理論の説明では, d 軌道に存在する 1 個の電子と配位子の負電荷との静電的な相互作用にもとづいて定性的な議論を進めたが, 多電子系を取扱う場合, 電子間の相互作用も電子のエネルギーを決める重要な要素となる. 多電子系の電子のエネルギーと結晶場の関係を図示したものに**田辺-菅野図**(あるいは, **田辺-菅野ダイアグラム**, Tanabe-Sugano diagram) がある. 田辺-菅野図を用いれば, さまざまな結晶場に置かれた d 電子のエネルギー準位間での遷移や, それにともなう光吸収や発光の過程を考察することができる. 吸収される光の波長は, 対象とする物質の色と関係づけられる. また, 電子遷移にあずかるエネルギー準位の性質から, 発光の強度や, レーザー発振するかどうかなども議論できる.

実際, d ブロック元素を含む化合物には着色しているものが多い. たとえば, クロムイオンは化合物中でさまざまな色を呈する. そもそもクロムの元素名は色を意味するギリシャ語に由来する. クロムイオンの色は価数の違いにもよるが, イオンが存在する結晶場にも依存する. 同じ Cr(Ⅲ) の状態であっても, 酸化クロム (Cr$_2$O$_3$) やエメラルド (少量の Cr^{3+} を含む Be$_3$Al$_2$Si$_6$O$_{18}$ 単結晶) は緑色, 硝酸クロム水溶液は紫色, ルビー (少量の Cr^{3+} を含む Al$_2$O$_3$ 単結晶, 4・6 節参照) は鮮やかな赤色である.

Cr^{3+} の電子配置である d^3 に対応する田辺-菅野図を図 1 に示す. この図で縦軸は電子のエネルギー (E) を, また, 横軸は結晶場分裂パラメーター (Δ_0) を表すが, いずれも B で表される物理量で割った値がとられている. B は "ラカーパラメーター" とよばれ, エネルギーの次元をもち, 多電子系に見られる電子間反発を反映している. Cr^{3+} では基底状態の ^{4}A$_2$ と表された準位から励起状態である ^{4}T$_1$ 準位や ^{4}T$_2$ 準位に電子が遷移することにともない可視光を吸収する. この光吸収が Cr^{3+} を含む物質の色の原因となる. 上記のルビーの場合, Al^{3+} と比べて Cr^{3+} のイオン半径は大きいため, Al$_2$O$_3$ の結晶格子に置換固溶した Cr^{3+} は自らのイオン半径と比べると相対的に小さい八面体間隙を無理に占めることになり, Cr^{3+} のまわりの酸化物イオンの負電荷は d 電子に大きな反発力を及ぼす. いい換えると Cr^{3+} は相対的に強い結晶場に置かれる. 一方, エメラルドにおいても Cr^{3+} は酸化物イオンが八面体配位した Al^{3+} と置き換わっているが, 結晶構造や共存する元素が異なるため結晶場はルビーと比べると弱くなる. 図 1 からわかるように, 結晶場 (Δ_0) が強いほど, ^{4}A$_2$ から ^{4}T$_1$ および ^{4}T$_2$ への電子遷移にともなって吸収される光のエネルギーは大きくなる. すなわち, ルビーにおいて Cr^{3+} が吸収する光の波長は, エメラルドにおいて吸収される光の波長より短くなる. 実際, ルビーでは 420 nm 付近と 560 nm 付近に強く幅の広い光吸収スペクトルが観察される. これは紫外から青ならびに緑からオレンジの領域に相当し, 白色光からこれらの色が除かれるため, ルビーは赤色を呈する. また, エメラルドでは吸収される光の波長が 400〜480 nm あたり (紫から青) と 560〜700 nm あたり (黄から赤) に存在し, その結果, 緑色の光がわれわれの目に届くことになる. これらの例では多電子系の d 電子がつくるエネルギー準位間で電子遷移が起こる. これを **d-d 遷移** あるいは **配位子場遷移** (ligand field transition) という.

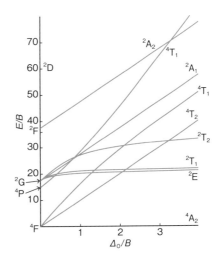

図 1 d^3 に対応する田辺-菅野図

ルビーは 4・6 節でふれたように世界で初めてレーザー発振が観察された物質である. ここではルビーレーザーの原理も簡潔に述べよう. 外部からの光を吸収して基底状態 (^{4}A$_2$) から ^{4}T$_1$ および ^{4}T$_2$ へ

遷移した電子は，発光をともなわず ^2E 準位まで遷移する．この場合，低い準位への遷移によって生じるエネルギーは熱（格子振動）として放出される．電子はこの ^2E 準位に比較的長い時間（といってもミリ秒程度）とどまることができる．外部から光が連続的に供給されるとこの励起の過程が繰返され，^2E 準位を占める電子の数が増え，やがて基底状態の電子の数を上回るようになる．この状態を**反転分布**（population inversion）という．ここにさらに光が入射すると，^2E 準位の電子は一斉に $^4A_2$ 準位に遷移し，振幅，波長，位相のそろった高出力の光が放出される．これがレーザーであり，ルビーでは694 nm の波長をもつ光がレーザーとして放たれる．このため，ルビーレーザーは赤色の発光となる．

6価のクロムイオンを含む CrO_4^{2-} と $Cr_2O_7^{2-}$ も独特の色（前者は黄色，後者は赤橙色）を呈するが，光吸収と着色の機構は上記のd-d遷移とは異なる．ここでは，酸化物イオンの2p軌道にある電子が Cr^{6+} の空の3d軌道に遷移することによって光が吸収され，濃い黄色や赤橙色が観察される．この種の電子遷移は**電荷移動遷移**（charge transfer transition）とよばれる．特に CrO_4^{2-} や $Cr_2O_7^{2-}$ のように配位子から金属イオンに電子が遷移する過程は配位子-金属電荷移動とよばれ，MnO_4^-（濃い紫色），CdS（濃い黄色），HgS（朱色）などの色の起源となっている．カルボニル錯体のように中心金属の酸化数が低い場合には金属から配位子への電子遷移が生じる．この過程は金属-配位子電荷移動とよばれる．ここで例示したように，電荷移動遷移は物質に濃い着色をもたらすことが多い．

7・4　錯体の安定性と反応
7・4・1　錯体生成過程の平衡

水溶液中で錯体が生成する反応を考えよう．水に溶けた金属イオンは，はじめはアクアイオンとして存在しており，配位子となる分子や陰イオンが水分子と交換して新たな錯体が形成される．金属元素をM，配位子をLと表し，簡単のためにアクアイオンに含まれる水分子と金属イオンや配位子の価数も書かないことにすると，反応過程は次のようになる．

$$M + L \rightleftharpoons [ML] \tag{7・13}$$

$$[ML] + L \rightleftharpoons [ML_2] \tag{7・14}$$

$$\cdots\cdots$$

$$[ML_{n-1}] + L \rightleftharpoons [ML_n] \tag{7・15}$$

全体としての反応は，

$$M + nL \rightleftharpoons [ML_n] \tag{7・16}$$

である．（7・13）式から（7・15）式までの各反応の平衡定数を K_1, K_2, $\cdots$, K_n とおけば，（7・16）式の平衡定数は，

$$\beta_n = \frac{[ML_n]}{[M][L]^n} = K_1 K_2 \cdots K_n \tag{7・17}$$

と表現できる．ここで，各化学種の濃度を［　］を用いて表した[*]．K_1, K_2, $\cdots$, K_n を**逐次生成（安定度）定数**，β_n を**全生成（安定度）定数**という．

（7・13）式と（7・15）式の反応は，実際には次のようにアクアイオンの水分子が配位子と置換する反応と見ることができる．

$$[M(H_2O)_n] + L \rightleftharpoons [M(H_2O)_{n-1}L] + H_2O \tag{7・18}$$

$$[M(H_2O)L_{n-1}] + L \rightleftharpoons [ML_n] + H_2O \tag{7・19}$$

[*]　平衡定数の表現には本来は活量を用いるべきであるが，5・2・1節での議論にもとづき，ここでは濃度と活量は等しいと近似した．

逐次生成（安定度）定数
(stepwise formation (stability) constant)

全生成（安定度）定数
(overall formation (stability) constant)

(7・18)式の反応が右方向に進むためには n 個の水分子の一つが配位子 L と置き換わればよいが, (7・19)式の反応では金属 M に配位している唯一の水分子が反応に関わる必要がある. したがって, 交換可能な水分子の数を考慮すると (7・19)式の反応は (7・18)式の反応よりも進みにくい. このため, 一般に,

$$K_1 > K_2 > \cdots > K_n \tag{7・20}$$

の関係が見られる. また, 中心金属イオンの種類も錯体の安定性に影響を及ぼす. アルカリ金属やアルカリ土類金属では原子番号が小さいものほど錯体は安定である. 第 4 周期の d ブロック元素では, 2 価のイオンに対して錯体の安定性の順序は以下のようになる.

$$Mn^{2+} < Fe^{2+} < Co^{2+} < Ni^{2+} < Cu^{2+} > Zn^{2+} \tag{7・21}$$

この関係を**アービング-ウィリアムズ系列**という. 上記のアルカリ金属やアルカリ土類金属に見られる傾向は, イオン半径の小さい元素ほど錯体が安定であるといい換えることができる. イオン半径が小さいほど分極能は高く, 配位子の電子をより引き寄せられるので, 結合は強くなり, 安定な錯体となる. 一方, (7・21)式の d ブロック元素に見られる傾向は, イオン半径による安定性の違いのほか, 特に Mn^{2+} より原子番号の大きい元素では結晶場安定化エネルギーの影響が見られ, 結晶場安定化エネルギーが負の大きな値をとるほど錯体の安定性が増す. 結晶場安定化エネルギーがゼロである Zn^{2+} において安定性が減少するのはこのためである. さらに, Cu^{2+} では正方ひずみによるエネルギーの低下が加わるため, 3d ブロック元素のなかでは安定性が最大となる. 加えて, キレート錯体では, 多座配位子の複数の原子による配位結合がほぼ同時に切れることがなければ, 配位子は中心金属原子との結合を保つことができる. このため, キレート環をつくる錯体は安定する. これを**キレート効果**という.

この章の冒頭でふれたように, 錯体の形成はルイス酸（金属イオン）とルイス塩基（配位子）との反応とみなせる. このため, 錯体の安定性について 5・3・2 節で述べた HSAB 則にもとづいて考察することができる.

たとえば, ハロゲン化物イオンのうち, F^- と Cl^- は硬い塩基, I^- は軟らかい塩基であり, Br^- はその中間の性質をもつ（表 5・3 参照）. これらのハロゲン化物イオンが硬い酸である Fe^{3+} と錯体を形成した場合, その安定度定数は F^- ($\log K = 5.30$) > Cl^- (0.71) > Br^- (-0.21) となり, 硬い酸は硬い塩基と安定な錯体をつくることがわかる. 一方, 軟らかい酸である Hg^{2+} と錯体を形成した場合, F^- ($\log K = 1.03$) < Cl^- (6.74) < Br^- (8.94) < I^- (12.87) となり, 軟らかい酸は軟らかい塩基と安定な結合をつくることがわかる. 配位子が有機化合物の場合でも同様のことがいえる.

硬さや軟らかさは同じ種類の金属イオンでも酸化数により変化する. たとえば, ルテニウムのチオシアナト錯体では, SCN^- のうち, Ru(Ⅱ) は軟らかい S 原子と結合するのに対し, Ru(Ⅲ) はより硬い N 原子と結合する.

アービング-ウィリアムズ系列 (Irving–Williams series)

キレート効果 (chelate effect)

7・4・2 配位子置換反応

配位子置換反応
(ligand substitution reaction)

錯体の配位子が種類の異なる配位子と置き換わる反応を**配位子置換反応**という．これには以下の 3 種類の機構が知られている．

会合機構
(associative mechanism)

会合機構　錯体の配位子が脱離する前に，置換する配位子が先に中心金属イオンに配位して中間体をつくり，その後，置換される配位子が金属イオンとの結合を切って錯体から離れる．

$$ML_nX + Y \longrightarrow ML_nXY \longrightarrow ML_nY + X \qquad (7\cdot22)$$

交替機構
(interchange mechanism)

交替機構　錯体からの配位子の脱離と外部からの配位子の中心金属イオンへの結合が同時に起こる．

$$ML_nX + Y \longrightarrow L_nM\begin{smallmatrix}X\\Y\end{smallmatrix} \longrightarrow ML_nY + X \qquad (7\cdot23)$$

解離機構
(dissociative mechanism)

解離機構　錯体から配位子が脱離して中間体となり，その後，外部からの配位子が中心金属イオンに結合する．

$$ML_nX \longrightarrow ML_n + X \qquad ML_n + Y \longrightarrow ML_nY \qquad (7\cdot24)$$

平面四角形錯体では配位子の種類が最終生成物の幾何異性に影響を及ぼす．$[PtCl_2(NH_3)_2]$ が $[PtCl_4]^{2-}$ から生じる場合，反応の過程は以下のようになる．

$$\begin{bmatrix}Cl & & Cl\\ & Pt & \\Cl & & Cl\end{bmatrix}^{2-} + NH_3 \longrightarrow \begin{bmatrix}Cl & & NH_3\\ & Pt & \\Cl & & Cl\end{bmatrix}^{-} + Cl^- \qquad (7\cdot25)$$

$$\begin{bmatrix}Cl & & NH_3\\ & Pt & \\Cl & & Cl\end{bmatrix}^{-} + NH_3 \longrightarrow \begin{bmatrix}Cl & & NH_3\\ & Pt & \\Cl & & NH_3\end{bmatrix} + Cl^- \qquad (7\cdot26)$$

一方，$[Pt(NH_3)_4]^{2+}$ から生じる場合は，

$$\begin{bmatrix}NH_3 & & NH_3\\ & Pt & \\NH_3 & & NH_3\end{bmatrix}^{2+} + Cl^- \longrightarrow \begin{bmatrix}NH_3 & & Cl\\ & Pt & \\NH_3 & & NH_3\end{bmatrix}^{+} + NH_3 \qquad (7\cdot27)$$

$$\begin{bmatrix}NH_3 & & Cl\\ & Pt & \\NH_3 & & NH_3\end{bmatrix}^{+} + Cl^- \longrightarrow \begin{bmatrix}NH_3 & & Cl\\ & Pt & \\Cl & & NH_3\end{bmatrix} + NH_3 \qquad (7\cdot28)$$

のように反応が進む．すなわち，$[PtCl_4]^{2-}$ が反応物である場合にはシス体のみが生じ，$[Pt(NH_3)_4]$ が反応物である場合にはトランス体のみが生成する．このように反応物が異なると生成物の組成は同じでも生じる幾何異性体の種類が異なるが，(7・26)式と (7・28)式の反応では塩化物イオンのトランス位の配位子が置換を受ける点が共通している．このような現象を**トランス効果**という．平面四

トランス効果（trans effect）

角形錯体において金属 M に二つの配位子 L_1 と L_2 が結合し，互いにトランス位にあるとき，たとえば $M-L_1$ 結合が相対的に強く，$M-L_2$ 結合が弱い場合，配位結合に寄与する中心金属の d 電子は $M-L_1$ 結合において電子密度が高くなり，$M-L_2$ 結合において低くなる．このような状況では L_1 よりも L_2 のほうが金属原子（イオン）との結合を切りやすく，配位子 L_2 が置換を受けることになる．

例題 7・5　Pt^{2+}の平面四角形錯体において，配位子がCl^-の場合とF^-の場合とでどちらのトランス効果が大きいか．理由も述べよ．

解　Pt^{2+}は軟らかい酸である．一方，Cl^-はF^-より軟らかい塩基であり，Pt^{2+}との結合はCl^-のほうが強い．このため，Cl^-が結合している錯体のほうがトランス位の配位子の結合は弱まり，置換を受けやすい．すなわち，トランス効果はF^-よりCl^-のほうが大きい．

7・4・3　電子移動反応

錯体の反応において電子の移動をともなう反応を**電子移動反応**とよぶ．たとえば，$[CoCl(NH_3)_5]^{2+}$と$[Cr(H_2O)_6]^{2+}$の反応では，Co^{III}とCr^{II}がClで橋かけされた中間体ができ，その状態で次式のように電子移動が起こる．

$$[(NH_3)_5Co^{III}-Cl-Cr^{II}(H_2O)_5]^{4+} \longrightarrow [(NH_3)_5Co^{II}-Cl-Cr^{III}(H_2O)_5]^{4+}$$

$$(7 \cdot 29)$$

その後は最終的にCo^{2+}，$CrCl^{2+}$，NH_4^+，OH^-が生じて反応が終了する．このように中間体において二つの錯体が一つの配位子を共有し，錯体間で電子移動が起こる反応を**内圏型電子移動反応**という．

一方，$[Ru(NH_3)_6]^{2+}$と$[Ru(NH_3)_5py]^{3+}$の反応などでは，金属イオンの配位状態は変化せずに電子移動反応が起こる．この種の反応は**外圏型電子移動反応**とよばれる．ここではFe^{3+}とFe^{2+}のアクアイオン間の電子移動の機構について定性的に述べよう．Fe^{3+}とFe^{2+}のイオン半径は前者のほうが小さいので，アクアイオンの安定な状態における中心金属イオンと水分子との距離はFe^{3+}のほうが短い．そこで，それぞれのアクアイオンのポテンシャルエネルギーは図7・37に示したようになる．鉄イオンと水分子の距離は分子振動によって時間とともに変化し，それにともなってポテンシャルエネルギーも変化する．いま，$[Fe(H_2O)_6]^{3+}$が最も安定な状態で電子移動が起こったとすると，図の点Aから点Bへの遷移（この過程で電子はFe^{2+}からFe^{3+}へ移動する）が生じるが，点Bの状態では$[Fe(H_2O)_6]^{2+}$は不安定である．最も電子移動が起こりやすいのは，二つのポテンシャルエネルギー曲線の交点に対応する結合距離を$[Fe(H_2O)_6]^{3+}$と$[Fe(H_2O)_6]^{2+}$がもつときであり，このとき，Fe^{3+}とH_2Oの距離は最も安定な

電子移動反応（electron transfer reaction）

内圏型電子移動反応（inner-sphere electron transfer reaction）

外圏型電子移動反応（outer-sphere electron transfer reaction）

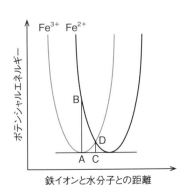

図 7・37　$[Fe(H_2O)_6]^{3+}$と$[Fe(H_2O)_6]^{2+}$の外圏型電子移動反応におけるポテンシャル曲線と反応機構

状態より少し伸びており，Fe^{2+} と H_2O の距離は少し縮んでいる．この状態での電子移動は図中の点 C から点 D への遷移に対応する．このような過程をマーカスは理論的に解析した．**マーカス理論**によれば，電子移動の速度定数 k_{ET} は，

マーカス理論
（Marcus theory）

$$k_{ET} = \nu_N \kappa_e e^{-\Delta^{\ddagger} G / RT} \tag{7・30}$$

と表される．ここで $\Delta^{\ddagger}G$ は図中の点 C と点 D のエネルギー差で，電子移動反応に対する活性化ギブズエネルギーである．また，R は気体定数，T は温度であり，ν_N は核頻度因子とよばれ，$[Fe(H_2O)_6]^{3+}$ と $[Fe(H_2O)_6]^{2+}$ が出会って遷移状態（点 C の位置にある状態）になる割合，κ_e は電子因子とよばれ，遷移状態で電子移動が起こる確率を表す．

7・5　有 機 金 属 化 合 物

有機金属化合物
（organometallic compound）

＊1　R–MgX（R:有機基, X: ハロゲン）で表される有機マグネシウム化合物であり，有機合成に汎用される．

　有機分子が炭素原子によって金属原子と結合した物質を**有機金属化合物**という．典型的な例は 1 章でも取上げたグリニャール試薬[＊1] である．錯体のなかにも有機金属化合物と位置づけられる分子は多く存在する．これまでに取上げたカルボニル錯体，メタロセン，ツァイゼ塩はその一例である．メタロセンとツァイゼ塩については特徴的な結合様式にもふれた．特に d ブロック元素の有機金属化合物では電子状態に普遍性が見られる．たとえば，四面体形のカルボニル錯体 $[Ni(CO)_4]$ では，Ni 原子の電子配置は $[Ar](3d)^8(4s)^2$ であるため最外殻に 10 個の電子をもつ．また，一つのカルボニル配位子から 1 組の電子対が供給され，配位数は 4 であるため，Ni 原子のまわりの電子の総数は $10 + 2 \times 4 = 18$ より 18 個である．$[Mn_2(CO)_{10}]$ は図 7・38(a)のような Mn 原子同士の結合をもち，一つの Mn 原子からこの結合に 1 個の電子が供給され，二つの Mn 原子が 2 個の電子を共有する．また，Mn 原子の価電子数は 7 個であり，一つの Mn 原子には五つの CO 配位子が結合しているから，電子の総数はやはり 18 個となる．この電子の数は，Ni と Mn が属する第 4 周期の貴ガスである Kr の最外殻電子の数に等しい[＊2]．すなわち，これらのカルボニル錯体では中心金属原子の電子配置が Kr と同じになり安定化している．この現象を **18 電子則**という．

＊2　Kr の電子配置は，$[Ar](3d)^{10}(4s)^2(4p)^6$ である．

18 電子則（18-electron rule）

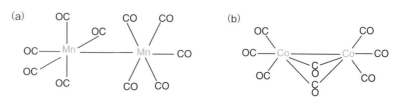

図 7・38　**3d ブロック元素のカルボニル錯体の構造**　(a) $[Mn_2(CO)_{10}]$, (b) $[Co_2(CO)_8]$

　例題 7・6　$[Co_2(CO)_8]$ は図 7・38(b)のような構造をもつ分子である．一つの Co 原子のまわりに存在する電子の総数を計算せよ．

　解　Co 原子は最外殻に 9 個の電子をもつ．一つの Co 原子に五つの CO 分子が配位しているが，そのうち二つは橋かけであるため CO 配位子から提供される電子の数

は8個である．また，Co−Co結合において2個の電子が共有されており，このうちの1個が一つのCo原子から供給されているので，電子の総数は $9 - 1 + 8 + 2 = 18$ より18個になる．

実は下図のような異性体が存在する．この化合物も同様にCoまわりの電子の総数は18個となる．

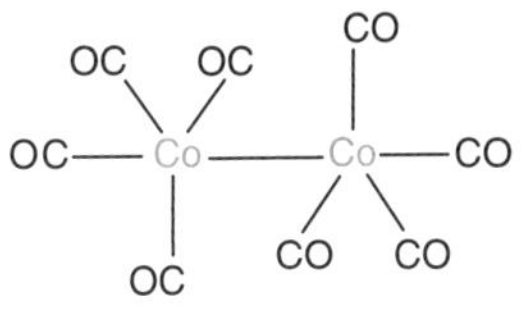

カルボニル錯体において中心にある第4周期のdブロック元素が18個の電子を有するときに安定化する理由は配位子場理論によって説明できる．中心金属の4s軌道，4p軌道，3d軌道の e_g 軌道は，COの原子軌道との間に σ 結合による六つの結合性軌道をつくる．さらに，3d軌道の t_{2g} 軌道は，π 結合による三つの結合性軌道をつくるため，結合性軌道は全部で九つとなる．これらの分子軌道に2個ずつ電子が入れば，全部で18個の電子が存在することになるとともに，電子のエネルギーの観点から分子は安定化する．

有機金属化合物の用途の一つに有機合成のための触媒がある．上記のカルボニル錯体であれば，エテンのようなアルケンからアルデヒドを得る反応

$$RCH = CH_2 + CO + H_2 \longrightarrow RCH_2CH_2CHO \qquad (7\cdot31)$$

の触媒として上記の $[Co_2(CO)_8]$ が用いられる．ここでRはメチル基などの有機官能基である．また，メタノールからの酢酸の合成

$$CH_3OH + CO \longrightarrow CH_3COOH \qquad (7\cdot32)$$

では $[Rh(CO)_2I_2]^-$ が触媒として作用する．

有機金属化合物の範ちゅうには入らないdブロック錯体にも，触媒として効果的な物質が多く見られる．7・1・3節で取上げたウィルキンソン触媒はその一例であり，すでに述べたとおり，アルケンへの水素付加反応の触媒として利用される．反応のサイクルは図7・39に示したとおりである．平面四角形錯体である

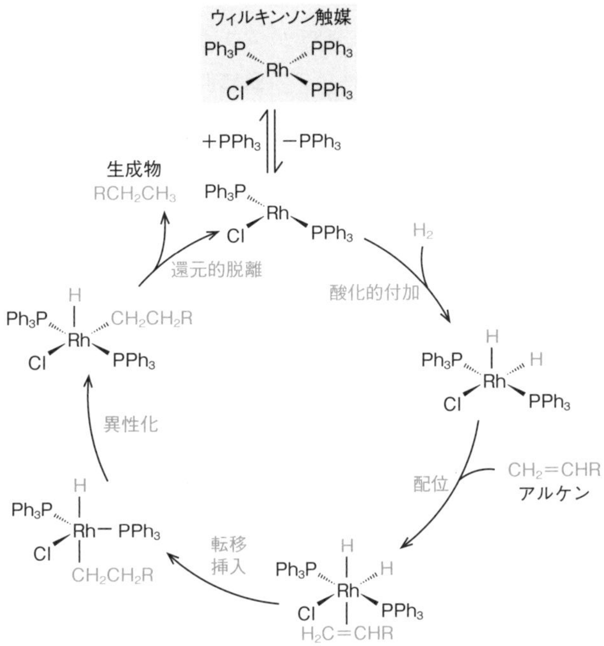

図7・39　ウィルキンソン触媒を用いたアルケンへの水素付加反応の機構

［RhCl(PPh₃)₃］から一つのトリフェニルホスフィン（PPh₃）が抜けた位置に二つのヒドリド配位子が付加したあと，アルケンが η^2 配位して八面体形になり，さらに水素1個が転移して，アルケンに挿入される．ここでアルケンとヒドリド配位子はトランス位にあるが，異性化して互いにシス位を占め，ひき続き H 原子と結合して RCH_2CH_3 を生じる．

7・6　生命と錯体の関わり

　生体のなかに含まれ，生命活動を担う錯体も多い．6章の各節では生物にとって必須な元素についてもふれた．必須な元素には金属元素も多く含まれ，Na，Mg，K，Ca は主要元素，Fe，Cr，Mn，Co，Cu，Zn，Mo などは微量元素である[*1]．これらの金属元素は生体中で錯体として存在するものも多く，タンパク質や酵素の一部として取込まれて，呼吸や光合成など種々の生命活動に寄与している．このように金属元素を活性部位にもつようなタンパク質や酵素は，それぞれ，**金属タンパク質**および**金属酵素**とよばれる．以下ではいくつかの重要な金属タンパク質や酵素に含まれる錯体を例として取上げ，その機能について簡単に説明する[*2]．

酸素を輸送するヘムタンパク質

　まず，7・1・4節でもふれたヘムについて述べよう．必須な微量元素である Fe を含む金属タンパク質は多くの種類があり，そのうち，ヘモグロビンやミオグロビンなどのヘムを含むタンパク質は**ヘムタンパク質**とよばれる．ヘムは図7・40(a)に示すように Fe^{2+} イオンにポルフィリンが配位した構造をもち，ヘモグロビンではポルフィリン環の面に垂直な方向からグロビンとよばれるタンパク質が配位している．6番目の配位子として H_2O がグロビンのトランス位に結合し，Fe^{2+} はポルフィリンのある平面からグロビンの側に引き寄せられ，図7・40(b)のように四角錐形の構造となる．これを"デオキシ体"という．このとき Fe^{2+} は4個の不対電子をもち，高スピン状態となっている．これは静脈に含まれ，外部

*1　微量元素が必須であるかは生物種により異なるため，6章ではヒトで必須とされるものを中心に取上げた．

金属タンパク質
（metalloprotein）
金属酵素（metalloenzyme）

*2　生体内での金属錯体や無機化合物の役割の詳細については，生物無機化学などの専門書を参照されたい．

ヘムタンパク質
（heme protein）

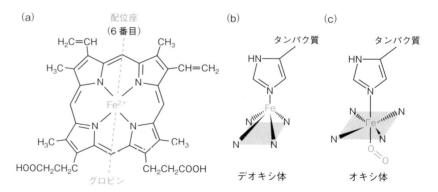

図7・40　**ヘモグロビンに含まれるヘム**　(a) 分子構造，(b) デオキシ体，(c) オキシ体

から酸素が供給されると H_2O と置き換わって O_2 が配位し，図7・40(c)のような八面体形の構造に変わる．この場合は Fe^{2+} は低スピン状態で，磁気モーメントはゼロである．この構造は"オキシ体"とよばれる．オキシ体は動脈に入って酸素を輸送する．

窒素固定

6・7・2節で述べたように，アンモニアは工業的にはハーバー−ボッシュ法で合成されるが，高温・高圧と触媒が必要である．これに対して，生体では温和な条件下で効率的にアンモニアを合成する酵素が存在する．この酵素は6・11・5節でも記したとおり**ニトロゲナーゼ**とよばれる．ニトロゲナーゼは2種類のタンパク質から成り立っており，一つは"Fe タンパク質"とよばれ，図7・41(a)のような Fe と S からなる**鉄−硫黄クラスター**[*1]を含んでいる．これは4個の Fe と4個の S からなるため $[Fe_4S_4]$ クラスターとよばれる．もう一つのタンパク

ニトロゲナーゼ
(nitrogenase)

鉄−硫黄クラスター
(iron-sulfur cluster)
[*1] "クラスター"という言葉は4・2・1節でも取上げたが，化学の分野ではいろいろな意味で使用されている．ここでは，いくつかの遷移金属原子が集合してつくる大きな錯体のことをいう．

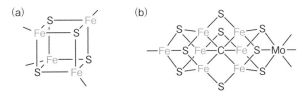

図7・41 ニトロゲナーゼの Fe タンパク質に含まれる $[Fe_4S_4]$ クラスター (a) および FeMo タンパク質に含まれるアンモニア合成の活性中心 (b)

質は"FeMo タンパク質"とよばれ，2種類のクラスターを含んでいる．一つは Fe_4S_3 ユニットが3個の S で連結されたクラスターであり，もう一つは図7・41(b)のような1個の Mo，7個の Fe，9個の S，1個の C からなるクラスターである．$[Fe_4S_4]$ クラスターと FeMo タンパク質中の前者のクラスターを経て，電子が図7・41(b)のクラスターに伝達され，ここで空気中から取込んだ窒素が固定されて，下式のようにアンモニアが合成される．

$$N_2 + 8e^- + 8H^+ + 16ATP \longrightarrow 2NH_3 + H_2 + 16ADP + 16P_i \qquad (7・33)^{[*2]}$$

[*2] ATP(アデノシン三リン酸)については6・7・1節も参照のこと．ATP が加水分解されて ADP(アデノシン二リン酸)と P_i(無機リン酸)になり，このとき生じたエネルギーが反応に利用される．

光合成

植物の光合成において緑色植物やラン藻では太陽光を利用して $H_2O^{[*3]}$ と CO_2 から糖の一種であるグルコース $C_6H_{12}O_6$ がつくられる．

$$6CO_2 + 12H_2O \longrightarrow C_6H_{12}O_6 + 6H_2O \qquad (7・34)$$

緑色植物では光合成は葉の中にある葉緑体で行われ，反応の進行に必要なエネルギーは光吸収によって得られる．光吸収を起こすのは，P680 および P700 とよばれる色素であり，いずれも図7・42に示す**クロロフィル a** とよばれる分子を含む．7・1・4節でも簡単にふれたが，図からもわかるように，クロロフィル a は Mg にポルフィリン誘導体が配位した錯体である．P700 は波長が 700 nm の光を吸収して電子を放出する．この電子は最終的に $NADP^+$ が受取り，$NADP^+$

[*3] 光合成細菌では H_2O の代わりに H_2S や H_2 を用いる．この際，O_2 は発生しない．

クロロフィル (chlorophyll)

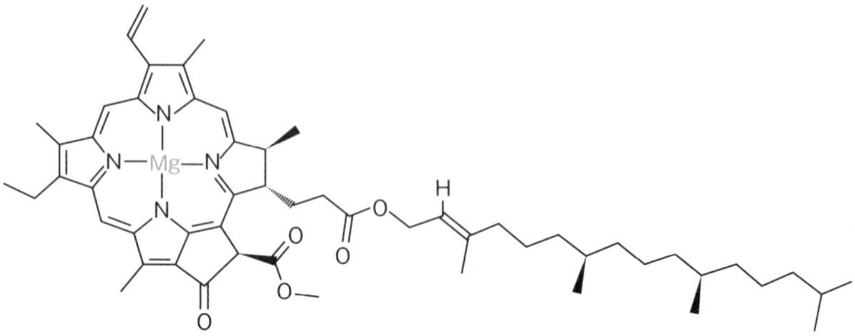

図7・42　クロロフィル*a*
の構造

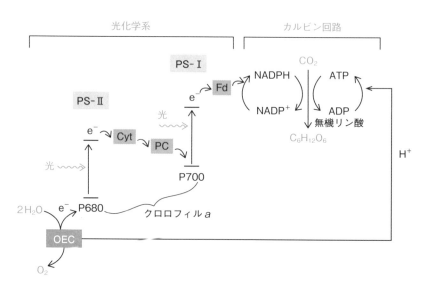

*1　ニコチンアミドアデニ
ンジヌクレオチドリン酸の
酸化型を NADP$^+$, 還元型を
NADPH と表す. この分子は
電子伝達を担う.
NADPH は水素イオンの存在
下で NADP$^+$に変換され, こ
のとき生じたエネルギーが反
応に利用される.

は NADPH に変わる[1]. この過程は光化学系 I (PS-I)とよばれる.

　一方, P680 は波長が 680 nm の光を吸収して電子を励起する. この電子は最終
的に, 電子を放出したあとの P700 に取込まれる. この過程は光化学系 II (PS-II)
とよばれ, P680 に生成する正孔が(7・35)式のように水を酸化する.

$$2H_2O \longrightarrow O_2 + 4H^+ + 4e^- \qquad (7 \cdot 35)^{[2]}$$

このとき生じる水素イオンはアデノシン二リン酸 (ADP) と無機リン酸からア
デノシン三リン酸 (ATP) を合成する反応に利用される.

*2　(7・35)式は, 5・6 節
のコラムで示した(5)式の逆
反応である.

　さらに, 光化学反応で生じた ATP と NADPH を用いて CO_2 を還元し[3], 最終
的にグルコースがつくられる.

*3　この CO_2 の還元などを
行う過程はカルビン回路 (カ
ルビン・ベンソン回路), 還
元的ペントースリン酸回路な
どとよばれる.

　(7・35)式の反応では, **酸素発生複合体**(OEC) が重要な役割を担う. これは図
7・43 のようなねじれたいす形をした Mn_4CaO_5 クラスターであり, 1 個の Mn
原子と Ca 原子にはそれぞれ二つずつの水分子が配位している[4]. OEC は(7・
35)式の反応の触媒として作用し, 光励起された P680 に電子を与えるとともに,
ADP から ATP が生じる反応に水素イオンを供給する. 光合成の過程を模式的に
図7・44 にまとめた.

酸素発生複合体
(oxygen evolving complex,
OEC)

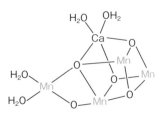

図7・43　**酸素発生複合
体(OEC)の構造**

*4　OEC では光による励
起によって五つの状態 ($S_0 \sim$
S_4) を経るあいだに水が酸化
される. 図には構造が解明さ
れた S_1 状態のものを示した.

図7・44　**光合成の機構に関する概略図**　Cyt：シトクロム $b_6 f$ 複合体,
PC：プラストシアニン, Fd：フェレドキシン

　最後に，光化学反応における電子の流れについて簡単に説明しておこう．光化学系において光励起された電子は，標準電極電位（5・5節）の低い電子受容体から高い電子受容体のあいだを順次移動する．このような光化学系以外でも電子の移動を受けもつ金属タンパク質がいくつか存在する．図7・44に示したように，光化学系Ⅱを移動した電子はシトクロム $b_6 f$ 複合体（cyt $b_6 f$）に渡される．この複合体はヘムタンパク質であり，ヘムの鉄原子の酸化還元によって電子伝達を行う．さらに電子は銅タンパク質であるプラストシアニン（PC）を経て，光化学系Ⅰに渡される．電子はP700により吸収された光エネルギーにより再び励起され，いくつかの電子受容体を経て，非ヘム鉄-硫黄タンパク質であるフェレドキシン（Fd）を介してNADP$^+$に渡され，還元剤であるNADPHが合成される．以上のような一連の電子の移動を担う系を**電子伝達系**という．

電子伝達系（electron transport system）

練 習 問 題

7・1　次の錯体あるいは配位化合物の名称を述べよ．d）については結合異性を区別せよ．

a) $[Co(en)_3]Cl_2$,　b) $K_2[OsCl_5N]$,　c) $[Br_2Pt(SMe_2)_2PtBr_2]$,　d) $Na_3[Co(NO_2)_6]$

7・2　中心金属 M に 3 種類の配位子 A, B, C が結合した八面体形錯体 $[MA_2B_2C_2]$ の幾何異性体の構造を模式的に描け．

7・3　$[NiCl_4]^{2-}$ は四面体形構造の錯体であり，常磁性を示す．錯体中のニッケルイオンの3d軌道の電子配置を示し，磁気モーメントを求めよ．

7・4　$MgCr_2O_4$ はスピネル型構造をとる結晶である．Cr^{3+} の結晶場安定化エネルギーを計算し，この酸化物が正スピネル型，逆スピネル型のいずれの構造をとるか推定せよ．

7・5　$[Fe(phen)_3]^{2+}$ は低スピン状態をとる錯体である．この錯体は反応性に乏しい．その理由を二つの静的な視点から述べよ．

7・6　平面四角形錯体を配位子場理論にもとづいて定性的に考察し，分子軌道エネルギー準位図を模式的に描け．

7・7　$[Ni(NH_3)_6]^{2+}$ と $[Ni(en)_3]^{2+}$ の全安定度定数はどちらが大きいか．理由も述べよ．

練習問題の解答

2章

2・1　a) K殻：2個，L殻：8個，M殻：18個.

b) $2n^2$ 個

2・2　a) 円軌道を描く電子の角運動量が量子化されている.

b) 電子の軌道の半径を r とおくと，運動方程式は，

$$m_e \frac{v^2}{r} = \frac{e^2}{4\pi\varepsilon_0 r^2}$$

となる．この式と (2・19)式から v を消去すると，

$$r = \frac{\varepsilon_0 h^2 n^2}{\pi m_e e^2}$$

となるので，$n = 1$ とおくと a_0 を得る.

c) 電子の全エネルギー E は運動エネルギーとポテンシャルエネルギーの和であるから，

$$E = \frac{1}{2} m_e v^2 - \frac{e^2}{4\pi\varepsilon_0 r} = \frac{e^2}{8\pi\varepsilon_0 r} - \frac{e^2}{4\pi\varepsilon_0 r}$$

$$= -\frac{e^2}{8\pi\varepsilon_0 r}$$

と表され，b) で求めた r を代入すると，

$$E = -\frac{m_e e^4}{8h^2 \varepsilon_0^2 n^2}$$

となる．この式は，(2・12)式で $Z = 1$ とおいたものに等しい.

補足：ここで導かれた水素原子のエネルギーを表す式にもとづいて，水素原子の発光スペクトル（下図）の波長を説明できる.

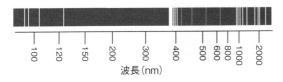

2・3　a) $|\Psi|^2$ をすべての方向 (θ, ϕ) について積分すると，

$$\int_0^\pi \int_0^{2\pi} |\Psi|^2 \, d\tau = \int_0^\pi \int_0^{2\pi} |RY|^2 \, dr(r\,d\theta)(r\sin\theta\,d\phi)$$

$$= r^2 R^2 \, dr \int_0^\pi \int_0^{2\pi} |Y|^2 \, d\theta \sin\theta \, d\phi$$

波動関数の角度部分は規格化されているので上式は $r^2 R^2 \, dr$ に等しい．この式は，半径が r で厚さが dr の球殻中に存在する電子の密度を表す.

b) 動径分布関数 $P(r)$ は，

$$P(r) = r^2 [R(r)]^2 = \frac{1}{\pi}\left(\frac{Z}{a_0}\right)^3 r^2 e^{-\frac{2Zr}{a_0}}$$

となる．$P(r)$ の極大値を与える r は，

$$r = \frac{a_0}{Z}$$

と計算できる.

2・4　a) 最外殻の電子配置が $(ns)^2(np)^3$ である.

b) ① [Ne]，② [Ne]，③ [Ar](3d)^5，④ [Ar]，⑤ [Ar](3d)^5，⑥ [Xe](4f)^7

2・5　Mg から Al への変化（第一イオン化エネルギーの減少）は，Al においてはじめて 3p 軌道を電子が占めるために起こる．また，P は半閉殻であるが S では 3p 軌道の一つが 2個の電子を含むようになるため，第一イオン化エネルギーは P のほうが大きい.

2・6　表2・8より，同じ族で比べると第一電子親和力は第2周期より第3周期のほうが大きい．これは，第2周期の元素のほうが電子を取込む原子軌道の空間的な広がりが小さく，もともとその原子軌道に存在する電子と取込まれる電子との反発が大きくなるためである.

2・7　第2周期の元素について (2・17)式にもとづいてマリケンの電気陰性度 χ_M を求めると下表のようになり，右にいくほど電気陰性度が増える傾向が見られる．これは表2・9の値の傾向と一致する.

元 素	Li	Be	B	C
χ_M(kJ mol^{-1})	287	450	414	604
元 素	N	O	F	Ne
χ_M(kJ mol^{-1})	698	728	1005	982

上記の値は，表2・9でのマリケンの値と異なるが，これは p.33 の側注 ＊1 による理由のためである.

3 章

3・1

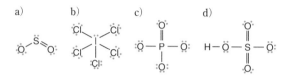

a) b) c) d)

3・2 a) $(142 + 459 \times 2) \times 2 - (459 \times 2) \times 2 - 494 = -210$ より, 1 mol の H_2O_2 が反応すればエンタルピー変化は -105 kJ mol^{-1}.

b) $942 + 432 \times 3 - (386 \times 3) \times 2 = -78$ より, 1 mol の NH_3 の生成に対してエンタルピー変化は -39 kJ mol^{-1}.

3・3

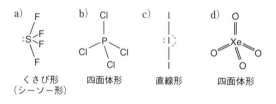

a) くさび形（シーソー形） b) 四面体形 c) 直線形 d) 四面体形

3・4 PCl_5 は三方両錐形の構造をとり, アキシアル位に存在する 2 個の Cl 原子と P 原子との直線状の結合が三中心四電子結合となる. この結合には, Cl 原子から 1 個ずつの電子, また, P 原子から 2 個の電子が寄与する.

3・5 図 3・21 にもとづいて, C_2^{2-} の電子配置は $(1\sigma_g)^2(1\sigma_u)^2(1\pi_u)^4(2\sigma_g)^2$ となるため結合次数は 3 となって, C_2^{2-} は安定なイオンであることがわかる.

3・6 下図のようになる.

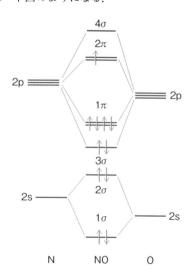

4 章

4・1 下図に示すように正方晶の面心格子（黒い実線）は正方晶の体心格子（青い実線）と等価である.

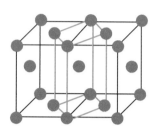

4・2 図 4・6(a) の ABA 層からなる最小の正六角柱を考える. 剛体球の半径を r, 正六角柱の底面の一辺の長さを a, 高さを c とおくと,

$$a = 2r \qquad c = \frac{4\sqrt{6}}{3}r$$

であるため, 正六角柱の体積は $24\sqrt{2}r^3$ となる. この正六角柱に含まれる剛体球の数は 6 個であるから, 剛体球が占める体積は $8\pi r^3$ である. よって, 剛体球が空間を占める割合は,

$$\frac{8\pi r^3}{24\sqrt{2}r^3} = \frac{\sqrt{2}\pi}{6} \approx 0.740$$

4・3 a) いずれも陰イオンが単純立方格子を組み, 体心の位置に陽イオンが存在するが, 塩化セシウム型ではすべての体心が占められているのに対し, ホタル石型ではちょうど半分の体心が陽イオンで占められている.

b) いずれも陰イオンが立方最密充填構造であるが, セン亜鉛鉱型では四面体位置のちょうど半分が陽イオンで占められているのに対し, 逆ホタル石型ではすべての四面体位置が陽イオンで占められている.

4・4 (4・13)式を

$$U = N_A\left[-\frac{MZ_cZ_ae^2}{4\pi\varepsilon_0 r} + B'\exp\left(-\frac{r}{\rho}\right)\right]$$

と置き換え, (4・14)式を満たす r を r_e とおくと, 格子エネルギーとして,

$$U_0 = -\frac{N_AMZ_cZ_ae^2}{4\pi\varepsilon_0 r_e}\left(1 - \frac{\rho}{r_e}\right)$$

を得る.

4・5 図のように 3s 軌道からなるバンドと 3p 軌道からなるバンドのエネルギーに重なりがあり, いずれのバンドも部分的に電子が占めることにより, これらが伝導帯となる.

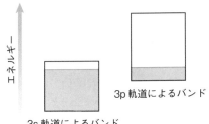

3p 軌道によるバンド

3s 軌道によるバンド

4・6　a) Zn^{2+} を Al^{3+} が置換するため，電子が注入されて，不足する負電荷を補償する．よって n 型半導体となる．

b) Ni^{2+} を Li^+ が置換するため，正孔が注入されて，不足する正電荷を補償する．よって p 型半導体となる．

5 章

5・1　a) SO_3 の S 原子に H_2O の O 原子の非共有電子対が供給される．つまり，SO_3 はルイス酸，H_2O はルイス塩基として作用する．

b) 水溶液中では H^- がルイス塩基として働き，ルイス酸の H^+ と結合して H_2 を発生する．

c) SbF_5 がルイス酸，F^- がルイス塩基であり，これらから SbF_6^- が生じる．

5・2　アンモニアの水中での平衡は（5・3）式で与えられる．また，例題 5・3 を参照すると，次式が得られる．

$$[OH^-]^3 + K_b[OH^-]^2 - (cK_b + K_W)[OH^-] - K_bK_W = 0$$

5・3　a) 酸素原子は電子を引き寄せて O－H 結合を弱めるため，酸素原子の多い $HClO_4$ が最も強い酸である．

b) 中心金属イオンと H_2O 分子の共有結合性が強いほど H_2O の酸素原子が電子を奪われ，O－H 結合が弱くなる．よって，Cd^{2+} のアクア酸が最も強い．

c) NH_3 は硬い塩基であるから，最も硬い酸である Co^{3+} が最も安定な錯体をつくる．

5・4　a) $+II$, b) $-I$, c) $-I$, d) $+I$, e) $+II$，酸化マンガン(II), f) $+IV$，酸化マンガン(IV)

5・5　a) $Hg_2Cl_2(s) + H_2(g) \longrightarrow$
$$2Hg(l) + 2Cl^-(aq) + 2H^+(aq)$$

b) ネルンストの式より，

$$E = E° - \frac{RT}{2F} \ln \frac{[Cl^-]^2[H^+]}{p_{H_2}} = C + 0.0592 \times pH$$

を得る．ここで，p_{H_2} は水素の圧力であるが，標準状態では水素の活量は 1 である．また，$E° - (RT/2F)\ln[Cl^-]^2$ は一定として C とおいた．

5・6　下図のようになる．Cu^+ は Cu と Cu^{2+} に不均化する．

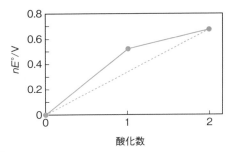

6 章

6・1　a) $BaCO_3 \longrightarrow BaO + CO_2$

b) 熱分解反応のエンタルピー変化 ΔH は正の値となり，これにはアルカリ土類金属の炭酸塩の格子エンタルピーから酸化物の格子エンタルピーを引いた値が含まれる．Ba^{2+} のようにイオン半径が大きいと炭酸塩と酸化物の格子エンタルピーにそれほど差がないが，Mg^{2+} のように小さいイオンでは酸化物の格子エンタルピーが大きくなり，ΔH は正の小さい値をとることになる．分解が起こる温度ではギブズエネルギー変化はゼロと考えてよいから，熱分解反応のエントロピー変化を ΔS，分解温度を T とおけば，$\Delta H = T\Delta S$ となるが，ΔS は気体の CO_2 の寄与がほとんどであるため，アルカリ土類金属の種類が変わっても一定であるとみなせる．よって，分解温度は ΔH に比例し，ΔH の小さい $MgCO_3$ のほうが $BaCO_3$ より分解温度は低い．

6・2　類似点：いずれも六つの原子がつくる六員環からなる 2 次元シートが層状に重なった構造である．

相違点：積層方向に沿って見たとき，窒化ホウ素では B 原子の真上に隣接する層内の N 原子があるが，グラファイトでは隣接する 2 層間で C 原子の位置がずれている．

6・3　$PH_3 + H_2O \rightleftharpoons PH_4^+ + OH^-$

6・4　反応は，
$$S_2O_3{}^{2-}(aq) + 2H^+(aq) \longrightarrow SO_2(g) + S(s) + H_2O$$
と書ける．硫黄の微粒子が生成してコロイドとなる．

6・5　a) 溶解する．
$$Fe_2O_3 + 6HCl \longrightarrow 2FeCl_3 + 3H_2O$$

b) 緑色の沈殿が生じる．
$$Fe^{2+} + NaOH \longrightarrow Na^+ + Fe(OH)_2$$

c) 分解して酸化鉄(III)を生じる．

$$2\mathrm{Fe(OH)_3} \longrightarrow \mathrm{Fe_2O_3} + 3\mathrm{H_2O}$$

6・6 4f軌道は内殻にあるため結晶場(7・2節参照)の影響を受けにくい. よって, 物質によらず発光波長はほぼ一定である. 一方, 5d軌道は結晶場の影響が大きいので5dから4fへの電子遷移による発光は物質の種類に依存する. さらに, 結晶場の分布や原子の振動による配位構造の変化のために5dから4fへの電子遷移による発光は線幅が広い. 一方, 4f軌道間の遷移ではそのような影響がなく発光スペクトルは線幅が狭い.

6・7 $^{235}\mathrm{U} + {}^{1}\mathrm{n} \longrightarrow {}^{95}\mathrm{Y} + {}^{139}\mathrm{I} + 2{}^{1}\mathrm{n}$

7章

7・1 a) トリス(エタン-1,2-ジアミン)コバルト(II)塩化物

b) ペンタクロリドニトリドオスミウム酸(2−)カリウム

c) ビス(μ-ジメチルスルフィド)ビス(ジブロミド白金(II))

d) ヘキサニトリト-κNコバルト(III)酸ナトリウム, ヘキサニトリト-κOコバルト(III)酸ナトリウム

7・2

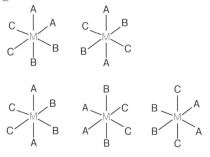

7・3 $(e)^4(t_2)^4$, $2.83\,\mu_\mathrm{B}$

7・4 八面体場と四面体場の結晶場分裂パラメーターをそれぞれΔ_O, Δ_Tとおくと, $\mathrm{Cr^{3+}}$に対するそれぞれの結晶場安定化エネルギーは, $-1.2\Delta_\mathrm{O}$, $-0.8\Delta_\mathrm{T}$となり, $\Delta_\mathrm{O} > \Delta_\mathrm{T}$を考慮すれば$\mathrm{Cr^{3+}}$は八面体間隙に入るほうが安定である. よって正スピネル型となる.

7・5 3d軌道の6個の電子がすべてt_{2g}軌道を占め, 結晶場安定化エネルギーが低い値をとる. また, キレート錯体であるため安定である.

7・6 下図のようになる. (n)は非結合性軌道であることを表す.

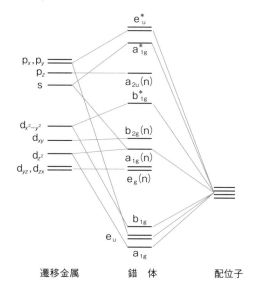

7・7 キレート効果のため, 全安定度定数は$[\mathrm{Ni(en)_3}]^{2+}$のほうが大きい.

索　　引

田中　勝　久（たなかかつひさ）

1961 年　大阪府に生まれる
1986 年　京都大学大学院工学研究科修士課程 修了
現　京都大学大学院工学研究科 教授
専門　無機化学，固体化学
工 学 博 士

第 1 版 第 1 刷　2022 年 11 月 11 日　発行

無 機 化 学 の 基 礎

ⓒ 2 0 2 2

著　者　　田　中　勝　久
発 行 者　　住　田　六　連
発　　行　　株式会社 東京化学同人
東京都文京区千石 3 丁目 36-7（〒112-0011）
電話 03-3946-5311・FAX 03-3946-5317
URL: http://www.tkd-pbl.com/

印刷・製本　新日本印刷株式会社

ISBN978-4-8079-2013-6
Printed in Japan

シュライバー・アトキンス
無 機 化 学（上・下）
第 6 版

M. Weller・T. Overton・J. Rourke・F. Armstrong 著
田中勝久・髙橋雅英・安部武志・平尾一之・北川 進 訳

B5 判　カラー
上巻：576 ページ　定価 7150 円（本体 6500 円＋税）
下巻：584 ページ　定価 7150 円（本体 6500 円＋税）

世界的に定評のある教科書の全面改訂版．今改訂でB5判と
なり，表現方法，構成，図などの視覚的な表示を改良し
た．記述をよりわかりやすくし，基礎を充実させ，最新の
研究も紹介している．

2022年11月現在（定価は10％税込）